光电技术和设计实验

赵廷玉　陈爱喜　著

化学工业出版社
·北京·

内容简介

《光电技术和设计实验》通过20个实验介绍了主流光电技术，主要包括光电技术综合实验（实验1～实验13）和基于Zemax的光学系统设计实验（实验14～实验20）。光电技术综合实验既包括了几何光学、激光、干涉等经典光电实验，也涵盖了光学微分、多尺度小波变换远心测量、光纤传感等近代光电实验；基于Zemax的光学系统设计实验详细阐述了单透镜、双胶合、望远镜、照相物镜等经典光学系统的设计思路和过程，并在难度上进行了拓展，加入了变焦镜头、公差分析和宏语言等Zemax的高级应用。

本书注重理论和实践相结合，讲解全面详细，内容由浅入深，语言通俗易懂。通过学习本书，读者不仅能夯实基础，也能扩展思路。

本书既可供光电类、物理类专业师生作为教材使用，也可供光电类专业人士参考使用。

图书在版编目（CIP）数据

光电技术和设计实验/赵廷玉，陈爱喜著. —北京：化学工业出版社，2021.6（2023.2重印）

ISBN 978-7-122-39392-0

Ⅰ. ①光… Ⅱ. ①赵… ②陈… Ⅲ. ①光电技术-实验-教材 Ⅳ. ①TN2-33

中国版本图书馆CIP数据核字（2021）第115419号

责任编辑：万忻欣　　装帧设计：李子姮

责任校对：杜杏然

出版发行：化学工业出版社（北京市东城区青年湖南街13号　邮政编码100011）

印　　装：北京捷迅佳彩印刷有限公司

710mm×1000mm　1/16　印张12¾　字数244千字　2023年2月北京第1版第4次印刷

购书咨询：010-64518888　　售后服务：010-64518899

网　　址：http://www.cip.com.cn

凡购买本书，如有缺损质量问题，本社销售中心负责调换。

定　　价：49.00元

前言

光电产业是我国战略性新兴产业的重要组成部分，具有不可或缺的重要作用。中国光学泰斗王大珩院士曾讲到：“21 世纪光电子技术将以年倍增的爆炸速度增长”“光电仪器仪表是工业生产的倍增器，是科学研究的先行官，是国防军事的战斗力”。在此背景下，浙江理工大学开设了“光电技术综合实验”（硬件）和“光电系统设计”（软件）两门实践性课程，为了提供实验指导，我们编写了本书。

本书是在笔者十多年的教学基础上编写而成的，编写遵从从易到难的原则，注重理论和实践相结合、综合性实验和设计性实验相结合，力求设计和搭建的实验紧跟当前的主流光电技术。希望学生通过学习本书，能提高光电系统中的硬件设计和软件设计能力，迅速成长为光电产业亟须的人才。

本书共包括 20 个实验，可分为光电技术综合实验（实验 1～实验 13）和基于 Zemax 的光学系统设计实验（实验 14～实验 20）。光电技术综合实验既包括了几何光学、激光、干涉等经典光电实验，也涵盖了光学微分、多尺度小波变换远心测量、光纤传感等近代光电实验；基于 Zemax 的光学系统设计实验则通过 7 个实训项目详细阐述了单透镜、双胶合、望远镜、照相物镜等经典光学系统的设计思路和过程，并在难度上进行了拓展，加入了变焦镜头、公差分析和宏语言等 Zemax 的高级应用。

本书由浙江理工大学赵廷玉、陈爱喜撰写。在本书编写过程中得到了浙江理工大学教务处、物理学科和理学院的大力支持。

由于笔者水平有限，书中难免有不足之处，恳请读者提出宝贵意见。

著者

目录

实验 1　近代光学综合实验

实验 1.1　自准直法测焦距

透镜分为会聚透镜和发散透镜两类。当透镜厚度与焦距相比甚小时，这种透镜称为薄透镜。如图 1.1 所示，设薄透镜的像方焦距为 f'，物距为 $-l$，对应的像距为 l'，在近轴光线的条件下，透镜成像的高斯公式为：

$$\frac{1}{l'}-\frac{1}{l}=\frac{1}{f'} \tag{1-1}$$

$$f'=\frac{ll'}{l-l'} \tag{1-2}$$

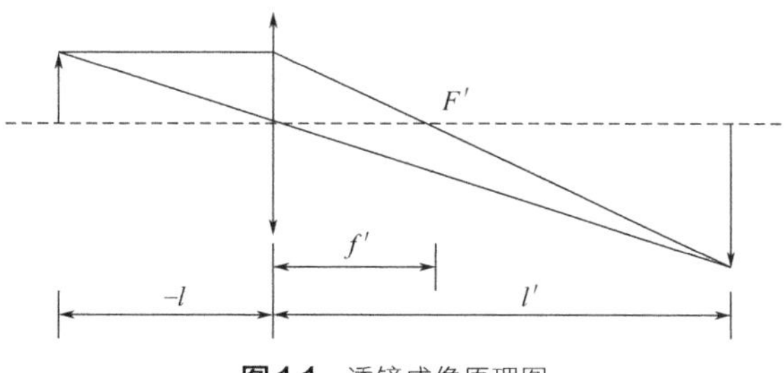

图 1.1　透镜成像原理图

应用透镜成像的高斯公式时必须注意各物理量所适用的符号法则。在本实验中，我们规定距离自参考点（薄透镜光心）量起，与光线行进方向一致时方向为正，反之为负。运算时，已知量须添加符号，未知量则根据求得的结果中的符号判断其物理意义。

会聚透镜的焦距可以通过测量物距与像距来测量。具体方法是：实物（通常是来自光源的光打到实物上，产生漫反射）发出的光线经会聚透镜后，在一定条件下成实像，可用白屏接收实像加以观察，通过测定物距和像距，利用式（1-2）即可算出 f'。但是此种方法精度不高。我们这里采用自准直法和二次成像法来测焦距。

自准直法是光学实验中常用的方法，具有简单迅速的特点，能直接测得透镜焦距的数值。在光学信息处理中，多使用相干的平行光束，而自准直法是一种重要的检测平行光的方法。

1.1.1 实验目的

① 学会调节共轴光学系统。

② 掌握薄透镜焦距的常用测定方法。

③ 研究透镜成像的规律。

1.1.2 基本原理

如图 1.2 所示，若物体 AB 正好处在透镜 L 的前焦面处，那么物体上各点发出的光经过透镜后，变成不同方向的平行光，经透镜后方的反射镜 M 把平行光反射回来，反射光经过透镜后，成一倒立的与原物大小相同的实像 A′B′，像 A′B′位于原物平面处，即成像于该透镜的前焦面上。此时物与透镜之间的距离就是透镜的焦距 f，它的大小可用刻度尺直接测量出来。

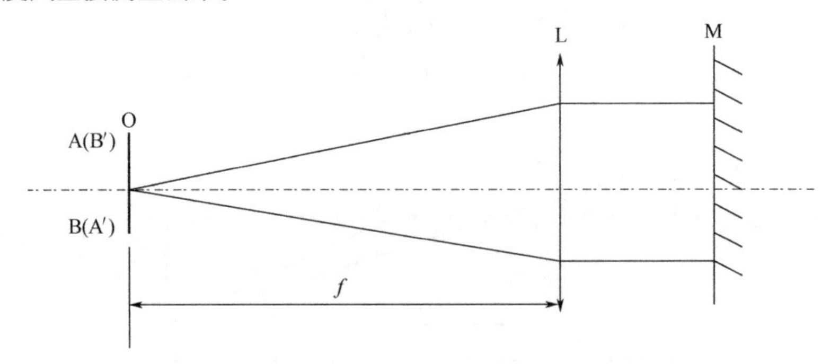

图 1.2 自准直法测会聚透镜焦距原理图

1.1.3 实验步骤

① 参照自准直光路装配图（图 1.3），安装所需器件，自左向右依次为 LED 光源（含匀光器、支杆、套筒、磁座），准直镜（ϕ50mm，f75mm，含镜座、支杆、套筒、磁座），目标物（这里使用三个同心的扇形，含夹持、支杆、套筒、磁座），待测透镜（ϕ40mm，f 150mm，含镜座、支杆、套筒、磁座），反射镜（ϕ40mm，含镜座、支杆、套筒、磁座）。

注：本实验中为了准确测量距离，配备了卷尺。

② 调整 LED 光源发光头与准直镜之间的距离约为 75mm，并调整其他器件共轴。

③ 移动待测透镜，直至在目标板上获得镂空图案的倒立实像；调整反射镜，并微调待测透镜，使像始终最清晰且与物等大（镂空的扇形和所成的实像恰好组成一个圆）。

图 1.3 自准直光路装配图

④ 测量目标板和待测透镜之间的距离，即可得到焦距 f 。

⑤ 再重复以上步骤 2 次，取 3 次焦距的平均值，作为最后的实验结果。

实验 1.2　二次成像法测焦距

二次成像法测量焦距是通过两次成像测量出相关数据，通过成像公式计算出透镜焦距。

1.2.1　实验目的

① 学会调节共轴光学系统。

② 掌握薄透镜焦距的常用测定方法。

③ 研究透镜成像的规律。

1.2.2　基本原理

由透镜两次成像求焦距方法如下:

当物体与白屏的距离 $l > 4f'$ 时，保持其相对位置不变，会聚透镜置于物体与白屏之间，可以找到两个位置，在白屏上都能看到清晰的像。如图 1.4 所示，透镜两位置之间的距离的绝对值为 d，运用物像的共轭对称性质，容易求得焦距:

$$f' = \frac{l^2 - d^2}{4l} \tag{1-3}$$

式（1-3）表明：只要测出 d 和 l，就可以算出 f'。由于是通过透镜两次成像而求得的 f'，这种方法称为二次成像法或贝塞尔法。这种方法不需要考虑透镜本身的厚度，因此用这种方法测出的焦距较为准确。

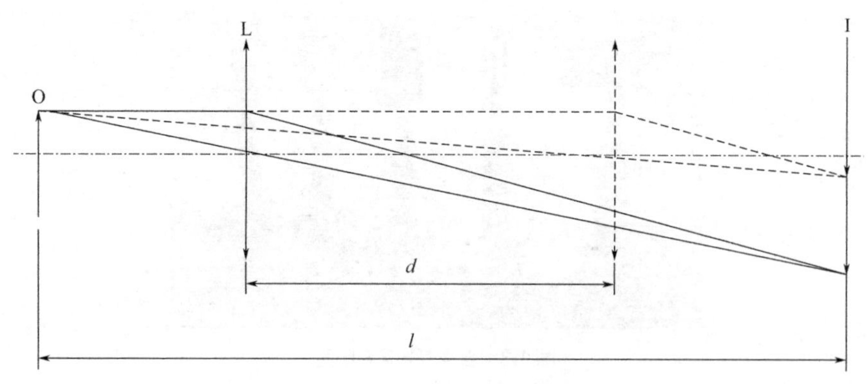

图 1.4 透镜两次成像原理图

1.2.3 实验步骤

① 如图 1.5 所示，安装所需器件，自左向右依次为 LED 光源（含匀光器、支杆、套筒、磁座），准直镜（ϕ50mm，f75mm，含镜座、支杆、套筒、磁座），目标物（可任选一个形状，含夹持、支杆、套筒、磁座），待测透镜（ϕ40mm，f 150mm，含镜座、支杆、套筒、磁座），白屏（含夹持、支杆、套筒、磁座）。调整 LED 光源发光头与准直镜之间的距离约为 75mm，再使目标板与分划板之间的距离 $l > 4f'$，并调整其他器件共轴。

注：本实验中为了准确测量距离，配备了卷尺。

图 1.5 两次成像光路装配图

② 移动待测透镜，使被照亮的目标板在分划板上成一清晰的放大像，分别记下待测透镜的位置 a_1、目标板与分划板间的距离 l(判断清晰像时在像屏位置放上反射镜，

当目标板成像与目标图案完全重合时，为清晰像）。

③ 再移动待测透镜，直至在像屏上成一清晰的缩小像，记下待测透镜的位置 a_2（判断清晰像时在像屏位置放上反射镜，当目标板成像与目标图案完全重合时，为清晰像）。

④ 计算：

$$d = a_2 - a_1 \tag{1-4}$$

$$f' = \frac{l^2 - d^2}{4l} \tag{1-5}$$

⑤ 重复以上步骤 2 次，计算得到 3 个焦距，取平均值作为最后的实验结果。

实验 1.3　望远镜搭建和放大率测量

望远镜是帮助人们看清远处物体，以便观察、瞄准与测量的一种助视仪器。通过本实验使学生更加了解望远镜原理，学会自己搭建望远镜，测量相关参数。

1.3.1　实验目的

① 学习了解望远镜的构造及原理。

② 学习测量望远镜放大率的方法。

1.3.2　基本原理

望远镜是如何把远处的景物移到我们眼前来的呢？这靠的是组成望远镜的两块透镜。望远镜的前面有一块直径大、焦距长的凸透镜，名叫物镜；后面的一块透镜直径小、焦距短，叫目镜。物镜把来自远处景物的光线在它的后面汇聚成倒立的缩小的实像，相当于把远处景物一下子移近到成像的地方。而这景物的倒像又恰好落在目镜的前方一倍焦距以内，这样对着目镜望去，就好像拿放大镜看东西一样，可以看到一个放大了许多倍的虚像。这样，很远的景物，在望远镜里看来就仿佛近在眼前一样。

常见望远镜可简单分为伽利略望远镜和开普勒望远镜。

伽利略发明的望远镜在人类认识自然的历史中占有重要地位。它由一个凹透镜（目镜）和一个凸透镜（物镜）构成。其优点是结构简单，能直接成正像。但自从开普勒望远镜发明后，此种结构已不被专业级的望远镜采用，而多被玩具级的望远镜采用。

开普勒望远镜由两个凸透镜构成。由于两个凸透镜之间有一个实像，可方便地安装分划板，并且该望远镜结构性能优良，所以目前军用望远镜、小型天文望远镜等专业级的望远镜都采用此种结构。但这种结构成像是倒立的，所以要在中间增加正像系统。开普勒望远镜光路示意图如图 1.6 所示。

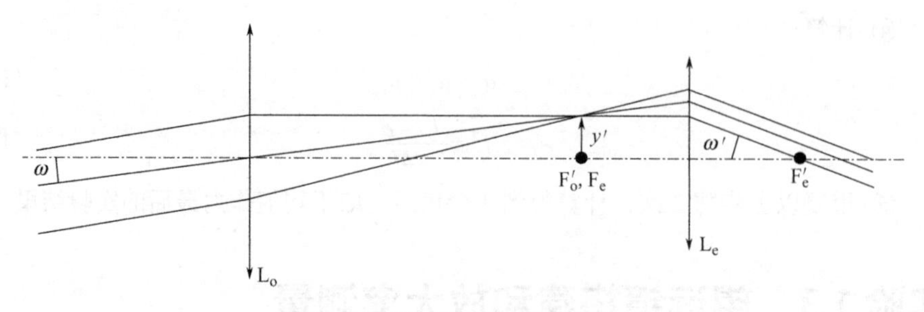

图1.6 开普勒望远镜光路示意图

为能观察到远处的物体，物镜用较长焦距的凸透镜，目镜用较短焦距的凸透镜。远处射来光线（视为平行光），经过物镜后，会聚在后焦点很近的地方，成一倒立、缩小的实像。目镜的前焦点和物镜的后焦点是重合的。由于增大了视角，所以望远镜的分辨能力提高。

（1）望远镜的放大率

当观测无限远处的物体时，物镜的后焦平面和目镜的前焦平面重合。物体通过物镜成像在它的后焦面上，同时也处于目镜的前焦面上，因而通过目镜观察时成像于无限远。光学仪器所成的像对人眼的张角为 ω'，物体直接对人眼的张角为 ω，则放大率 $\mathit{\Gamma}_{\mathrm{T}}$（其中下标 T 表示望远镜 Telescrope）：

$$\mathit{\Gamma}_{\mathrm{T}} = \frac{\tan \omega'}{\tan \omega} \tag{1-6}$$

由几何光路可知：

$$\tan \omega = \frac{y'}{f'_{\mathrm{o}}} \tag{1-7}$$

$$\tan \omega' = \frac{y'}{f_{\mathrm{e}}} = \frac{y'}{f'_{\mathrm{e}}} \tag{1-8}$$

式中，y' 为实像高度，f'_{o} 和 f'_{e} 分别为物镜和目镜的焦距。因此，望远镜的放大率：

$$\mathit{\Gamma}_{\mathrm{T}} = \frac{f'_{\mathrm{o}}}{f'_{\mathrm{e}}} \tag{1-9}$$

由此可见，望远镜的放大率 $\mathit{\Gamma}_{\mathrm{T}}$ 等于物镜和目镜焦距之比。若要提高望远镜的放大率，可增大物镜的焦距或减小目镜的焦距。

（2）物像共面时的放大率（实验室研究这种情况）

当望远镜的被观测物位于有限远时，望远镜的放大率可以通过移动目镜把像 y'' 推远到与物 y 在一个平面上来测量，L 为物到目镜的距离，如图 1.7 所示。

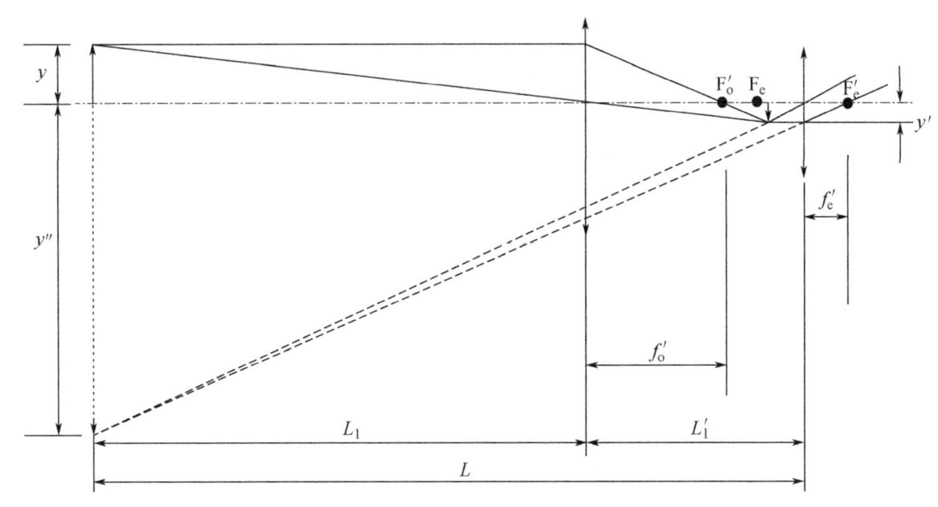

图 1.7 开普勒望远系统中物像关系

根据高斯定理，可知：

$$\frac{1}{L_1}+\frac{1}{L_1'}=\frac{1}{f_o'} \tag{1-10}$$

考虑到相似三角形的关系，可得：

$$\frac{y'}{y}=\frac{L_1'}{L_1} \tag{1-11}$$

联立上面两式，可得：

$$\frac{y'}{y}=\frac{f_o'}{L_1-f_o'} \tag{1-12}$$

根据相似三角形的关系，可得：

$$\frac{y''}{y'}=\frac{f_e'}{L+f_e'} \tag{1-13}$$

考虑到张角的定义，得：

$$\tan\omega=\frac{y}{L} \tag{1-14}$$

$$\tan\omega'=\frac{y''}{L} \tag{1-15}$$

于是可以得到望远镜物像共面时的放大率：

$$\Gamma_T = \frac{\tan\omega'}{\tan\omega} = \frac{y''}{y} = \frac{y''}{y'} \times \frac{y'}{y} = \frac{f_o'}{f_e'} \frac{(L + f_e')}{(L_1 - f_o')} \tag{1-16}$$

可见，当物距 L_1 大于 20 倍物镜焦距时，它和无穷远时的放大率差别很小。

1.3.3 实验步骤

① 按照图 1.8 组装成开普勒望远镜（物镜选择焦距 150mm 透镜，目镜选择焦距 30mm 透镜），调整光学元件同轴等高。物体和目镜之间的距离应尽可能大一些，建议把标尺和目镜分别放在光学平台长边的两端。

图 1.8 望远镜系统装配示意图

② 用一只眼睛直接观察标尺，同时用另外一只眼睛通过望远镜的目镜看标尺的像。前后移动物镜，使从目镜中能看到望远镜放大的和直视的标尺的叠加像。一边轻轻晃动眼睛，一边缓慢调整目镜位置，使标尺与其像之间基本没有视差。视场中的标尺和像如图 1.9 所示，图中左边是像，右边是标尺。

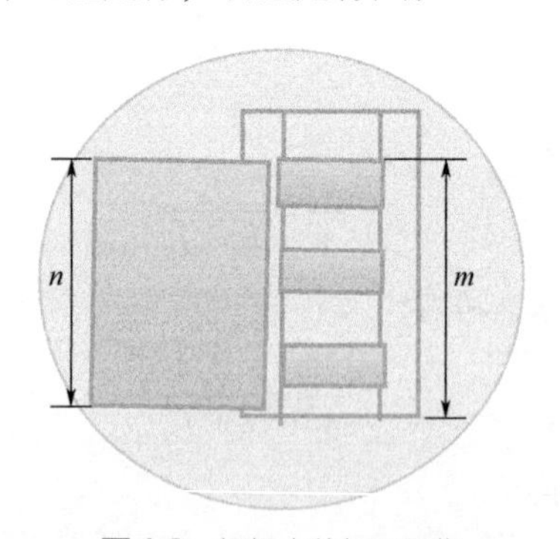

图 1.9 视场中的标尺和像

③ 测出与标尺像上 n 格（图 1.9 中 n=1）所对应的标尺上的 m 格（图 1.9 中 m=6），则其放大率实验值为 $\Gamma_T' = \frac{n}{m}$，3 次测量取平均值。

④ 测定物距 L_1（标尺与物镜的距离）以及目镜与标尺的距离 L，根据望远镜物像共面时的放大率公式［式（1-16）］计算望远镜放大率 Γ_T 的理论值。

⑤ 数据处理

原始数据记录

测量序号 i	1	2	3
物格数 m			
像格数 n			
Γ_i			

放大率实验值:

$$\Gamma_T' = (\Gamma_1 + \Gamma_2 + \Gamma_3)/3 \tag{1-17}$$

⑥ 比较实验值与理论值，计算相对偏差。

$$E = \frac{\Gamma_T' - \Gamma_T}{\Gamma_T} \times 100\% \tag{1-18}$$

实验 1.4　显微镜搭建与放大率测量

显微镜主要是用来帮助人眼观察近处的微小物体，显微镜与放大镜的区别是二级放大。显微镜的物镜实现第一级放大，目镜实现第二级放大；而放大镜只有一级放大。通过本实验可以了解显微镜的原理，自己搭建显微镜，测量相关参数。

1.4.1　实验目的

① 学习显微镜的原理及使用显微镜观察微小物体的方法。

② 学习测量显微镜放大倍数的方法。

1.4.2　基本原理

（1）显微镜的基本光学系统

显微镜的物镜、目镜都是会聚透镜，位于物镜物方焦点外侧附近的微小物体经物镜放大后先成一放大的实像，此实像再经目镜成像于无穷远处，这两次放大都使得视角增大。为了适于观察近处的物体，显微镜的焦距都很短。

（2）显微镜的放大率

显微镜的放大率 Γ_M（下标 M 表示显微镜 Microscope）定义为像对人眼的张角的

正切和物在明视距离 D=250mm 处时直接对人眼的张角的正切之比。假设物镜所成的实像恰好在目镜的前焦面上，如图 1.10 所示，由三角关系得：

$$\Gamma_{\mathrm{M}}=\frac{y'/f_{\mathrm{e}}'}{y/D}=\frac{y'}{y}\times\frac{D}{f_{\mathrm{e}}'}=\frac{\delta}{f_{\mathrm{o}}'}\times\frac{D}{f_{\mathrm{e}}'}=\beta_{\mathrm{o}}\Gamma_{\mathrm{e}} \tag{1-19}$$

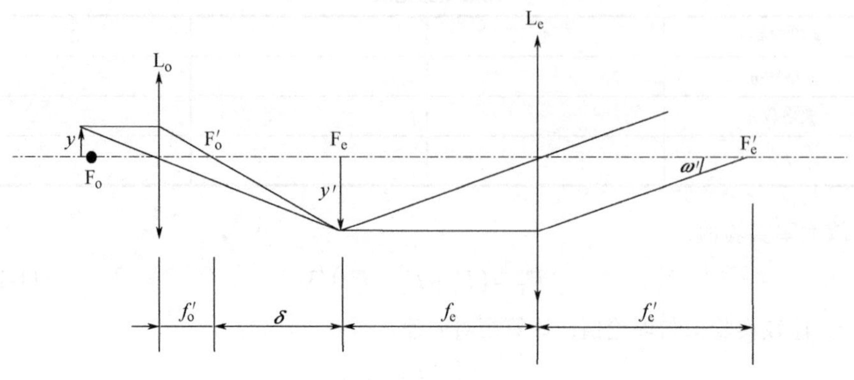

图 1.10　显微镜基本光学系统

式中，$\beta_{\mathrm{o}}=y'/y=\delta/f_{\mathrm{o}}'$ 为物镜的线放大率；$\Gamma_{\mathrm{e}}=D/f_{\mathrm{e}}'$ 为目镜的视放大率。从式（1-19）可看出，显微镜的物镜、目镜焦距越短，光学间隔越大，显微镜的放大倍数越大。

下面考虑物镜所成的实像落在目镜的一倍焦距以内的情况（如图 1.11 所示）。假设像位于距目镜为 l'' 的位置上。人眼在目镜后焦点处观察时，显微镜的放大率为：

$$\Gamma_{\mathrm{M}}=\frac{\tan\omega'}{\tan\omega}=\frac{y''/(l''+f_{\mathrm{e}}')}{y/D}=\frac{y''/(l''+f_{\mathrm{e}}')}{y'/D}\times\frac{y'}{y} \tag{1-20}$$

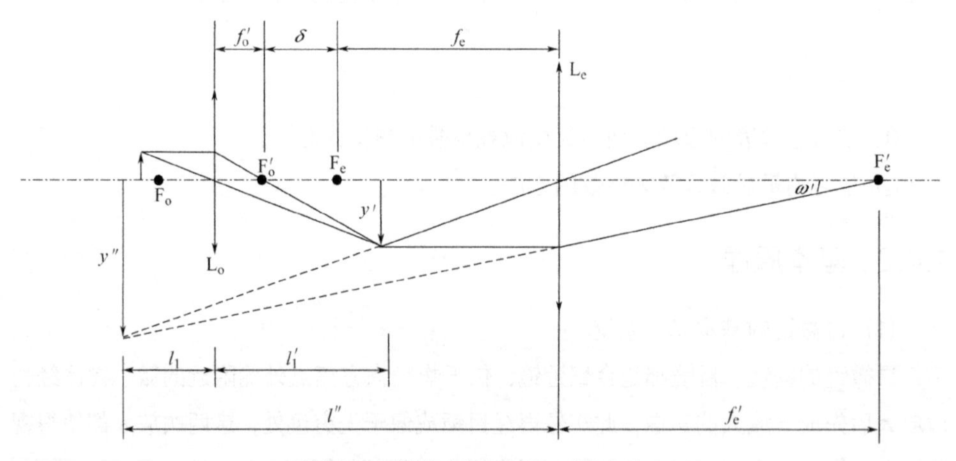

图 1.11　显微镜成像于有限远时的光路图

根据相似三角形的性质，我们有：

$$\frac{y''}{y'}=\frac{l''+f_e'}{f_e'} \tag{1-21}$$

结合式（1-20）和式（1-21），得:

$$\Gamma_M=\frac{D}{f_e'}\times\frac{y'}{y}=\beta_o\Gamma_e \tag{1-22}$$

注意到，中间像并不在目镜的物方焦平面上，因此，$\beta_o=y'/y\neq\delta/f_o'$。

如图 1.12 所示，在目镜和眼睛之间放置一个与主光轴成 45°的半透半反镜，将透明直尺放置在和光轴垂直方向上，且与半透半反镜之间的距离为 D（250mm）处。此时直尺经半透半反镜成虚像，我们用这个直尺所成的虚像去“量”目标物所成的像，即可得出放大率。

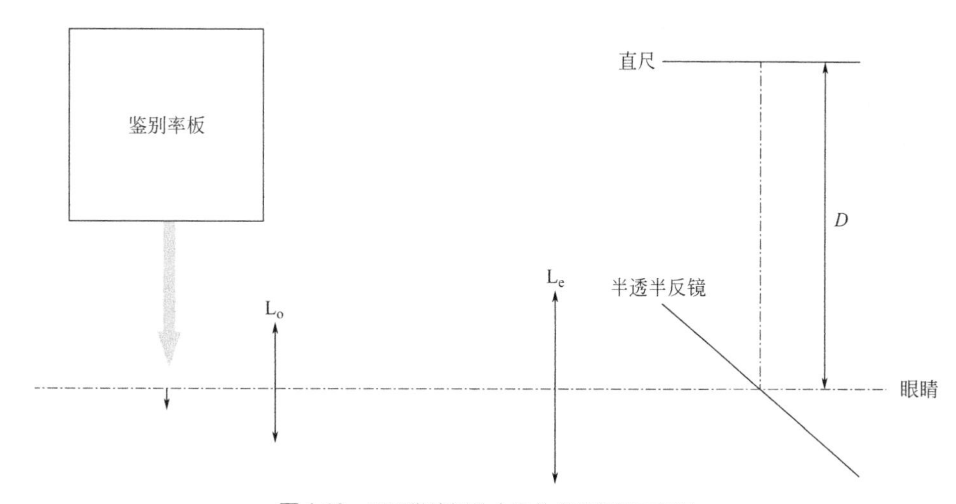

图 1.12 测显微镜视放大率的仪器装配示意图

1.4.3 实验步骤

① 按照图 1.13 组装显微镜，其中目标物为分辨率板，L_o 物镜参数为 ϕ =50、f=75mm，L_e 目镜参数为 ϕ =20、f=30mm，调整光学元件同轴等高，其中目标物和透明直尺均有 LED 照明。

注：配备卷尺以保证准确测量距离；建议 LED 倾斜照射，以免光强太强，影响视力。

② 调整物镜、目镜和目标板之间的距离，均匀倾斜照亮物体分辨率板，在视场中寻找 2 号（黑条纹宽度 d 为 0.5mm）或 4 号竖条纹（黑条纹宽度 d 为 0.25mm）的清晰像。

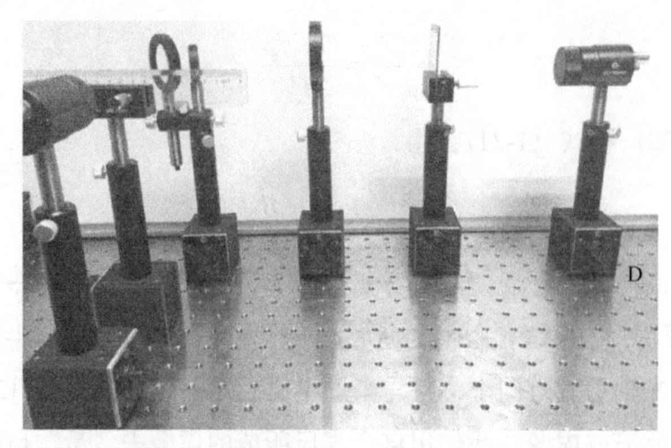

图1.13 测显微镜视放大率的仪器装配实物图

③ 调节透明直尺与半反射镜的距离为明视距离 D=250mm，调节半透半反射镜，使其和光轴成45°，即可在视场中看到清晰的刻度尺像。调整两个照明光源，使透明直尺与2号（4号）黑条纹的像能同时被看清楚。

④ 上下左右移动眼睛，寻找到清晰完整的条纹，通过刻度尺测定条纹像宽度 d'。根据读出的宽 d'，与实际宽度 d 即可算出显微镜放大倍数的实验值 $\Gamma'_{\mathrm{M}} = d'/d$。

⑤ 测量物体距离物镜之间的距离（即物距）距 l_1，根据物像关系式（$1/l + 1/l' = 1/f'_{\mathrm{o}}$）计算一次像与物镜的 l'_1 和物镜的线放大率 $\dfrac{y'}{y} = \dfrac{l'_1}{l_1}$，得出显微镜视放大率的理论值 $\Gamma_{\mathrm{M}} = \dfrac{D}{f'_{\mathrm{e}}} \times \dfrac{y'}{y}$。

⑥ 数据处理（以4号竖条纹为例）

测量序号	1	2	3
条纹宽度 d/mm	0.25	0.25	0.25
条纹像宽 d' /mm			
$\Gamma'_{\mathrm{M}} = d'/d$			

⑦ 计算相对偏差。

$$E = \frac{\Gamma'_{\mathrm{M}} - \Gamma_{\mathrm{M}}}{\Gamma_{\mathrm{M}}} \times 100\% \tag{1-23}$$

拓展 根据老师给出显微镜的放大倍数设计两个透镜之间的距离。

实验 2　晶体的电光声光效应调制实验

（1）电光声光调制实验组件

序号	型号	名称	规格	数量
1	DH-HN250	He-Ne 内腔激光器	2mW，TEM_{00}	1
2	GCM-180201M	激光管夹持器		1
3	GCL-050002	偏振片	ϕ25.4	2
4	GCM-0912M	偏振片架	ϕ25.4	3
5	GCM-0702M	二维载物台		1
6	GCM-0601M	棱镜台		1
7	GCM-560101M	可调狭缝		1
8	GCM-030303M	调节支座	L102	6
9	GCM-030113M	支杆	L102	6
10	GCM-420101M	磁性表座		6
11		电光调制晶体	铌酸锂，绝缘套，电源，数据线	1
12		声光调制器	含 24V 电源，数据线	1
13		光电接收模块	含电源	1
14		扬声器		1
15		手机（学生自带）	带音频接口（3.5mm TRS 接口）	1

（2）DH-A 型电光调制实验说明

① 实验系统工作原理概述

图 2.1 为电光调制实验系统的原理框图。该实验系统利用电压信号改变铌酸锂晶体的相位偏振角度，对透射的激光幅度进行调制，实现激光空间通信实验。

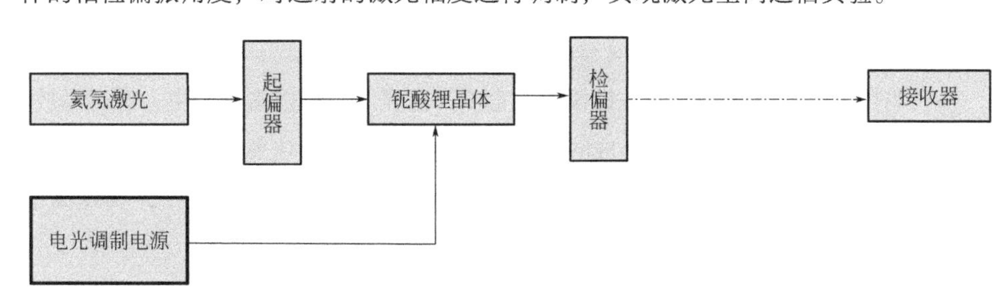

图 2.1　电光调制实验系统的原理框图

② 电光调制电源介绍

a．工作原理　通过单片机DAC产生标准的正弦波、矩形波音频信号和数字语音信号，对铌酸锂晶体的高压直流偏置进行调制，改变晶体旋光角度。

b．基本功能

- 提供铌酸锂晶体所用的高压直流电源，0～600V连续可调，数字显示电压数值。
- 产生标准的正弦波、矩形波音频信号，频率为100Hz、200 Hz、400 Hz、1000 Hz、4kHz和8kHz选择，幅度0～6V，手动连续可调。
- 内置语音处理器，可通过机内MIC实现语音信号录放，作为语音调制信号。
- 标准音频信号或语音信号可以由面板开关选择，进行内部高压调制或直接对外输出。

c．结构框图（图2.2）

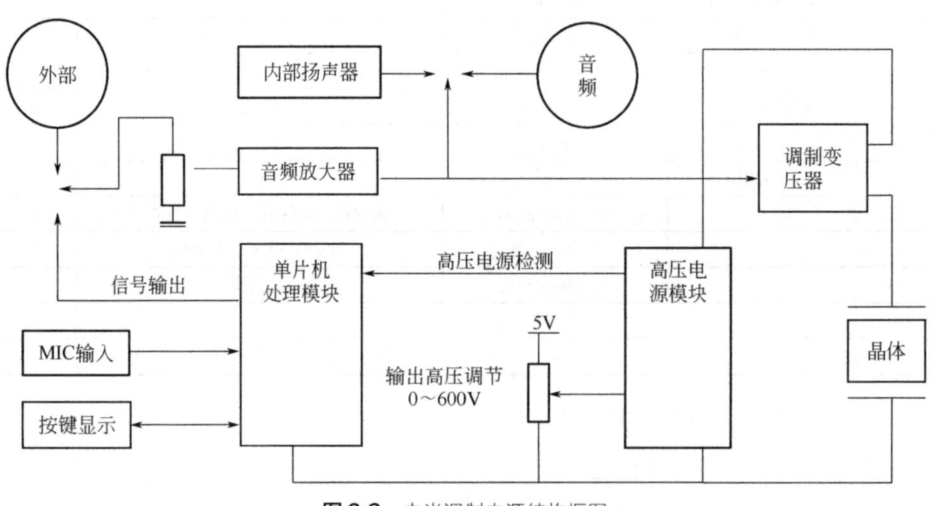

图2.2　电光调制电源结构框图

- 高压电源模块：有手动调节和输出电压检测端，作为铌酸锂晶体工作的直流偏压。
- 单片机处理模块：实现按键操作、直流高压显示、程控信号发生、语音录放。
- 音频放大器：将单片机合成的信号或外输入信号进行功率放大，供音频输出。
- 调制变压器：将音频信号耦合到铌酸锂晶体的直流偏置回路中，实现高压调制。

③ 前面板功能与操作介绍

电光调制电源的前面板如图2.3所示。

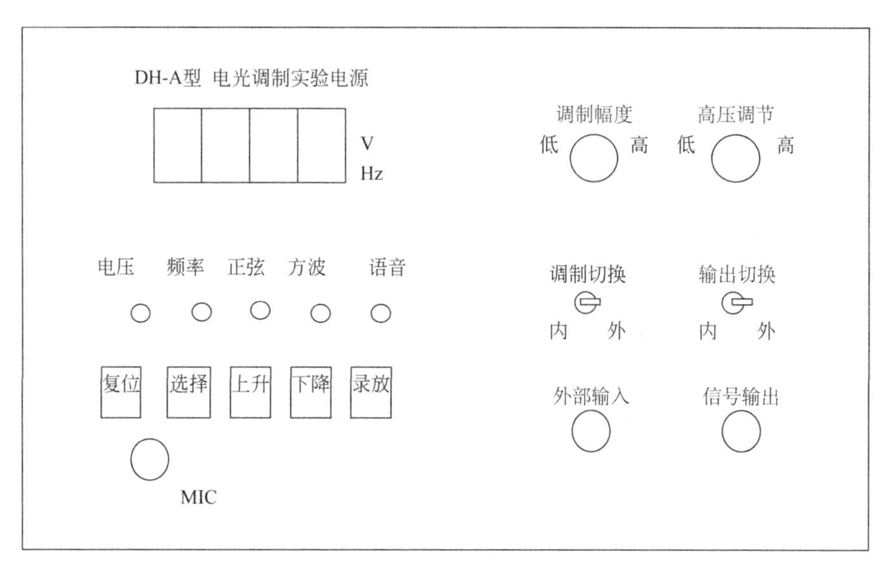

图 2.3 前面板示意图

a．LED 状态指示　电源面板上的五个 LED 通过按键分别指示电压、频率、波形（正波、方波）和语音录放状态。

b．数码管显示功能

- 电压显示：在电压显示状态，显示电光晶体所加的直流偏置电压值为三位整数，单位是 V。仪器初始上电或复位时默认显示电压值。
- 频率显示：四位数显示内部产生的标准调制信号频率，单位是 Hz。

c．按键功能

- 复位：单片机初始化，与上电功能相同，显示电压，同时内部信号源回到 100Hz 的正弦波默认值。
- 选择：在电压、频率和语音状态之间选择，每种选择均有相应的 LED 指示。
- 上升和下降：在电压状态下，按上升和下降无效。在频率状态下，按上升和下降，信号频率在 100Hz、200 Hz、400 Hz、1000 Hz、2000 Hz、4000 Hz、8000Hz 分档选择。

d．语音录放功能　通过选择键进入语音状态，显示“P- - -”提示符。此时单按录放，则可播放机内存储的语音信号，同时显示“PLAY”。

在语音状态下，如果将上升或下降和录放按键同时按下，则“语音”指示灯闪烁，显示“AEC”，进入录音状态。此时对着按键下面的“MIC”讲话，即可进行长达 20s 的录音。按上升或下降键可随时中止录音，回到“P- - -”状态。

e．面板其他功能

- 高压调节：调节输出高压，同时数码管显示电压值。
- 调制幅度：调节内部功放输出的调制信号幅度，调节范围 0～5V。
- 调制切换：开关选择调制信号是由内部产生还是由外加信号源输入。
- 输出切换：开关选择调制信号是连接机内背面扬声器还是由面板 BNC 插口输出。
- 信号输入：通过 BNC 插口输入外部信号，此时“调制切换”应在“外”位置，注意输入信号幅度要小于 1V，频率低于 10kHz。
- 信号输出：将输出切换打向“外”位置，机内音频调制信号由此 BNC 端口输出，可用示波器观察波形或接扬声器。

④ 后面板说明（图 2.4）

a．当前面板的“输出切换”指向“内”时，机内调制信号和语音信号可以通过后面板上的音频接口外插音箱监听到。

b．加到晶体上的已调高压由后面板接线柱上引出，使用时应注意安全。

c．交流电源输入端内置熔断器正常为 0.3A，不可随意加大，以免失去保护作用。

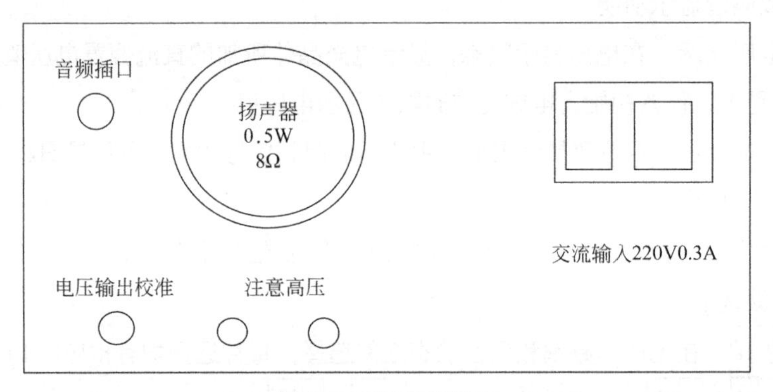

图 2.4 后面板示意图

⑤ 激光调制信号接收电路部分介绍

工作原理：由于已调的激光信号瞬时强度随着调制信号而变，那么利用光电传感器即可将载有信息的光强信号再变成电信号，然后通过前级放大电路和功率放大电路得到功率输出，驱动扬声器或其他负载。如果发射端发出的是语音信号，即可实现激光话音通信，如果是数字编码信号，可在接收端加数字解调，实现激光遥控。图 2.5 为信号接收与放大输出电路框图。图 2.6 为接收器外壳示意图。

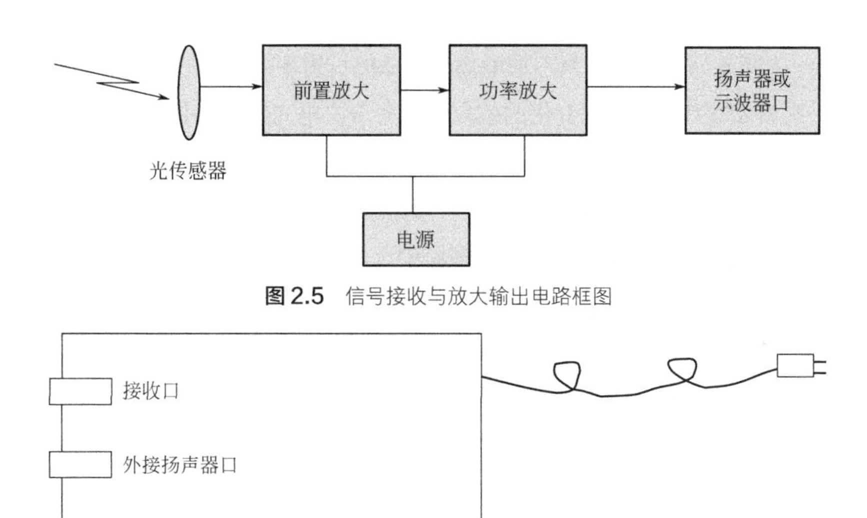

图 2.5 信号接收与放大输出电路框图

图 2.6 接收器外壳示意图

实验 2.1　晶体的电光效应

当给晶体或液体加上电场后，该晶体或液体的折射率发生变化，这种现象成为电光效应。电光效应在工程技术和科学研究中有许多重要应用，它响应时间很短，可以跟上频率为 1010Hz 的电场变化，可以在高速摄影中用作快门或在光速测量中用作光束斩波器等。在激光出现以后，电光效应的研究和应用得到迅速的发展，电光器件被广泛应用在激光通信、激光测距、激光显示和光学数据处理等方面。

2.1.1　实验目的

① 掌握晶体电光调制的原理和实验方法。

② 学会测量晶体半波电压、电光常数的方法。

③ 了解一种激光通信的方法。

2.1.2　实验原理

（1）电光效应和晶体的折射率椭球

由电场所引起的晶体折射率的变化，称为电光效应。通常可将电场引起的折射率的变化用下式表示（忽略高次项）：

$$n = n_0 + aE_0 + bE_0^2 \tag{2-1}$$

式中，a 和 b 为常数；n_0 为不加电场时晶体的折射率。

由一次项 aE_0 引起折射率变化的效应，称为一次电光效应，也称线性电光效应或普克尔（Pokells）效应；由二次项 bE_0^2 引起折射率变化的效应，称为二次电光效应，也称平方电光效应或克尔（Kerr）效应。一次电光效应只存在于不具有对称中心的晶体中，二次电光效应则可能存在于任何物质中，一次效应要比二次效应显著。

光在各向异性晶体中传播时，因光的传播方向不同或者是电矢量的振动方向不同，光的折射率也不同。如图 2.7 所示，通常用折射率椭球来描述折射率与光的传播方向、振动方向的关系。在主轴坐标中，折射率椭球及其方程为：

$$\frac{x^2}{n_1^2}+\frac{y^2}{n_2^2}+\frac{z^2}{n_3^2}=1 \tag{2-2}$$

式中，n_1、n_2、n_3 为椭球三个主轴方向上的折射率，称为主折射率。

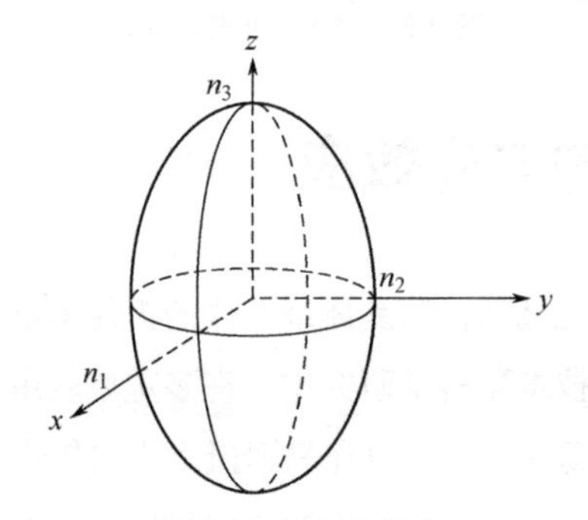

图 2.7 折射率椭球

当晶体加上电场后，折射率椭球的形状、大小、方位都发生变化，椭球方程变成：

$$\frac{x^2}{n_{11}^2}+\frac{y^2}{n_{22}^2}+\frac{z^2}{n_{33}^2}+\frac{2yz}{n_{23}^2}+\frac{2xz}{n_{13}^2}+\frac{2xy}{n_{12}^2}=1 \tag{2-3}$$

晶体的一次电光效应分为纵向电光效应和横向电光效应两种。纵向电光效应是加在晶体上的电场方向与光在晶体里传播的方向平行时产生的电光效应；横向电光效应是加在晶体上的电场方向与光在晶体里传播方向垂直时产生的电光效应。通常 KD*P（磷酸二氘钾）类型的晶体采用纵向电光效应，$LiNbO_3$（铌酸锂）类型的晶体采用横向电光效应。电光晶体的特性参数见表 2.1。

本实验研究铌酸锂晶体的一次电光效应，用铌酸锂晶体的横向调制装置测量铌酸锂晶体的半波电压及电光系数，并用两种方法改变调制器的工作点，观察相应的输出特性的变化。

表 2.1　电光晶体的特性参数

点群对称性	晶体材料	折射率		波长/μm	非零电光系数/(10^{-12}m/V)
		n_o	n_e		
$3m$	$LiNbO_3$	2.297	2.208	0.633	$\gamma_{13}=\gamma_{23}=8.6, \gamma_{33}=30.8$ $\gamma_{42}=\gamma_{51}=28, \gamma_{22}=3.4$ $\gamma_{12}=\gamma_{61}=-\gamma_{22}$
32	Quartz (SiO_2)	1.544	1.553	0.589	$\gamma_{41}=-\gamma_{52}=0.2$ $\gamma_{62}=\gamma_{21}=-\gamma_{11}=0.93$
$\bar{4}2m$	KH_2PO_4 (KDP)	1.5115	1.4698	0.546	$\gamma_{41}=\gamma_{52}=8.77, \gamma_{63}=10.3$
		1.5074	1.4669	0.633	$\gamma_{41}=\gamma_{52}=8, \gamma_{63}=11$
$\bar{4}2m$	$NH_4H_2PO_4$ (ADP)	1.5266	1.4808	0.546	$\gamma_{41}=\gamma_{52}=23.76, \gamma_{63}=8.56$
		1.5220	1.4773	0.633	$\gamma_{41}-\gamma_{52}=23.41, \gamma_{63}=7.828$
$\bar{4}3m$	KD_2PO_4 (KD*P)	1.5079	1.4683	0.546	$\gamma_{41}=\gamma_{52}=8.8, \gamma_{63}=26.8$
$\bar{4}3m$	GaAs	3.60		0.9	$\gamma_{41}=\gamma_{52}=\gamma_{63}=1.1$
		3.34		1.0	$\gamma_{41}=\gamma_{52}=\gamma_{63}=1.5$
		3.20		10.6	$\gamma_{41}=\gamma_{52}=\gamma_{63}=1.6$
$\bar{4}3m$	InP	3.42		1.06	$\gamma_{41}=\gamma_{52}=\gamma_{63}=1.45$
		3.29		1.35	$\gamma_{41}=\gamma_{52}=\gamma_{63}=1.3$
$\bar{4}3m$	ZnSe	2.60		0.633	$\gamma_{41}=\gamma_{52}=\gamma_{63}=2.0$
$\bar{4}3m$	β-ZnS	2.36		0.6	$\gamma_{41}=\gamma_{52}=\gamma_{63}=2.1$

（2）电光调制原理

要用激光作为传递信息的工具，首先要解决如何将传输信号加到激光辐射上的问题。我们把信息加载于激光辐射的过程称为激光调制，把完成这一过程的装置称为激光调制器。由已调制的激光辐射还原出所加载信息的过程则称为解调。因为激光实际上只起到了“携带”低频信号的作用，所以称为载波；而起控制作用的低频信号是我们所需要的，称为调制信号；被调制的载波称为已调波或调制光。按调制的性质而言，激光调制与无线电波调制类似，可以采用连续的调幅、调频、调相以及脉冲调制等形式，但激光调制多采用强度调制。强度调制是根据光载波电场振幅的平方比例来调制信号，使输出激光辐射的强度按照调制信号的规律变化。激光调制之所以常采用强度调制形式，主要是因为光接收器一般都是直接地响应其所接受的光强度变化。

激光调制的方法很多，如机械调制、电光调制、声光调制、磁光调制和电源调制等。其中电光调制器开关速度快、结构简单。在激光调制技术及混合型光学双稳器件等方面有广泛的应用。电光调制根据所施加的电场方向的不同，可分为纵向电光调制和横向电光调制。因实验中仅采用横向电光调制，所以本书仅具体介绍横向电光调制的原理和典型的调制器。

① 铌酸锂晶体横调制器

图 2.8 为横调制器示意图。电极 D_1、D_2 与光波传播方向平行。外加电场则与光波传播方向垂直。电光效应引起的相位差 Γ 正比于电场强度 E 和作用距离 L（即晶体沿光轴 z 的厚度）的乘积 EL；E 正比于外加电压 U，反比于电极间距离 d，因此

$$\Gamma \sim \frac{LU}{d}$$

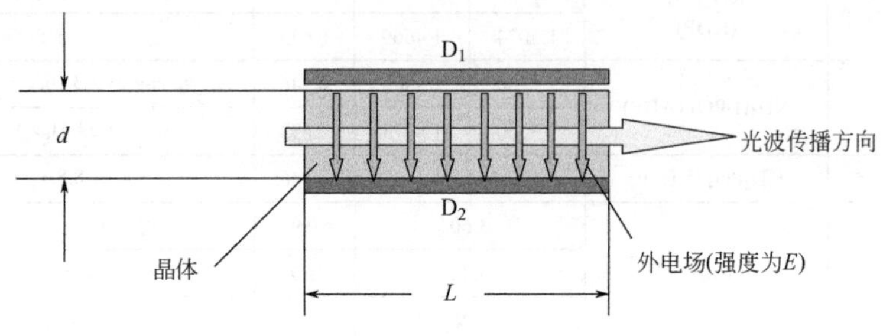

图 2.8 横调制器示意图

由此可见，对一定的 Γ，外加电压 u 与晶体长宽比 L/d 成反比，加大 L/d 可使得 u 下降。电压 u 下降不仅使控制电路成本下降，而且有利于提高开关速度。

铌酸锂晶体具有优良的加工性能及很高的电光系数，$\gamma_{33} = 30.8\times10^{-12}\,\mathrm{m/V}$，常用来做成横调制器。铌酸锂为单轴负晶体，有 $n_x = n_y = n_o = 2.297$，$n_z = n_e = 2.208$。

令电场强度为 $E = E_z$，得到电场感生的法线椭球方程式：

$$\left(\frac{1}{n_o^2} + \gamma_{13}E_z\right)(x^2 + y^2) + \left(\frac{1}{n_e^2} + \gamma_{33}E_z\right)z^2 = 1 \tag{2-4}$$

或：

$$\frac{x^2}{n_x^2} + \frac{y^2}{n_y^2} + \frac{z^2}{n_z^2} = 1 \tag{2-5}$$

其中

$$n_x = n_y \approx n_o - \frac{1}{2}n_o^3\gamma_{13}E_z \tag{2-6}$$

$$n_z \approx n_e - \frac{1}{2}n_e^3\gamma_{33}E_z \tag{2-7}$$

应注意在这一情况下，电场感生坐标系和主轴坐标系一致，仍然为单轴晶体，但寻常光和非常光的折射率都受到外电场的调制。设入射线偏振光沿 xz 的角平分线方向振动，两个本征态 x 和 z 分量的折射率差为：

$$n_x - n_z = (n_o - n_e) - \frac{1}{2}(n_o^3 \gamma_{13} - n_e^3 \gamma_{33})E \tag{2-8}$$

当晶体的厚度为 L，则射出晶体后光波的两个本征态的相位差为：

$$\Gamma = \frac{2\pi}{\lambda_0}(n_x - n_z)L = \frac{2\pi}{\lambda_0}(n_o - n_e)L - \frac{2\pi}{\lambda_0} \times \frac{n_o^3 \gamma_{13} - n_e^3 \gamma_{33}}{2} EL \tag{2-9}$$

式（2-9）说明在横调制情况下，相位差由两部分构成：晶体的自然双折射部分（式中第一项）及电光双折射部分（式中第二项）。通常使自然双折射项等于$\pi/2$ 的整倍数。

将 $E=u/d$ 代入到式（2-9）的电光双折射部分，可得横调制器的半波电压为：

$$U_\pi = \frac{d}{L} \times \frac{\lambda_0}{n_e^3 \gamma_{33} - n_o^3 \gamma_{13}} \tag{2-10}$$

由式（2-10）可知半波电压 U_π 与晶体长宽比 L/d 成反比。因而可以通过加大器件的长宽比 L/d 来减小 U_π。

横调制器的电极不在光路中，工艺上比较容易解决。横调制器的主要缺点在于它对波长 λ_0 很敏感，λ_0 稍有变化，自然双折射引起的相位差即发生显著的变化。当波长确定时（例如使用激光），这一项又强烈地依赖于作用距离 L。加工误差、装调误差引起的光波方向的稍许变化都会引起相位差的明显改变，因此横调制器通常只用于准直的激光束中。为消除或降低器件对温度、入射方向的敏感性，可用一对晶体，第一块晶体的 x 轴与第二块晶体的 z 轴相对，使晶体的自然双折射部分［式（2-9）中第一项］相互补偿。有时也用巴比涅-索勒尔（Babinet-Soleil）补偿器，将工作点偏置到特性曲线的线性部分。

迄今为止，我们所讨论的调制模式均为振幅调制，其物理实质在于：输入的线偏振光在调制晶体中分解为一对偏振方位正交的本征态，在晶体中传播一段距离后获得相位差Γ，Γ为外加电压的函数。在输出的偏振元件透光轴上这一对正交偏振分量重新叠加，输出光的振幅被外加电压所调制，这是典型的偏振光干涉效应。

② 改变直流偏压对输出特性的影响

a．当直流偏压 $U_0 = \frac{U_\pi}{2}$、$U_m \ll U_\pi$ 时，将工作点选定在线性工作区的中心处，如图 2.9（a）所示，此时，可获得较高效率的线性调制。这时，调制器输出的信号和调制信号虽然振幅不同，但是两者的频率却是相同的，输出信号不失真，我们称为线性调制。

b．当 $U_0 = 0$、$U_m \ll U_\pi$ 时，如图 2.9（b）所示，输出信号的频率是调制信号频率的 2 倍，即产生“倍频”失真。

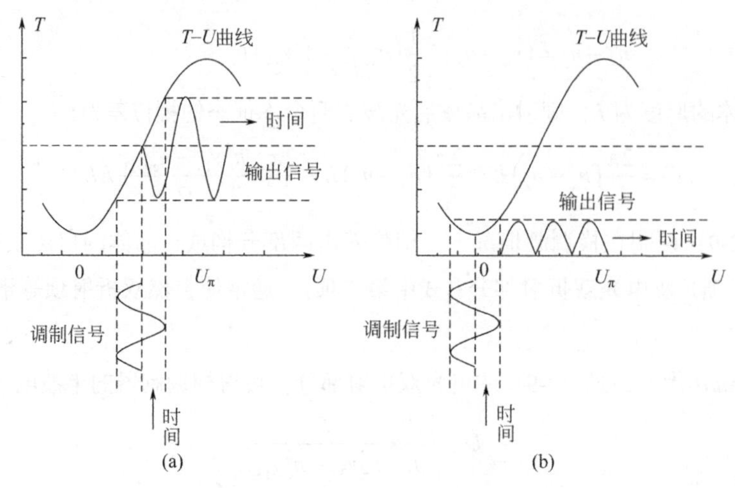

图 2.9 直流偏压对输出特性的影响

c．直流偏压 U_0 在 0V 附近或在 U_π 附近变化时，由于工作点不在线性工作区，输出波形将失真。

d．当 $U_0=\frac{U_\pi}{2}$，$U_m>U_\pi$ 时，调制器的工作点虽然选定在线性工作区的中心，但不满足小信号调制的要求。因此，工作点虽然选定在了线性区，输出波形仍然是失真的。

2.1.3 实验内容

实验仪器：电光调制电源组件、光接收放大器组件、He-Ne 激光器组件、电光调制晶体组件、偏起器组件、检偏器组件。

根据图 2.10 搭建晶体声光调制语音信号实验仪器。

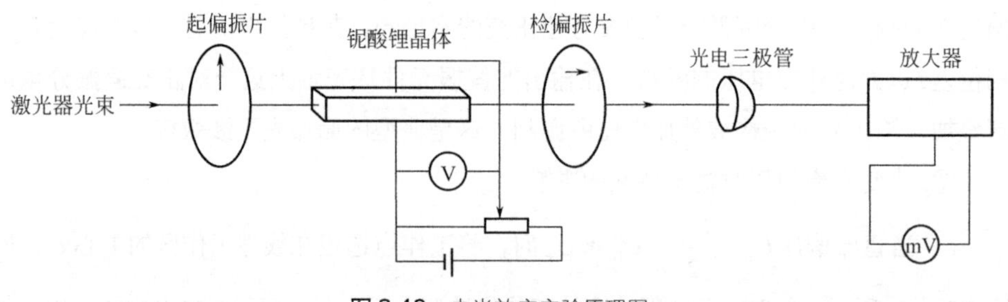

图 2.10 电光效应实验原理图

2.1.4 实验步骤

① 打开激光器，准直激光器光束，使激光器出射光束与光学平台平面平行，半波电压为 500V。

② 放入起偏振片和检偏振片，调节偏振片的俯仰角和旋转角，使光路共轴。

③ 调节检偏振片，使出射光消光，两偏振片构成正交腔，即两偏振片透光轴相互垂直（由于生产工艺的问题，目前无法做到完全消光，调整到光强最小处即可）。

④ 在起偏振片和检偏振片之间放入铌酸锂晶体，使光路共轴。让激光束从晶体正中穿过，在铌酸锂晶体两侧电极上连上高压线（不分正负极）。

⑤ 铌酸锂晶体上高压线的另一端接在电源后端高压输出口。

⑥ 按选择键切换到正弦信号。

⑦ 音频的通信传输。

⑧ 手机音频口与电源外部输入相连，打开手机音频文件，电源调制切换打到“外”。

⑨ 放置接收端接扬声器。

⑩ 打开电源，电压调到半波电压，打开手机音频文件，手机音量调到最大。

⑪ 用接收模块接收 MP3 音乐信号。

⑫ 电源电压旋至最小，关闭电源。

2.1.5 注意事项

① He-Ne 激光管出光时，电极上所加为直流高压，要注意人身安全。

② 电源的旋钮顺时针方向为增益加大的方向，因此，电源开关打开前，所有旋钮应该逆时针方向旋转到头；关仪器前，所有旋钮逆时针方向旋转到头后再关电源。

思考题

① 工作点选定在线性区中心，信号幅度加大时怎样失真？为什么失真？请画图说明。

② 晶体上不加交流信号，只加直流电压 $U_\pi/2$ 或 U_π 时，在检偏振片前从晶体末端出射的光的偏振态如何？怎样检测？

实验 2.2 晶体的声光效应

声光效应是指光通过某一受到超声波扰动的介质时发生衍射的现象，这种现象是光波与介质中的声波相互作用的结果。早在 20 世纪 30 年代就开始了声光衍射的实验研究。60 年代激光器的问世为声光现象的研究提供了理想的光源，促进了声光效应理论和应用研究的迅速发展。声光效应为控制激光束的频率、方向和强度提供了一个有效的手段。利用声光效应制成的声光器件，如声光调制器、声光偏转器、和可调谐滤光器等，在激光技术、光信号处理和集成光通信技术等方面有着重要的应用。

2.2.1 实验目的

① 了解声光效应的原理。

② 了解喇曼-纳斯衍射和布喇格衍射的实验条件和特点。

③ 测量声光偏转和声光调制曲线。

④ 完成模拟通信实验仪器的安装及调试。

2.2.2 实验原理

当超声波在介质中传播时，将引起介质的弹性应变，在时间和空间上作周期性的变化，并且使介质的折射率也发生相应变化。当光束通过有超声波的介质后就会产生衍射现象，这就是声光效应。有超声波传播的介质如同一个相位光栅。图 2.11 为声光衍射原理图。

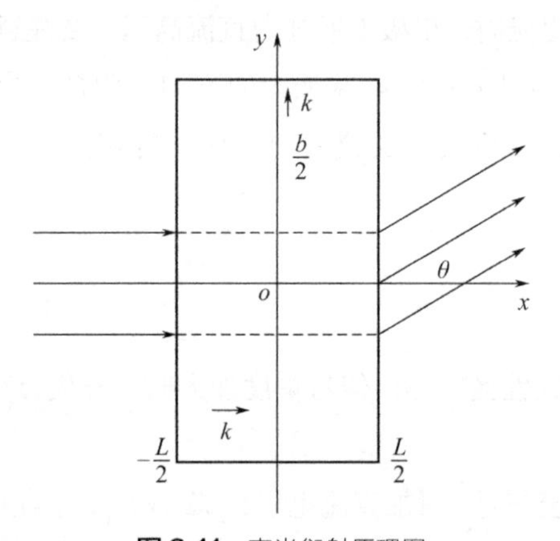

图 2.11 声光衍射原理图

声光效应有正常声光效应和反常声光效应之分。在各项同性介质中，声-光相互作用不导致入射光偏振状态的变化，产生正常声光效应。在各项异性介质中，声-光相互作用可能导致入射光偏振状态的变化，产生反常声光效应。反常声光效应是制造高性能声光偏转器和可调滤波器的基础。正常声光效应可用喇曼-纳斯的光栅假设作出解释，而反常声光效应不能用光栅假设作出说明。在非线性光学中，利用参量相互作用理论，可建立起声-光相互作用的统一理论，并且运用动量匹配和失配等概念都可对正常和反常声光效应作出解释。本实验只涉及各项同性介质中的正常声光效应。

设声光介质中的超声行波是沿 y 方向传播的平面纵波，其角频率为 ω_s，波长为 λ_s 波矢为 $\boldsymbol{k}_s$。入射光为沿 x 方向传播的平面波，其角频率为 ω，在介质中的波长为 λ，波矢为 $\boldsymbol{k}$。介质内的弹性应变也以行波形式随声波一起传播。由于光速大约是声速的 10^5 倍，在光波通过的时间内介质在空间上的周期变化可看成是固定的。

由于应变而引起的介质的折射率的变化由下式决定：

$$\Delta n = \Delta(\frac{1}{n^2})pS \tag{2-11}$$

式中，n 为介质折射率；S 为应变；p 为光弹系数。通常，p 和 S 为二阶张量。当声波在各项同性介质中传播时，p 和 S 可作为标量处理，如前所述，应变也以行波形式传播，所以可写成：

$$S = S_0 \sin(w_s t - k_s y) \tag{2-12}$$

当应变较小时，折射率作为 y 和 t 的函数可写作：

$$n(y,t) = n_0 + \Delta n \sin(w_s t - k_s y) \tag{2-13}$$

式中，n_0 为无超声波时的介质的折射率；Δn 为声波折射率变化的幅值。

由式（2-11）可求出：

$$\Delta n = -\frac{1}{2}n^3 p S_0 \tag{2-14}$$

设光束垂直入射（$\boldsymbol{k} \perp \boldsymbol{k}_s$）并通过厚度为 L 的介质，则前后两点的相位差为

$$\begin{aligned}\Delta\Phi &= k_0 n(y,t)L \\ &= k_0 n_0 L + k_0 \Delta n L \sin(w_s t - k_s y) \\ &= \Delta\Phi_0 + \delta\Phi \sin(w_s t - k_s y)\end{aligned} \tag{2-15}$$

式中，k_0 为入射光在真空中的波矢的大小。式（2-15）右边第一项 $\Delta\Phi_0$ 为不存在超声波时光波在介质前后两点的相位差，第二项为超声波引起的附加相位差（相位调制），$\delta\Phi = k_0 \Delta n L$。可见，当平面光波入射在介质的前界面上时，超声波使出射光波的波振面变为周期变化的皱褶波面，从而改变出射光的传播特性，使光产生衍射。

设入射面上 $x = -L/2$ 的光振动为 $E_i = A\mathrm{e}^{\mathrm{i}t}$，$A$ 为一常数，也可以是复数。考虑到在出射面 $x = L/2$ 上各点相位的改变和调制，在 xy 平面内离出射面很远一点的衍射光叠加结果为：

$$E \propto A\int_{-\frac{b}{2}}^{\frac{b}{2}} \exp\{\mathrm{i}[(wt - k_0 n(y,t) - k_0 y \sin\theta]\}\,\mathrm{d}y \tag{2-16}$$

写成等式时：

$$E = Ce^{iwt}\int_{-\frac{b}{2}}^{\frac{b}{2}}\exp\left[\mathrm{i}\delta\Phi\sin(k_s y - w_s t)\right]\exp\left[-ik_0 y\sin\theta\right]\mathrm{d}y \tag{2-17}$$

式中，b 为光束宽度；θ 为衍射角；C 为与 A 有关的常数，为了简单可取为实数。利用与贝塞耳函数有关的恒等式

$$\mathrm{e}^{\mathrm{i}a\sin\theta} = \sum_{m=-\infty}^{\infty} J_m(a)\mathrm{e}^{\mathrm{i}m\theta} \tag{2-18}$$

式中，$J_m(a)$ 为（第一类）m 阶贝塞耳函数。将式（2-17）展开并积分得：

$$E = Cb\sum_{m=-\infty}^{\infty} J_m(\delta\Phi)\exp\left\{\mathrm{i}(w - mw_s)t\frac{\sin[b(mk_s - k_0\sin\theta)/2]}{b(mk_s - k_0\sin\theta)/2}\right\} \tag{2-19}$$

式（2-19）中与第 m 级衍射有关的项为

$$E_m = E_0\mathrm{e}^{\mathrm{i}(w - mw_s)t} \tag{2-20}$$

$$E_0 = CbJ_m(\delta\Phi)\frac{\sin[b(mk_s - k_0\sin\theta)/2]}{b(mk_s - k_0\sin\theta)/2}$$

因为函数 $(\sin x)/x$ 在 $x=0$ 取极大值，因此有衍射极大的方位角 θ_m 由下式决定：

$$\sin\theta_m = m\frac{k_s}{k_0} = m\frac{\lambda_0}{\lambda_s} \tag{2-21}$$

式中，λ_0 为真空中光的波长；λ_s 为介质中超声波的波长。与一般的光栅方程相比可知，超声波引起的有应变的介质相当于一光栅常数为超声波长的光栅。由式（2-20）可知，第 m 级衍射光的频率 w_m 为

$$w_m = w - mw_s \tag{2-22}$$

可见，衍射光仍然是单色光，但发生了频移。由于 $w \gg w_s$，这种频移是很小的。

第 m 级衍射极大的强度 I_m 可用（2-20）式模数平方表示：

$$\begin{aligned} I_m &= E_0E_0^* = C^2b^2J_m^2(\delta\Phi) \\ &= I_0J_m^2(\delta\Phi) \end{aligned} \tag{2-23}$$

式中，E_0^* 为 E_0 的共轭复数；$I_0 = C^2b^2$。

第 m 级衍射极大的衍射效率 η_m 定义为第 m 级衍射光的强度与入射光的强度之比。由式（2-23）可知，η_m 正比于 $J_m^2(\delta\Phi)$。当 m 为整数时，$J_{-m}(a) = (-1)^m J_m(a)$。由式（2-22）和式（2-23）表明，各级衍射光相对于零级对称分布。

当光束斜入射时，如果声光作用的距离满足 $L < \lambda_s^2/2\lambda$，则各级衍射极大的方位角 θ_m 由下式决定：

$$\sin\theta_m = \sin i + m\frac{\lambda_0}{\lambda_s} \tag{2-24}$$

式中，i 为入射光波矢 k 与超声波波面的夹角。上述的超声衍射称为喇曼-纳斯衍射，有超声波存在的介质起平面光栅的作用。

当声光作用的距离满足 $L > 2\lambda_s^2 / \lambda$，而且光束相对于超声波波面以某一角度斜入射时，在理想情况下除了 0 级之外，只出现 1 级或-1 级衍射，如图 2.12 所示。这种衍射与晶体对 X 光的布喇格衍射很类似，故称为布拉格衍射。能产生这种衍射的光束入射角称为布喇格角。此时有超声波存在的介质起体积光栅的作用。可以证明，布拉格角满足

$$\sin i_B = \frac{\lambda}{2\lambda_s} \tag{2-25}$$

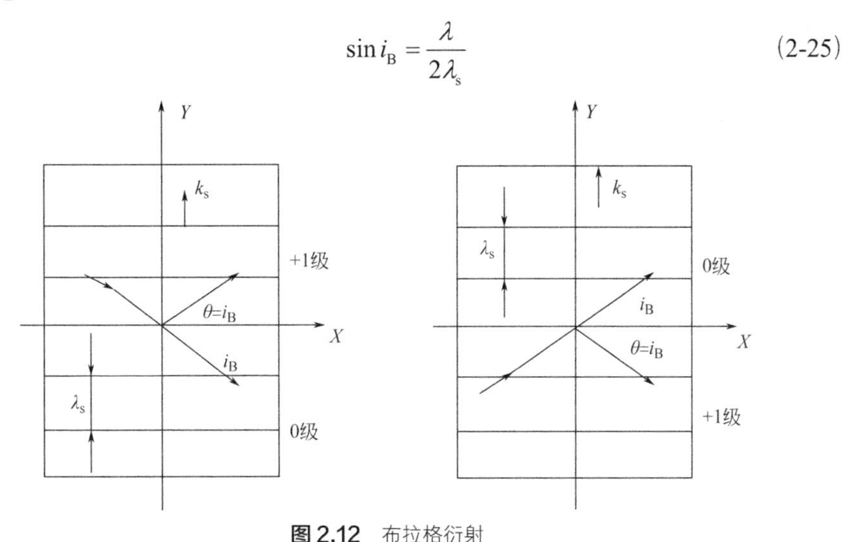

图 2.12 布拉格衍射

式（2-25）称为布拉格条件。因为布拉角一般都很小，故衍射光相对于入射光的偏转角

$$\Phi = 2i_B \approx \frac{\lambda}{\lambda_s} = \frac{\lambda_0}{n v_s} f_s \tag{2-26}$$

式中，v_s 为超声波的波速；f_s 为超声波的频率；其他量的意义同前。在布拉格衍射条件下，一级衍射光的效率为：

$$\eta = \sin^2\left[\frac{\pi}{\lambda_0}\sqrt{\frac{M_2 L P_s}{2H}}\right] \tag{2-27}$$

式中，P_s 为超声波功率；L 和 H 为超声换能器的长和宽；M_2 为反映声光介质本身性质的一常数，$M_2 = n^6 p^2 / \rho v_s^\delta$；$\rho$ 为介质密度；p 为光弹系数。在布喇格衍射下，衍射光的效率也由式（2-22）决定。理论上布拉格衍射的衍射效率可达 100%，拉曼-纳斯衍射中一级衍射光的最大衍射效率仅为 34%，所以声光器件一般都采用布拉格衍射。

由式（2-26）和式（2-27）可看出，通过改变超声波的频率和功率，可分别实现

对激光束方向的控制和强度的调制，这是声光偏转器和声光调制器的基础。由式(2-22)可知，超声光栅衍射会产生频移，因此利用声光效应还可以制成频移器件。超声频移器在计量方面有重要应用，如用于激光多普勒测速仪。

以上讨论的是超声行波对光波的衍射。实际上，超声驻波对光波的衍射也产生拉曼-纳斯衍射和布拉格衍射，而且各衍射光的方位角和超声频率的关系与超声行波的相同。不过，各级衍射光不再是简单地产生频移的单色光，而是含有多个傅里叶分量的复合光。

2.2.3 实验仪器

TSGMG-1/Q 型高速正弦声光调制器及驱动电源，可用在激光照排机、激光传真机、电子分色机或者其他文字、图像处理等系统中。

(1) 主要技术指标

激光波长	632.8nm
工作频率	150MHz
衍射效率	≥70%
正弦重复频率	≥8MHz
静态透过率	≥90%

(2) 工作原理

本产品由声光调制器及驱动电源两部分组成。驱动电源产生 150MHz 频率的射频功率信号加入声光调制器，压电换能器将射频功率信号转变为超声信号。当激光束以布拉格角度通过时，由于声光互作用效应，激光束发生衍射，这就是布拉格衍射效应，如图 2.13 所示。可以外加文字和图像信号，以正弦（连续波）输入驱动电源的调制接口“调制”端，衍射光光强将随此信号变化，从而达到控制激光输出特性的目的，如图 2.14 所示。

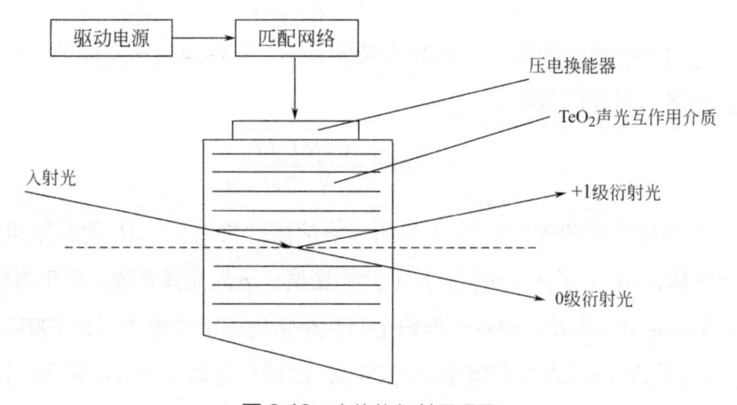

图 2.13 布拉格衍射原理图

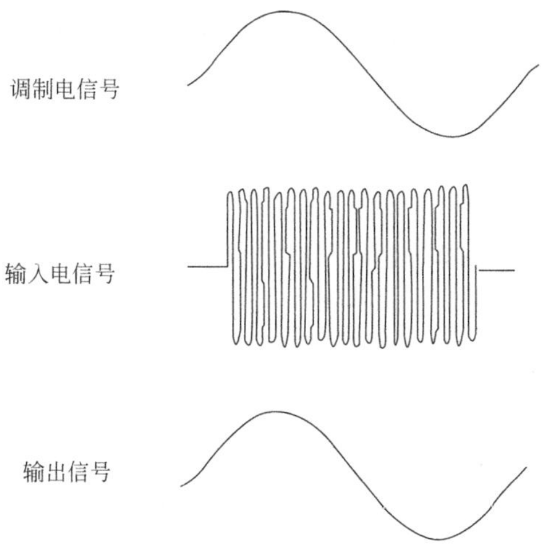

图 2.14 衍射光随调制信号的变化

声光调制器由声光介质（氧化碲晶体）和压电换能器（铌酸锂晶体）、阻抗匹配网络组成，声光介质两通光面镀有光学增透膜，整个器件由铝制外壳安装，其外形尺寸和安装尺寸如图 2.15 所示。

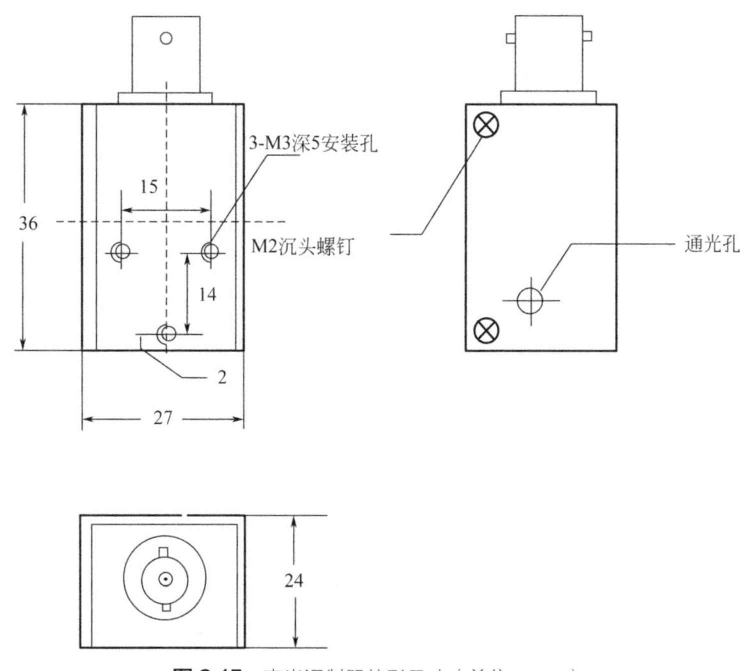

图 2.15 声光调制器外形尺寸（单位：mm）

驱动电源由振荡器、转换电路、调制门电路、电压放大电路、功率放大电路组成。外输入调制信号由“调制输入”端输入，工作电压为直流+24V，“输出”端输出驱动功率，用高频电缆线与声光器件相连。外形尺寸和安装尺寸如图 2.16 所示。

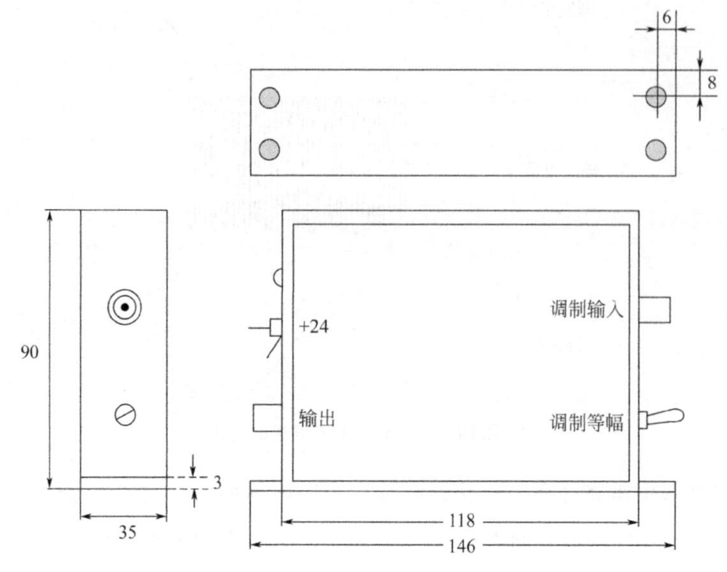

图 2.16 驱动电源外形尺寸和安装尺寸（单位：mm）

（3）使用方法

① 用高频电缆将声光器件和驱动电源“输出”端连接。

② 接上+24V 的直流工作电压（注意：电压不得接反，否则驱动电源烧坏）。调制输入电信号幅度为 250～350mV。

③ 调整声光器件在光路中的位置和光的入射角度，在一级衍射光达到最好状态。

④ 驱动电源“调制输入”端接上外调制信号，并拨动调制开光到“调制”即可正常工作；驱动电源不得空载，即加上直流工作电压前，应先将驱动电源“输出”端与声光器件相连。

⑤ 产品应小心轻放，特别是声光器件，否则器件可能因损坏晶体而报废。

⑥ 不得接触声光器件的通光面，否则会损坏光学增透膜。

2.2.4 实验内容

① 正确连接声光调制器各个部分，开机预热 5min。

② 调整光路，等高，使激光束按照一定角度入射晶体；观察布拉格衍射光斑，并测量衍射角。

③ 加载音频信号，并用接收模块接收解调音频信号，体会声光调制解调光通信的过程。

实验 3　He-Ne 激光器外参数测量

虽然在 1917 年爱因斯坦就预言了受激辐射的存在，但在一般热平衡情况下，物质的受激辐射总是被受激吸收所掩盖，未能在实验中被观察到。直到 1960 年第一台红宝石激光器面世受激辐射才被观察到，这标志了激光技术的诞生。

相对于一般光源，激光束具有方向性好的特点，也就是说，光能量在空间的分布高度集中在光的传播方向上。但是，它仍有一定的发散度，而且光强分布还有着特殊结构，如由球面镜构成谐振腔产生的激光束，既不是均匀的平面波，也不是均匀的球面波，在它的横截面上，光强是以高斯函数分布的，故称作高斯光束。

按工作物质的类型不同，激光器可以分成四大类：固体激光器、气体激光器、液体激光器和半导体激光器。He-Ne 激光器是继红宝石激光器后出现的第二种激光器，也是目前使用最为广泛的激光器。因此有必要通过实验对 He-Ne 激光器做全面的了解。

3.1　实验目的

① 学会对描述高斯光束传播特性的主要参数，即光斑尺寸、远场发散角的测量方法。

② 通过光栅方程来验证 He-Ne 激光的波长。

3.2　基本原理

(1) 高斯光束的发散角

图 3.1 为高斯光束的发散角和振幅分布。

激光器的光强分布为高斯函数型分布，故称为高斯光束。我们用全发散角 2θ 表征它的发散程度，定义：

$$2\theta \equiv 2\frac{\mathrm{d}\omega(z)}{\mathrm{d}z} = \frac{2\lambda^2 z}{\pi\omega_0}(\pi^2\omega_0{}^4 + z^2\lambda^4)^{-1/2} \tag{3-1}$$

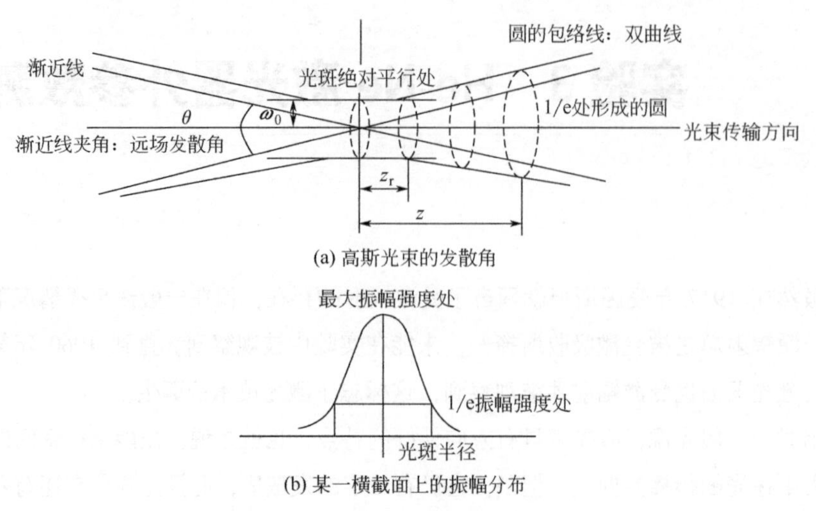

图 3.1 高斯光束的发散角和振幅分布

式中，ω_0 表示的是高斯光束最细处的半径，也称为束腰半径；z 表示的是在光传播方向上和束腰之间的距离；λ 表示波长。

现在分析 2θ 在整个光路中的变化情况。显然，在 $z=0$ 处，$2\theta=0$，当 z 增大，2θ 增大。如果 z 落在$[0, z_r]$这段范围内时，全发散角变化较慢，我们称 z_r 为准直距离：

$$z_r \equiv \frac{\pi \omega_0^2}{\lambda} \tag{3-2}$$

当 $z>z_r$ 时，全发散角变化加快；当 $z\to\infty$ 时，2θ 变为常数。我们将此处的全发散角称为远场发散角，有：

$$2\theta = 2\frac{\lambda}{\pi \omega_0} \tag{3-3}$$

不难看出，远场发散角实际是以光斑尺寸为轨迹的两条双曲线的渐近线间的夹角。

实验中，由于不可能在无穷远处测量，故式（3-3）只是理论上的计算式，不能作为测量公式，而需用近似测量来代替。可以证明，当 $z \geqslant 7z_r=7\pi\omega_0 2/\lambda$ 时，$2\theta_z/2\theta(\infty) \geqslant 99\%$，即当 z 值大于 7 倍 z_r 时所测得的全发散角，可和理论上的远场发散角相比，误差仅在 1%以内，那么 z 值带来的实验误差已不是影响实验结果的主要因素了，这就为我们提供了实验上测远场发散角所应选取的 z 值范围。

可采用以下两种近似计算。

一种方法是，选取 $z>z_r$ 的两个不同值 z_1,z_2，根据光斑尺寸定义，从 I-ρ 曲线中分别求出 $\omega(z_1)$，$\omega(z_2)$。根据以下公式求取。

$$2\theta = 2 \times \frac{\omega(z_1) - \omega(z_2)}{z_2 - z_1} \tag{3-4}$$

另一种方法是，由于 z 足够大时，全发散角为定值，可以当作从源点发出的一条直线，所以实验上还可用一个 z 值($z \geqslant 7z_r$)及与其对应的 $\omega(z)$，通过 $2\theta=2\omega(z)/z$ 来计算。

选择哪一个近似公式更好，要根据具体情况和误差分析而定。

（2）光栅方程法验证激光波长

光栅作为重要的分光器件，它的选择与性能直接影响整个系统的性能。光栅分为刻划光栅、复制光栅、全息光栅等。

$$d \sin I = j\lambda \qquad (j = 0, \pm 1, \pm 2, \cdots) \tag{3-5}$$

式（3-5）表示衍射光栅所产生谱线的角位置，这个重要的公式称为光栅方程。式中，d 称为光栅常数；I 是衍射角，j 是衍射级数；λ 是光波长。光栅常数已知，可以通过统计衍射级数 j 和测量衍射角来计算 He-Ne 激光器的波长。图 3.2 为利用衍射光栅测波长示意图。

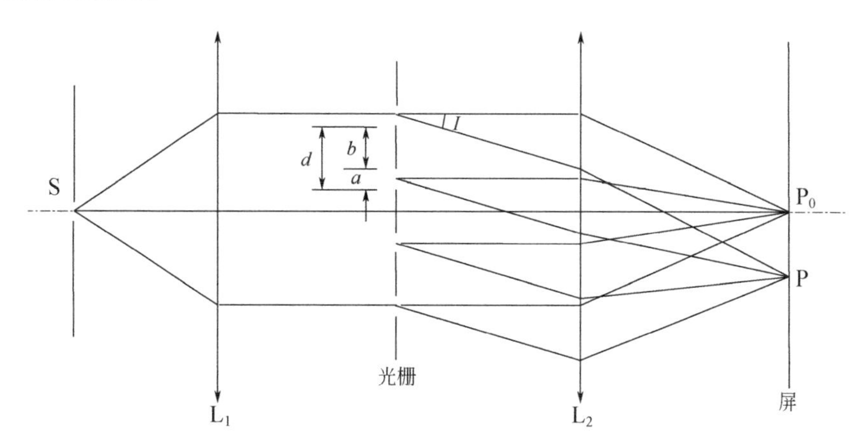

图 3.2 利用衍射光栅测波长示意图

3.3 实验内容

（1）He-Ne 激光器发散角测量

保证接收器能在垂直光束的传播方向上扫描是测量光斑尺寸和发散角的必要条件。

由于远场发散角实际是以光斑尺寸为轨迹的两条双曲线的渐近线间的夹角，所以我们应延长光路以保证其精确度。可以证明当距离大于 $7\pi\omega_0^2/\lambda$ 时所测的全发散角与理论上的远场发散角相比误差仅在 1%以内。

① 确定和调整激光束的出射方向。

② 在光源前方 L_1 处用光功率计检测，在与光轴垂直的某方向延正负轴测量并绘出光功率–位移曲线。

③ 由于光功率–位移曲线是高斯分布的，定义 P_{max}/e^2 为光斑边界，测量出 L_1 位置的光斑直径 D_1。

④ 在后方 L_2 处用光功率计同样测绘光强–位移曲线，并算出光斑直径 D_2。

⑤ 由于发散角度较小，可做近似计算，根据 $2\theta=(D_2-D_1)/(L_2-L_1)$，便可以算出全发散角 2θ。

（2）利用光栅方程验证波长

He-Ne 激光器的波长是 632.8nm，通过光栅方程可以验证激光器的波长值。

① 观察衍射图样，统计出衍射级数 j。

② 根据三角公式，计算出衍射角 I。

③ 由于光栅常数 d 已知，根据式（3-5）可以计算出激光波长。

实验 4　利用变频朗奇光栅测量光学系统 MTF 值

光学传递函数（Optical Transfer Function，OTF）表征光学系统对不同空间频率的目标的传递性能，广泛用于对系统成像质量的评价。

4.1　实验目的

了解光学传递函数测量的基本原理，掌握传递函数测量和成像品质评价的近似方法，学习抽样、平均和统计算法。

4.2　实验原理

傅里叶光学证明了光学成像过程可以近似作为线形空间中的不变系统来处理，从而可以在频域中讨论光学系统的响应特性。任何二维物体 $\psi_{\mathrm{o}}(x,y)$ 都可以分解成一系列 x 方向和 y 方向的不同空间频率 (ν_x,ν_y) 的简谐函数（物理上表示正弦光栅）：

$$\psi_{\mathrm{o}}(x,y)=\int_{-\infty}^{\infty}\int_{-\infty}^{\infty}\Psi_{\mathrm{o}}(\nu_x,\nu_y)\exp\left[\mathrm{i}2\pi(\nu_x x+\nu_y y)\right]\mathrm{d}\nu_x\mathrm{d}\nu_y \tag{4-1}$$

式中，$\Psi_{\mathrm{o}}(\nu_x,\nu_y)$ 为 $\psi_{\mathrm{o}}(x,y)$ 的傅里叶谱，它正是物体所包含的空间频率 (ν_x,ν_y) 的成分含量，其中低频成分表示缓慢变化的背景和大的物体轮廓，高频成分则表征物体的细节。

当该物体经过光学系统后，各个不同频率的正弦信号发生两个变化：首先是调制度（或反差度）下降，其次是相位发生变化，这一综合过程可表示为：

$$\Psi_{\mathrm{i}}(\nu_x,\nu_y)=H(\nu_x,\nu_y)\Psi_{\mathrm{o}}(\nu_x,\nu_y) \tag{4-2}$$

式中，$\Psi_{\mathrm{i}}(\nu_x,\nu_y)$ 表示像的傅里叶谱，下标 i 表示像（Image）；$H(\nu_x,\nu_y)$ 称为光学传递函数，是一个复函数，它的模为调制度传递函数（Modulation Transfer Function,

MTF)，相位部分则为相位传递函数（Phase Transfer Function，PTF）。显然，当 H=1 时，表示像和物完全一致，即成像过程完全保真，像包含了物的全部信息，没有失真，光学系统成完善像。

由于光波在光学系统孔径光阑上的衍射以及像差（包括设计中的余留像差及加工、装调中的误差），信息在传递过程中不可避免要出现失真，总的来讲，空间频率越高，传递性能越差。

对像的傅里叶谱 $\Psi_i\left(\nu_x,\nu_y\right)$ 再做一次傅里叶逆变换，就得到像的复振幅分布：

$$\psi_i\left(\xi,\eta\right)=\int_{-\infty}^{\infty}\int_{-\infty}^{\infty}\Psi_i\left(\nu_x,\nu_y\right)\exp\left[\mathrm{i}2\pi\left(\nu_x\xi+\nu_y\eta\right)\right]\mathrm{d}\nu_x\mathrm{d}\nu_y \tag{4-3}$$

调制度 m 定义为：

$$m=\frac{A_{\max}-A_{\min}}{A_{\max}+A_{\min}} \tag{4-4}$$

式中，$A_{\max}$ 和 $A_{\min}$ 分别表示光强的极大值和极小值。光学系统的调制传递函数可表为给定空间频率下像和物的调制度之比：

$$\mathrm{MTF}\left(\nu_x,\nu_y\right)=\frac{m_{\mathrm{i}}\left(\nu_x,\nu_y\right)}{m_{\mathrm{o}}\left(\nu_x,\nu_y\right)} \tag{4-5}$$

式中，$m_{\mathrm{o}}\left(\nu_x,\nu_y\right)$、$m_{\mathrm{i}}\left(\nu_x,\nu_y\right)$ 分别表示物体和像的调制度。除零频以外，MTF 的值永远小于 1。$\mathrm{MTF}\left(\nu_x,\nu_y\right)$ 表示在传递过程中调制度的变化，一般来说，MTF 越高，系统的像越清晰。平时所说的光学传递函数往往是指调制度传递函数 MTF。图 4.1 为一个光学镜头的 MTF 曲线，不同视场的 MTF 不相同。

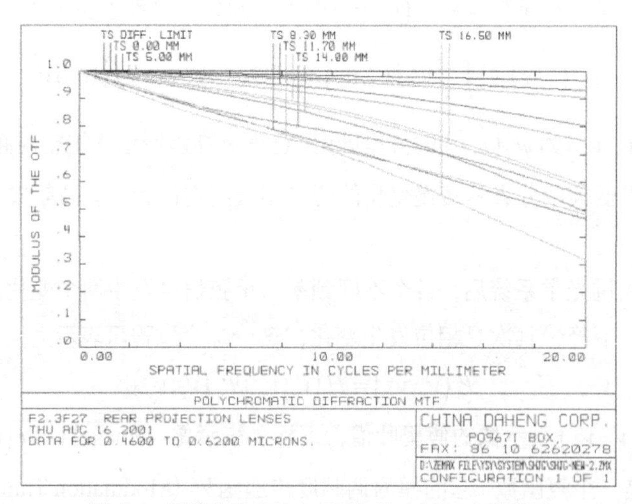

图 4.1 光学传递函数（不同曲线对应于不同视场）

在生产检验中，为了提高效率，通常采用如下近似处理：

① 使用某几个甚至某一个空间频率ν_0下的 MTF 来评价像质。

② 由于正弦光栅较难制作，常常用矩形光栅作为目标物。

本实验用 CMOS 对朗奇光栅的像进行抽样处理，测定像的归一化的调制度，并观察离焦对 MTF 的影响。该装置实际上是数字式 MTF 仪的模型。

假定目标物为一个给定空间频率下的满幅调制（调制度 m=1）的矩形光栅。如果光学系统生成完善像，则抽样的结果只有 0 和 1 两个数据，像仍为矩形光栅，如图 4.2（a）所示。在软件中对像进行抽样统计，其直方图为一对分别位于 0 和 1 的δ函数，如图 4.2（b）所示。

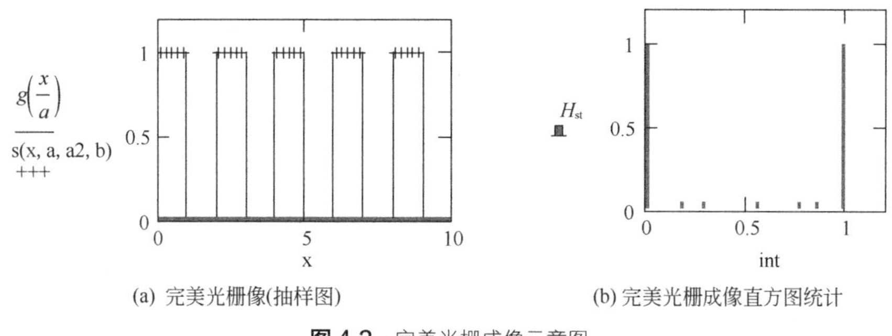

(a) 完美光栅像(抽样图)　　(b) 完美光栅成像直方图统计

图 4.2 完美光栅成像示意图

由于衍射及光学系统像差的共同效应，实际光学系统的像不再是朗奇光栅，如图 4.3（a）所示，波形的最大值 A_{max} 和最小值 A_{min} 的差代表光强的极大值和极小值。对图 4.3（a）所示图形实施抽样处理，其直方统计图见图 4.3（b）。找出直方图高端的极大值 m_H 和低端极大值 m_L，它们的差 $m_H - m_L$ 近似代表在该空间频率下的调制传递函数 MTF 的值。为了比较全面地评价像质，不但要测量出高、中、低不同频率下的 MTF，从而大体给出 MTF 曲线，还应测定不同视场下的 MTF 曲线。

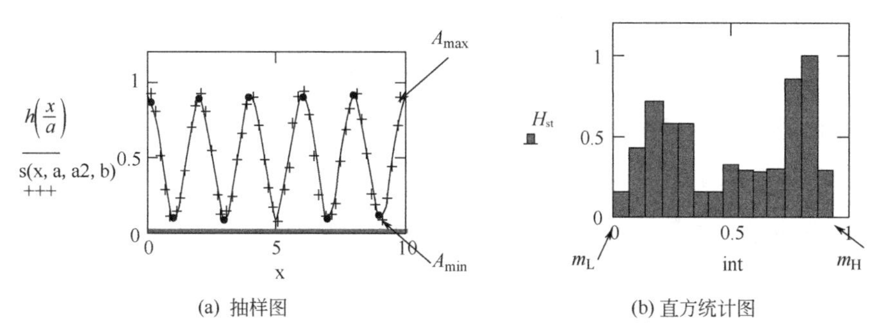

(a) 抽样图　　(b) 直方统计图

图 4.3 矩形光栅的不完善像示意图

4.3 实验内容

（1）软件的安装与运行

① 将 CMOS 相机插到电脑 USB 口，双击运行“实验软件\CMOS 相机采集程序\USB_Setup32cn_V12.6.21.2.exe”（如果电脑系统 win64，运行对应 64 位安装包；如果已经安装可以忽略）。

② 双击运行电脑桌面“DaHeng USBDevice”，双击“This PC”目录下的“HV1351UM” This PC HV1351UM，随后点击“视图”下方的“连续采集”功能键 连续采集，此时 CMOS 相机开始工作。

③ 将加密锁（蓝色 u 盘）插入电脑，运行“实验软件\GrandDogRunTimeSystemSetup（宏狗驱动）.exe”，按照提示安装。

④ 安装库函数“实验软件\MCRInstaller.exe”，按照提示安装。

（2）光路搭建与调试

① 参考图 4.4 搭建变频朗奇光栅测量 MTF 光路，自右向左依次为 LED 光源（含 LED 匀光器）、准直镜（ϕ40，f150mm）、目标板（朗奇光栅空间频率分别为 10lp/mm、25lp/mm、50lp/mm 和 80lp/mm）、待测透镜（ϕ50，f75mm）和 CMOS 摄像机。

图 4.4 变频朗奇光栅测量 MTF 光路

② 安装 LED 光源，适当调整光源高度，打开 LED 光源开关，适当调整光源亮度，并将其固定在导轨一端。

③ 安装 CMOS 相机，靠近 LED 光源，调整 COMS 高度，目测 LED 灯芯与相机靶面等高，然后把相机移动导轨另一端。

④ 安装准直透镜（ϕ40，f150mm），准直镜为单片的凸透镜，调整准直镜光源适当距离，使出射类似准直光束，然后调整准直镜高度使光斑基本处在相机靶面中心。

⑤ 安装目标物，在准直镜后安装目标物，将准直好的光束照在目标板有“水平横条纹、竖条纹、全白方格、全黑”四个部分组成的循环单元部分，可以看到一排衍射像，调整目标板高度，让衍射像处于相机靶面中心。

⑥ 安装成像透镜（ϕ50，f75mm），在相机前安装成像透镜，调整透镜高度，使透镜聚焦点处在相机中心，然后向光源方向移动成像透镜，经过成像位置时即可在相机上看到光栅的清晰像，如果像没有在相机靶面中心可以适当调整目标板位置。

（3）实验数据记录

① 适当调整相机曝光时间和光源强度，保证拍摄的光栅像最大灰度值在 200 左右，拍摄不同空间频率的光栅像，如图 4.5 所示。

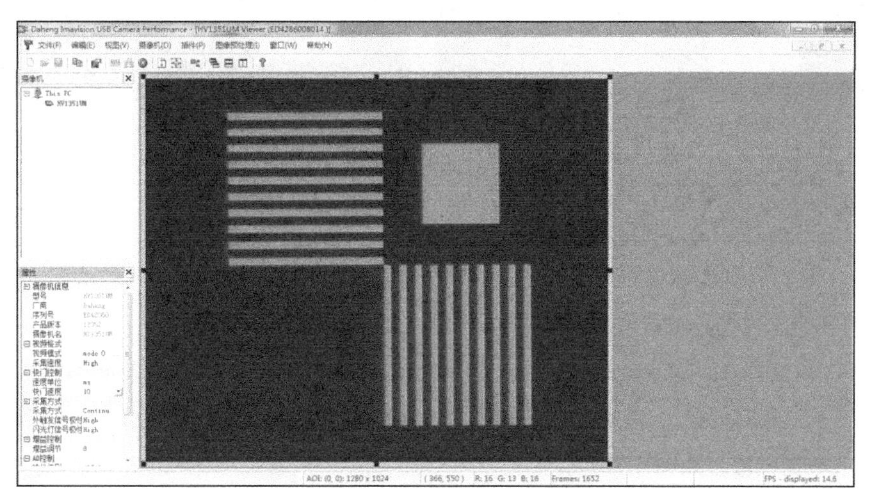

图 4.5　一组“图像单元”清晰地显示

② 分别选择目标板上 10 lp/mm、25 lp/mm、50 lp/mm 和 80 lp/mm 的光栅，相机成像如图 4.6 所示。

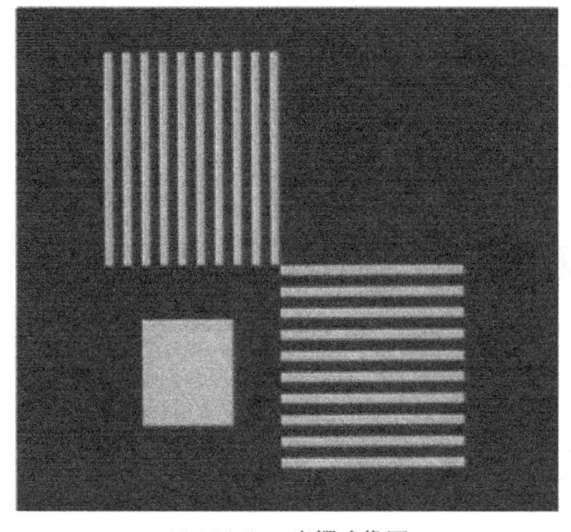

(a) 10 lp/mm光栅成像图

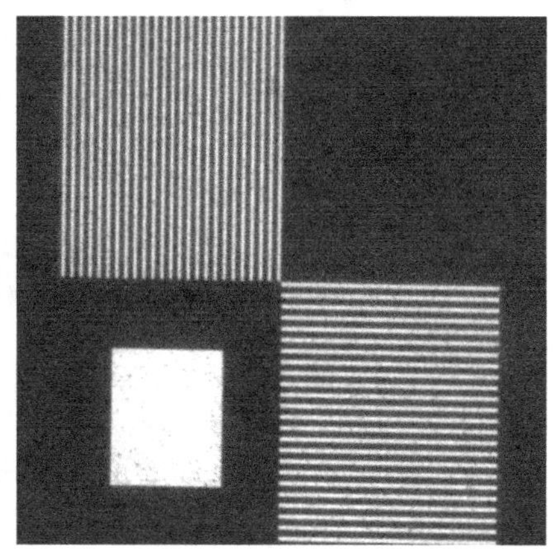

(b) 25 lp/mm光栅成像图

图4.6

(c) 50 lp/mm光栅成像图

(d) 80 lp/mm光栅成像图

图 4.6　不同空间频率光栅像

（4）软件操作及实验数据处理

① 运行“实验软件\应用光学实验软件\朗奇光栅测量 MTF 实验软件\朗奇光栅测量 MTF 实验软件.exe”。

② 以处理 10 lp/mm 光栅成像图为例，点击“读取图片”，选择待测图片，同时选中“子午方向数据”，移动红色选框到竖直条纹的合适位置，点击“保存截图数据”，即完成数据截取，如图 4.7 所示。

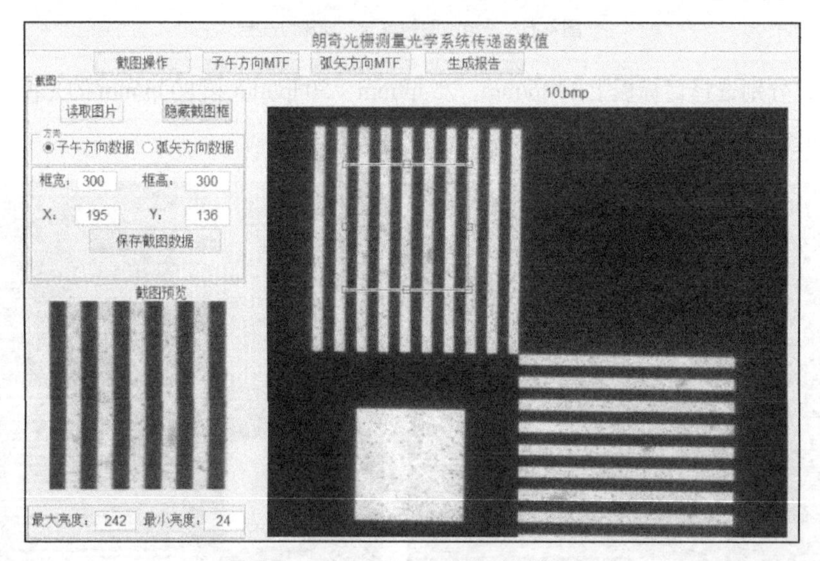

图 4.7　子午、弧矢方向条纹数据的采集

③ 点击操作框上方的“子午方向 MTF”，即可读出子午方向条纹灰度分布，如图 4.8 所示。

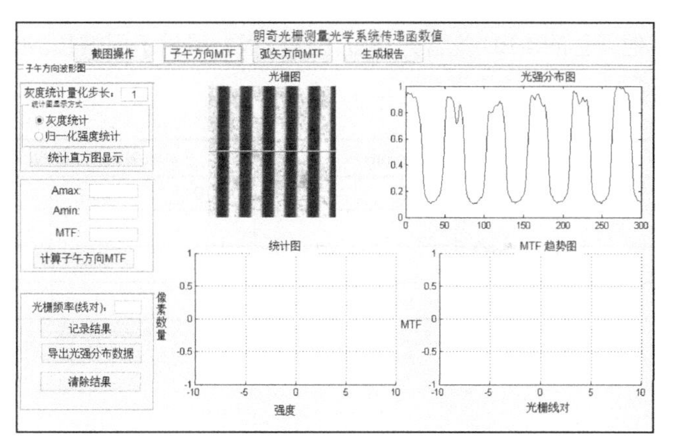

图 4.8 条纹波形图

④ 点击“统计直方图”，选择“归一化强度统计”，最后点击“计算子午方向 MTF”即可计算出 MTF 值，在光栅频率（线对）框中填写“线对数”，点击“记录数据”即可将数据存储到右下方图表中，如图 4.9 所示。如果依次计算不同空间频率的 MTF 即可描绘一条 MTF 变化曲线，如图 4.10 所示。

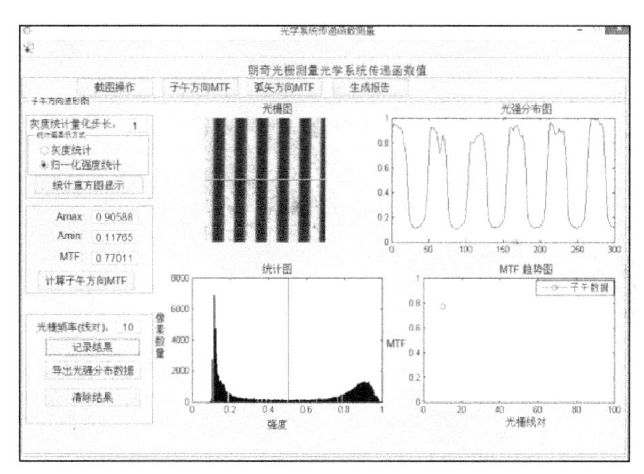

图 4.9 直方图及透镜传递函数

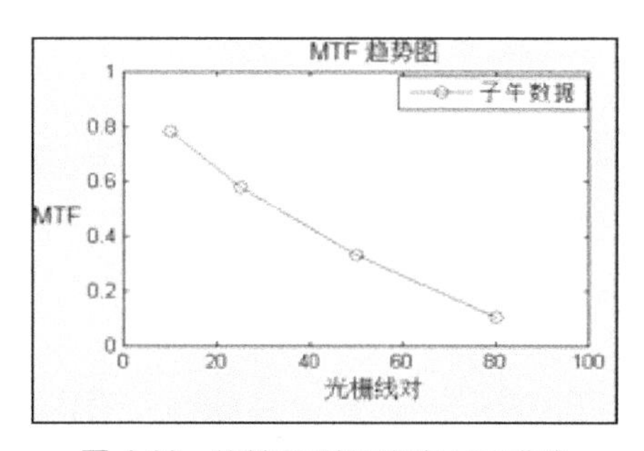

图 4.10 绘制不同空间频率 MTF 曲线

⑤ 更换其他颜色的 LED 光源，重复上述过程，得出不同波长 MTF 曲线，如下表所示（只做绿色）。

光源	子午方向 MTF/（lp/mm）				弧矢方向 MTF/（lp/mm）			
	10	25	50	80	10	25	50	80
红光 LED								
绿光 LED								
蓝光 LED								

实验 5　萨格奈特干涉系统综合实验

通过萨格奈特干涉仪的各个元部件的调节、搭建和使用，训练学生调节光路的技巧，进一步了解干涉的原理。

5.1　实验目的

熟悉所用仪器及光路的调节，观察两束平行光的干涉现象。

5.2　实验原理

萨格奈特干涉仪（Sagnac Interferometer）是用分振幅法产生双光束以实现干涉的仪器，其光路示意图如图 5.1 所示。

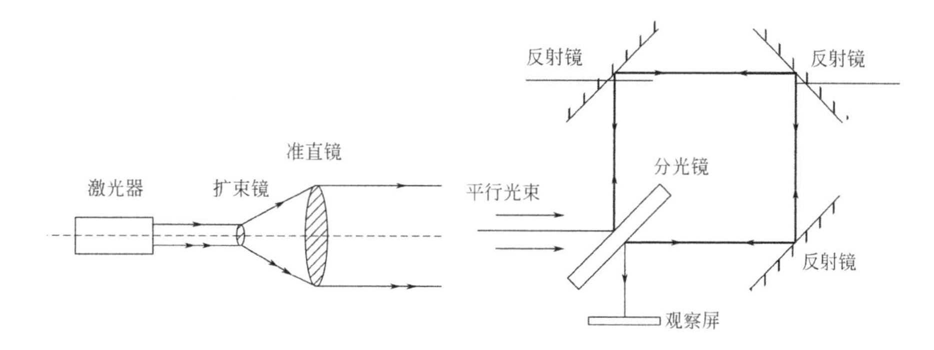

图 5.1　光路示意图

它是由一块分束镜（半反半透镜）和三块全反射镜组成，四个面的中心光路构成一个平行四边形。从激光器出射的光束经过扩束镜及准直镜，形成一束宽度合适的平行光束。这束平行光射入分束板之后分为两束：一束由分束板反射后达反射镜，经过三个反射镜三次反射，形成出射光束，这是第I束光；另一束透过分束镜，也经三个反射镜三次反射后射出，这是第II束光。第I束光和第II束光路径相反，但出射时几乎同向。在分束镜前方两束光的重叠区域放上屏 P。若I，II两束光严格平行，则在屏幕不出现干涉条纹；若两束光在水平方向有一个交角，那么在屏幕的竖直方向出现干涉条纹，而且两束光交角越大，干涉条纹越密。

萨格奈特干涉仪的特点是两光束的光程很容易做到严格相等，用萨格奈特干涉仪制作各种全息光栅效果也很好。

5.3 实验步骤

搭建萨格奈特干涉仪基本分为四步：第一步调光束高度及水平（与平台平行）；第二步调平行光；第三步搭光路、量光程；第四步调两光斑的重合。图 5.2 是光路实物图。

图 5.2 光路实物图

详细步骤如下：

① 调节激光光束使平行于台面，可以以白屏为标准，前后移动白屏，如果近处没有在标定点位置，可以将套筒的旋钮松开，上下整体平移激光器；如果远处没有在标定点位置，可以调整激光夹持器的俯仰和左右旋钮。最终，前后移动白屏使其光斑都打在同一高度（标定点坐标最好为整数）。

② 安装扩束镜（小透镜，双凹透镜，$\phi 6$，f9.8mm），扩束镜与激光器出口相距 2～3cm，扩束镜安装之后扩束光斑中心仍要在初始标记位置，如果不在中心可以调整扩束镜。

③ 安装准直镜（大透镜，双凹透镜，$\phi 25.4$，f150mm），首先确认光斑入射准直镜中心，前后移动准直镜，即光斑中心应在标记点上，否则应当调整准直镜的上下或左右位置，使其出射的光斑在一个较长的距离内光斑直径变化不大即可。

④ 安装分束镜（分光光楔，$T:R$=5∶5，$\phi 50.8$mm），暂不去调整透射光束（Ⅰ路），确认反射光束（Ⅱ路）中心是否打在标记点上，如果不在标记点上可以适当调

整分束镜的俯仰角。

⑤ 安装透射光路（Ⅰ路）上的第一个反射镜，使反射光束沿 90° 出射，确认反射光束中心是否打在标记点上，如果不在标记点上可以适当调整反射镜。

⑥ 安装透射光路（Ⅰ路）上的第二个反射镜，使反射光束沿 90° 出射，确认反射光束中心是否打在标记点上，如果不在标记点上可以适当调整反射镜。

⑦ 安装透射光路（Ⅰ路）上的第三个反射镜，使反射光束沿 90° 出射，确认反射光束中心是否打在标记点上，如果不在标记点上可以适当调整反射镜，同时观察反射光斑的位置与分束镜上位置，如果俩位置相差太大，则平移第三个反射镜，反射角度保持 90° 不变，待相差不大时在白屏上即可看到两个光斑，适当调整分束镜和相邻反射镜即可将光斑调整重合，随后即可看到干涉条纹。

⑧ 当出现干涉条纹时，请教师检查。教师验收后，清理实验台，然后才可离开实验室。

注意：本实验在暗环境下操作更佳。

实验 6　阿贝成像原理和空间调制伪彩色编码

实验 6.1　调制空间假彩色编码

一张黑白图像有相应的灰度分布。人眼对灰度的识别能力是不高的，最多有 15～20 个层次。但是人眼对色度的识别能力却很高，可以分辨数十种乃至上百种色彩。若能将图像的灰度分布转化为彩色分布，势必大大提高人们分辨图像的能力，这项技术称为光学图像的假彩色编码。假彩色编码方法有若干种，按其性质可分为等空间频率假彩色编码和等密度假彩色编码两类；按其处理方法则可分为相干光处理和白光处理两类。等空间频率假彩色编码是对图像的不同的空间频率赋予不同的颜色，从而使图像按空间频率的不同显示不同的色彩；等密度假彩色编码则是对图像的不同灰度赋予不同的颜色。前者用以突出图像的结构差异，后者则用来突出图像的灰度差异，以提高对黑白图像的视判读能力。黑白图片的假彩色化已在遥感、生物医学和气象等领域的图像处理中得到了广泛的应用。

6.1.1　实验目的

① 掌握θ调制假彩色编码的原理。

② 巩固和加深对光栅衍射基本理论的理解，获得假彩色编码图像。

6.1.2　基本原理

对于一幅图像的不同区域分别用取向不同（方位角θ不同）的光栅预先进行调制，经多次曝光和显影、定影等处理后制成透明胶片，并将其放入光学信息处理系统中的输入面，用白光照明，则在其频谱面上，不同方位的频谱均呈彩虹颜色。如果在频谱面上开一些小孔，则在不同的方位角上，小孔可选取不同颜色的谱，最后在信息处理系统的输出面上便得到所需的彩色图像。由于这种编码方法是利用不同方位的光栅对图像不同空间部位进行调制来实现的，故称为θ调制空间假彩色编码。具体编码过程如下。

（1）被调制物

物的样品如图 6.1 所示。若要使其中草地、天安门和天空 3 个区域呈现 3 种不同的颜色，则可在一胶片上曝光 3 次，每次只曝光其中一个区域（其他区域被挡住），并在其上覆盖某取向的光栅，3 次曝光分别取 3 个不同取向的光栅，如图中线条所示。将这样获得的调制片经显影、定影处理后，置于光学信息处理系统的输入平面 P_1。用白光平行光照明，并进行适当的空间滤波处理。

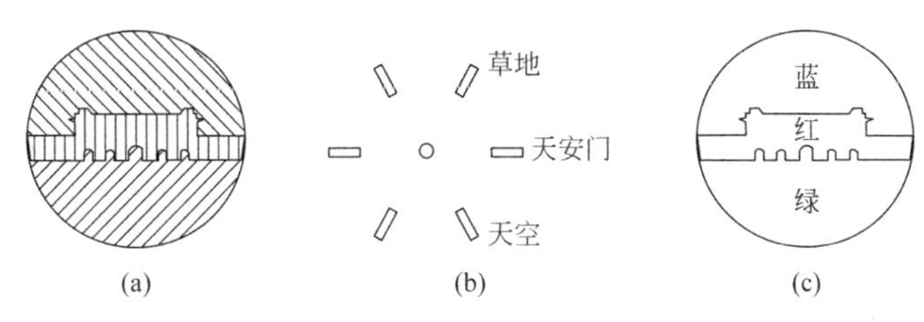

图 6.1 被调制物示意图

（2）空间滤波

如图 6.2 所示，由于物被不同取向的光栅所调制，所以在频谱面上得到的将是取向不同的带状谱（均与其光栅栅线垂直），物的 3 个不同区域的信息分布在 3 个不同的方向上，互不干扰，当用白光照明时，各级频谱呈现出的是色散的彩带，由中心向外按波长从短到长的顺序排列。在频谱面上选用一个带通滤波器，实际是一个被穿了孔的光屏。

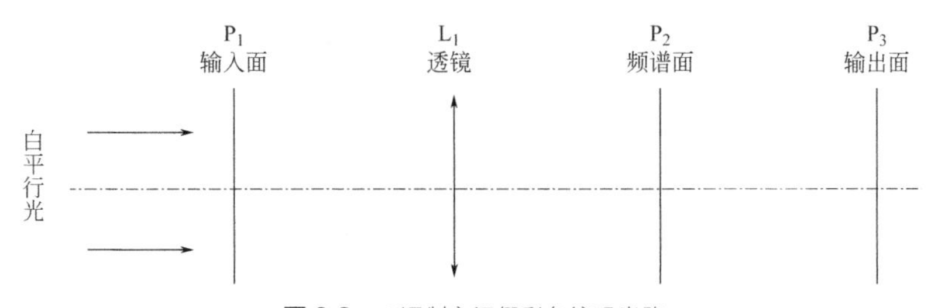

图 6.2 θ调制空间假彩色编码光路

θ调制所用的物是一个空间频率为 100 lp/mm 的正弦光栅，并把它剪裁拼接成一定图案，如图 6.1（a）所示的天安门图案。其中天安门用条纹竖直的光栅制作，天空用条纹左倾 60° 的光栅，地面用条纹右倾 60° 的光栅制作。因此在频谱面上得到的是三个取向不同的正弦光栅的衍射斑，如图 6.1（b）所示。由于白光照明和光栅的色散作用，除0级保持为白色外，±1级衍射斑展开为彩色带，蓝色靠近中心，红色在外。在0级斑点位置、条纹竖直的光栅±1级衍射带的红色部分、条纹左倾光栅±1级衍射带的蓝色部分以及条纹右倾光栅±1级衍射带的绿色部分分别打孔进行空间滤波，然后在像平面上将得到蓝色天空、绿色草地和红色天安门图案，如图6.1（c）所示。

如果带孔的光屏挡去水平方向的频谱点，则背景的图像消失；如果挡去另一方向的频谱点，则对应的另一部分图像就会消失。因此，在代表草地、天安门和天空信息的右斜、左斜和水平方向的频谱带上分别在红色、绿色和蓝色位置打孔，使这3种颜色的谱通过，其余颜色的谱均被挡住，则在系统的输出面就会得到蓝色天空、绿色草地和红色天安门的彩色图像。很明显，θ调制空间假彩色编码就是通过空间调制处理手段，“提取”白光中所包含的彩色，再“赋予”图像而形成的。

6.1.3 实验步骤

① 搭建θ调制伪彩色编码实验光路，实验光路如图6.3所示。打开白光光源，安装准直镜（平凸透镜，ϕ40，f200mm）。经准直镜后获得平行白光，前后移动白屏，光斑大小在白屏上保持不变。

② 平行光入射天安门光栅上，经傅氏透镜（平凸透镜，ϕ76.2，f175mm）之后会在白屏上成清晰像。这样天安门光栅、透镜、白屏三者之间的距离满足成像关系。

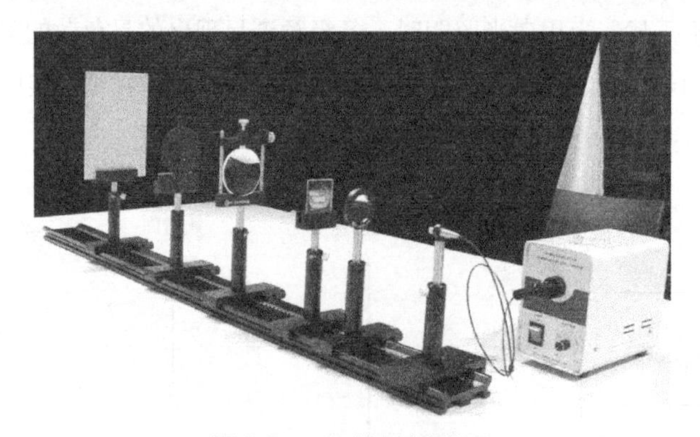

图6.3 θ调制实验实物图

③ 在傅氏透镜焦面上可以看到天安门光栅的频谱，在频谱面上安装θ调制滤波器。

④ 取下滤波器上的三个小挡板，调整滤波器的位置使三个取向的频谱分别通过滤波器三个方向的狭缝，这时可以看到每个取向上都会有三种颜色的谱点通过。

⑤ 将三个小挡板分别挡在三个狭缝上，然后选取其中一个狭缝进行滤波，比如现在选取的狭缝是天空方向，那么调整挡板位置使蓝色光点通过，此时能从像面上观

察到蓝色天空。使用相同的办法，分别在城墙方向和草地方向时红色光点和绿色光点通过，这样在像面即可观察到一幅天安门的全景，蓝色的天空、红色的城墙和绿色的草地。

请教师检查。教师验收后，清理实验台。

根据实验现象思考，天安门光栅中竖直条纹制作的是________？（天空，城墙，草地）

注意：本实验在暗环境下操作更佳。

实验 6.2 阿贝成像原理和空间滤波

阿贝所提出的显微物镜成像原理以及随后的阿贝-波特实验在傅里叶光学早期发展历史上具有重要地位。这些实验简单漂亮，对相干成像的机理、频谱的分析和综合的原理做出了深刻的解释。同时，这种简单模板作滤波的方法至今在图像处理中仍然有广泛的应用价值。

6.2.1 实验目的

通过实验加深对阿贝成像原理和傅里叶光学中关于空间频率、空间频谱和空间滤波等概念的理解。

6.2.2 基本原理

（1）空间频谱

在任何一个真实的物平面上的空间分布函数 $g(x,y)$ 可以表示成无穷多个基元函数 $\exp\left[i2\pi\left(f_x x+f_y y\right)\right]$ 的线性叠加，即

$$g(x,y)=\int_{-\infty}^{+\infty}\int_{-\infty}^{+\infty}G\left(f_x,f_y\right)\exp\left[i2\pi\left(f_x x+f_y y\right)\right]df_x df_y \tag{6-1}$$

式中，f_x、f_y 是基元函数的参量，称为该基元函数的空间频率；$G\left(f_x,f_y\right)$ 是该基元函数的权重，称为 $g(x,y)$ 的空间频谱。数学上 $G\left(f_x,f_y\right)$ 可通过 $g(x,y)$ 的傅里叶变换得到，即

$$G\left(f_x,f_y\right)=\int_{-\infty}^{+\infty}\int_{-\infty}^{+\infty}g(x,y)\exp\left[-i2\pi\left(f_x x+f_y y\right)\right]dxdy \tag{6-2}$$

式（6-1）实质上是傅里叶变换式（6-2）的逆变换。物理上可利用凸透镜实现物

平面分布函数 $g(x,y)$ 与其空间频谱 $G(f_x,f_y)$ 的变换。具体做法是把振幅透过率为 $g(x,y)$ 的图像作为物放在凸透镜的前焦面上，用波长为 λ 的单色平面波照射该物。平行光经物的衍射成为许多方向不同的平行光束，每一束平行光用空间频率 (f_x,f_y) 和空间频谱 $G(f_x,f_y)$ 表征，衍射角越大，则 (f_x,f_y) 也越大。空间频率为 (f_x,f_y) 的平行光经凸透镜后会聚在后焦面的某一点 (x_1,y_1)，形成一个复振幅分布，它就是 $g(x,y)$ 的空间频谱 $G(f_x,f_y)$，而且 $f_x=x_1/(\lambda F)$，$f_y=y_1/(\lambda F)$，其中 F 为透镜的焦距。

（2）阿贝成像原理和空间滤波

根据阿贝成像原理，用相干光照明物体经由凸透镜成像可分为两步：第一步，凸透镜把物面上的光场分布为 $g(x,y)$ 产生的衍射光变为透镜后焦面上的频谱分布为 $G(f_x,f_y)$；第二步，后焦面上分布为 $G(f_x,f_y)$ 的光场衍射后在像平面上复合还原为放大或缩小的 $g(x',y')$。根据这一原理，由于透镜孔径的限制，物光场中空间频率高衍射角大的成分不能进入透镜，导致高频成分的丢失，从而像平面所成的像不能反映由这些高频成分决定的细节。此外，根据这一原理可进行空间滤波，即在频谱面（透镜的后焦面）放置一些用来减弱某些空间频率成分或改变某些空间频率成分位相的滤波器，导致像平面发生相应的变化。最简单的滤波器就是一些特殊形状的光阑，使频谱面某些频率成分透过而挡住其他频率成分。

6.2.3 实验内容

（1）光路布置和调节

参照图 6.4 布置光路，将激光器发出的光扩束准直成平行光束，照射到傅氏透镜上，将物清晰地成放大像于屏上，并确定频谱面。

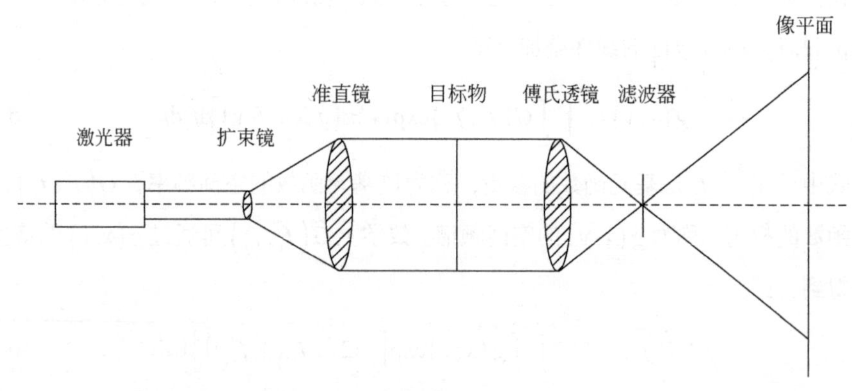

图 6.4 阿贝成像原理及空间滤波原理图

详细步骤如下:

① 调节激光光束使平行于台面，可以以白屏为标准，前后移动白屏，如果近处没有在标定点位置，可以将套筒的旋钮松开，上下整体平移激光器；如果远处没有在标定点位置，可以调整激光夹持器的俯仰和左右旋钮，最终，前后移动白屏使其光斑都打在同一高度（标定点坐标最好为整数）。

② 安装扩束镜（双凹透镜，$\phi 6$，f9.8mm），扩束镜与激光器出口相距 2～3cm，扩束镜安装之后扩束光斑中心仍能在初始标记位置，如果不在中心可以调整扩束镜。

③ 安装准直镜（平凹透镜，$\phi 40$，f200mm），首先确认光斑入射准直镜中心，前后移动准直镜，使其出射的光斑在一个较长的距离内直径变化不大即可。

④ 用空间频率为 12lp/mm 的正交“光”栅字作为目标物，平行光入射目标物，照亮目标物上的“光”字。调整目标物、傅氏透镜（平凸透镜，$\phi 76.2$，f175mm）和白屏的位置，在白屏上观察到清晰放大的“光”字。仔细观察会发现“光”字中间还有横竖的光栅像。

（2）观察正交光栅的频谱和空间滤波现象

① 观察傅氏透镜的焦面上的正交光栅频谱点，如图 6.5 所示。

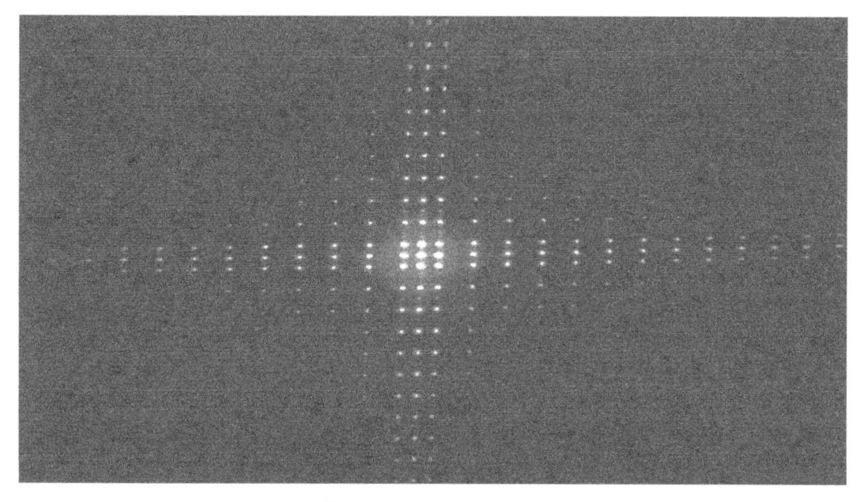

图 6.5 频谱分布实物图

② 将狭缝固定在频谱点最清晰位置处。

③ 方向滤波，用狭缝作为滤波器观察滤波之后的实验效果。

狭缝水平滤波：狭缝水平放置，使包括 0 级在内的一排斑点通过，可以观察到“光”栅字只保存了_____方向的条纹（水平，竖直）。

狭缝竖直滤波：狭缝竖直放置，使包括0级在内的一排斑点通过，可以观察到“光”栅字只保存了______方向的条纹（水平，竖直）。

④ 低通滤波：使用可变光阑作为滤波器观察滤波之后的实验效果：将光阑关到最小，只让中间的较低级次光斑通过，可以观察到“光”字，但已看不到横竖条纹，边缘也会出现模糊。

请教师检查。教师验收后，清理实验台。

注意：本实验在暗环境下操作更佳。

实验 7　基于电寻址液晶光阀的光信息综合实验

基于电寻址液晶光阀的光信息综合实验系统是利用液晶对光的调制特性而发展出来的一套物理综合实验系统。其特点是实验内容新颖，技术先进，有软件辅助实验，操作方便。

液晶是一种介于液体和晶体之间的有机高分子化合物，既有液体的流动性，又有晶体的取向特性，当液晶分子有序排列时会表现出光学各向异性。液晶屏就是利用液晶对光的调制特性而制作的空间光调制器。由于这种调制器是电寻址的，便于通过计算机来控制信号的输入和输出，因此也能用于光学信息处理，如计算全息等。

本实验系统使学生从实验现象中更形象地学习信息光学中广泛使用的空间光调制器，即液晶光阀的工作原理，加深对全息尤其是计算全息基本概念和基本性质的理解，为今后更深入的学习奠定基础。

7.1　实验目的

① 加深对液晶的电光效应的理解。

② 掌握利用 LCD 液晶光阀的响应曲线进行对比度反转的工作原理及方法。

7.2　实验原理

（1）液晶光阀的工作原理

液晶是一种有机高分子化合物，既有晶体的取向特性，又有液体的流动性。当液晶分子有序排列时表现出光学各向异性：光矢量沿分子长轴方向时具有较大的非常光折射率 n_e；而垂直分子长轴方向为寻常光折射率 n_o（针对 P 型液晶材料）。把两块玻璃合在一起，中间用一定厚度的间隔层控制玻璃间的距离，再在间隔中充满液晶，便形成一液晶盒。液晶盒玻璃内表面经一定方法处理之后，可以使盒中的液晶分子长轴沿一定方向排列。此时液晶盒和一块用晶体做成的相位器相仿，晶轴方向即为分子长轴方向。若在组成液晶盒的两玻璃间加一定电压，盒里的液晶分子在电场的作用下会沿着电场方向排列，即光轴方向沿着电场方向偏转一个角度θ，θ是所加电压V的函数。由此实现了电场控制的双折射效应的变化，沿光传播方向的折射系数n_o和n_e发生变化，有关系式

$$1/n^2(\theta)=\cos^2\theta/n_e^2+\sin^2\theta/n_o^2 \tag{7-1}$$

液晶光阀正是利用此特点制作的器件。

图 7.1 所示的液晶光阀（LCTV）是利用液晶混合场效应制成的一种透射式电寻址空间光调制器。它是一个由多层薄膜材料组成的夹层结构。在两片玻璃衬底 1 和 9 之间是两层氧化物制成的透明电极 2 和 8。低压电源 E（一般取电压值在 0～5V）就接在透明电极上。液晶层 5 的两边是液晶分子取向膜层 3 和 7，它们的方向互相垂直，起到液晶分子定向和保护液晶层的作用。液晶层 5 的厚度d由衬垫 4 和 6 的间隙决定，一般取$d<10\,\mu m$，很多情况下d仅为$2\,\mu m$。

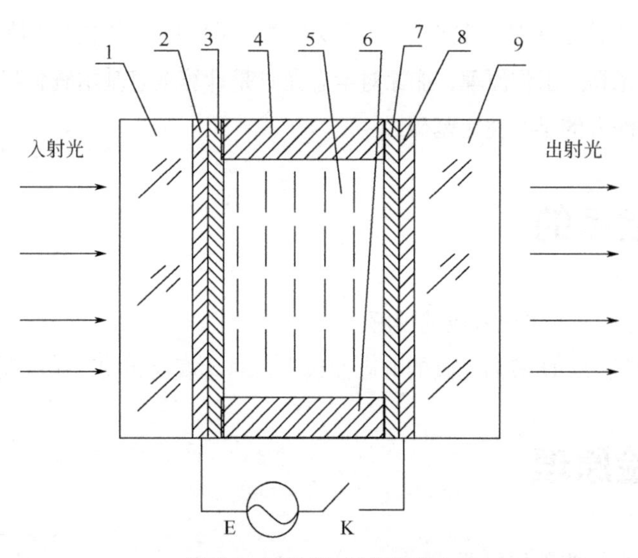

图 7.1 液晶光阀结构示意图

1,9—玻璃基片；2,8—透明电极；3,7—液晶分子取向膜层；
4,6—衬垫；5—液晶层；E—低压电源；K—开关

利用 90°扭曲向列型液晶的液晶光阀与起偏器、检偏器一起组成一个空间光调制器（LC-SLM），如图 7.2 所示。控制液晶像素电光效应的实际电压值，是由液晶光阀驱动以 60Hz 的频率矩阵式扫描两边的像元电极来决定的。

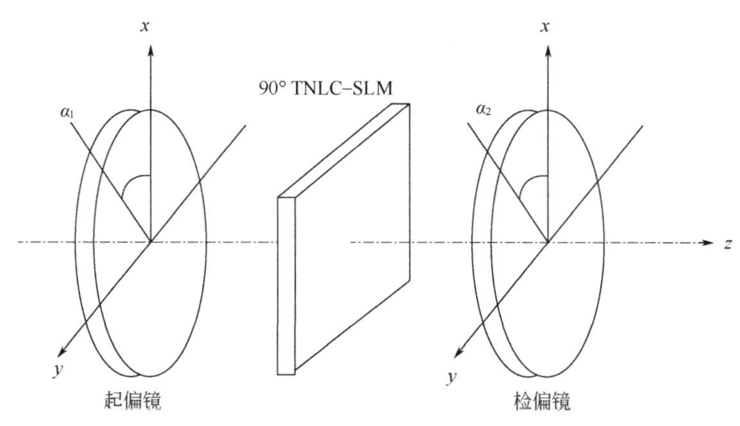

图 7.2 LC–SLM 的结构示意图

起偏器与检偏器的偏振轴与 x 轴的夹角分别表示为 α_1 和 α_2，由琼斯矩阵算法可以得到输出光束的光强透射率的表达式:

$$T = [(\pi/2r)\sin r\cos(\alpha_1 - \alpha_2) + \cos r\sin(\alpha_1 - \alpha_2)]^2 + [(\beta/2r)\sin r\cos(\alpha_1 - \alpha_2)]^2 \quad (7\text{-}2)$$

式中，$\beta = (\pi d/\lambda)\left[n(\theta) - n_o\right]$，$r = \sqrt{(\pi/2)^2 + \beta^2}$。

当 $\alpha_1 = 0$、$\alpha_2 = 90^\circ$ 或者 $\alpha_1 = 90^\circ$、$\alpha_2 = 0$ 时，有 $T = 1 - (\pi/2r)^2\sin^2 r$。

当 $\alpha_1 = \alpha_2 = 0$ 时，有 $T = (\pi/2r)^2\sin^2 r$。

当 $\alpha_1 = \alpha_2 = 45^\circ$ 时，有 $T = \sin^2 r$。

因此改变起偏器和检偏器的偏振轴与 x 轴的夹角 α_1 和 α_2，我们就可以得到不同的电光效应曲线，即输出光强与所加电压的关系曲线。

当液晶层两边电场为 0V 时，液晶分子的取向与两液晶分子取向层表面处的方向一致，并且它们的长轴方向相差 90°。此时，起偏器的方向跟液晶层的入射面的取向层方向一致。透过起偏器的线偏光，随着液晶分子取向的偏转，旋转 90°，这叫做旋光效应。若检偏器与起偏器方向垂直，光线全部透过检偏器而透明［如图 7.3（a）所示］。若检偏镜平行于起偏镜，光线被检偏镜阻挡，此时不透明。

当加上比较大的电压值如 5V 时，受所加电场的控制，液晶分子的倾角发生了变化，趋向于垂直于液晶光阀表面，旋光效应消失。此时，起偏镜的方向跟液晶层的入射面的取向层方向一致，透过起偏器的线偏光，透过液晶层不发生旋转。若检偏器方向与起偏器垂直，光线被检偏镜阻挡，因此输出光强为最小值［如图 7.3（c）所示］。若检偏器平行于起偏器，光线最大程度透过检偏器，因此输出光强为最大值。

对于加其他的中间电压值的液晶像素，液晶分子的倾角为中间值，相应的输出光强也就介于最大值与最小值之间［如图 7.3（b）所示］。这样输出光束的光强空间分布就按照液晶光阀上的电压值的空间分布被调制。

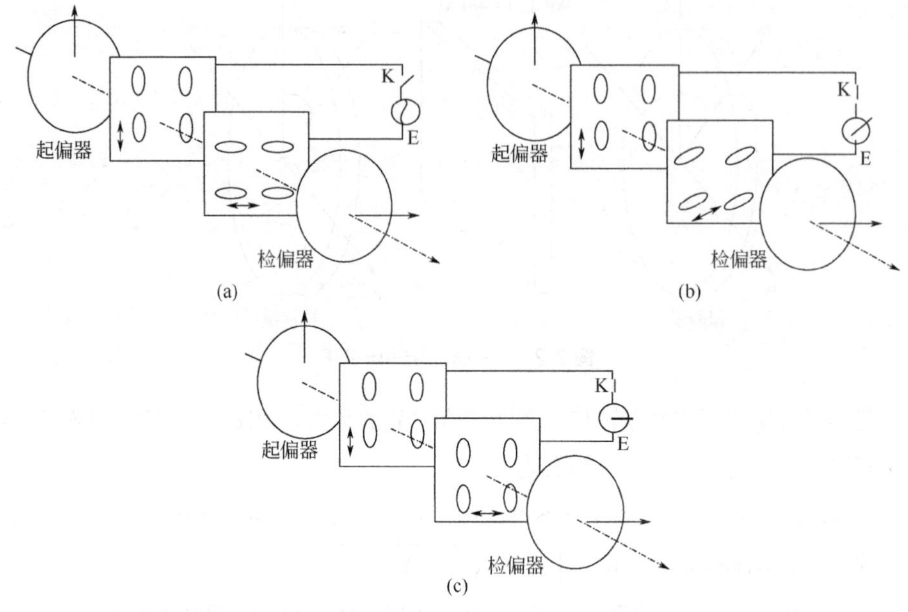

图 7.3 不同电压下的液晶像素状态

改变所加的电压值，得到不同的输出光强，就得到液晶的电光响应曲线，即电压和输出光强的关系曲线。

（2）液晶光阀用于对比度反转的工作原理

根据液晶光阀的输出光强与所加电压的关系曲线，即可得到液晶光阀的电光效应曲线。θ=90° 的电光效应曲线可以反映出不同电压下灰度近似线性的变化趋势。如果旋转检偏器改变 α_2 的大小，在某一特定度数下会出现和 θ=90° 的电光效应曲线的强度值正好"相反"的曲线。我们称之为"对比度反转"曲线。

7.3 实验装置介绍

本实验装置主要由高分辨率电寻址透射式液晶光阀、激光变换系统、CCD 显示系统和光强探测系统等构成。该液晶光阀的显示内容是直接由计算机通过 VGA 接口写入的，可以实时地进行图像处理且方便实验操作。实验系统的具体结构如图 7.4 所示。其中光源采用半导体激光器（650nm）；LCD 液晶屏对角线尺寸是 0.9in（1in= 2.54cm），分辨率是 1024×768，刷新频率是 60Hz；傅里叶透镜的焦距是 300mm。

① 主体装置

本实验装置的主体由半导体激光器、液晶显示器、光学再现系统、CCD 图像采集与显示、光强探测组成，并配以相应的驱动电路和电源。

② 计算机配置

本套实验系统是与计算机及相应的外围设备配套使用的，实验操作及图像处理均在计算机上进行。

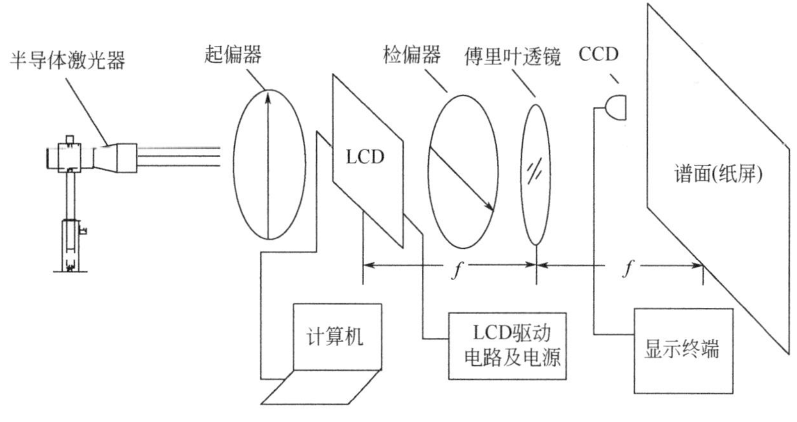

图 7.4 实验系统装置示意图

系统集成了专用的实验软件，通过此软件，可以进行干涉、衍射以及计算全息的计算、模拟和实验等。通过软件计算得到的全息图可以通过光学系统进行实时再现。

激光器发出的激光束（平行光）经过液晶光阀调制，并发生衍射。透过液晶光阀后的衍射光线经傅里叶透镜变换后在傅里叶透镜的焦面上得到频谱。最后由 CCD 采集图像并输出到相应的显示器上。

在进行液晶的电光效应测试时，终端显示将 CCD 显示系统换成光强探测系统来测定透过液晶光阀的光强。

7.4 软件使用和操作

基于电寻址液晶光阀的光信息实验系统配套软件是 Windows 操作系统下的应用软件。它能辅助本系统各个实验的操作，便于实验现象的实现和处理。

液晶的电光效应的测量操作如下。

① 单击“电光变换”菜单项，弹出“液晶光阀驱动电压的设定”对话框，如图 7.5 所示。

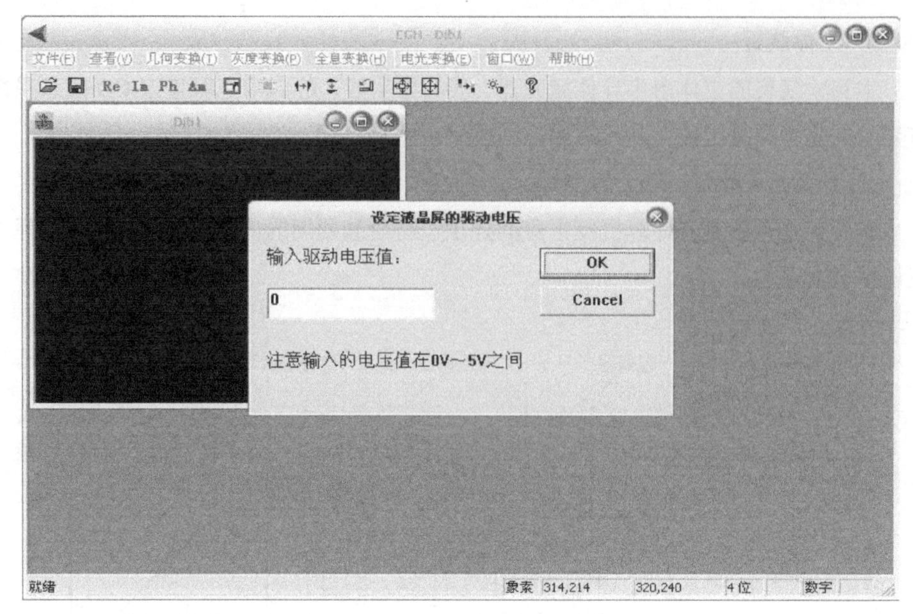

图 7.5 液晶光阀驱动电压的设定

② 在该对话框中输入要测量的电压值，并点击确定。

③ 全屏显示。

④ 用光强探测系统测得透射的光强强度。

⑤ 重复步骤①～④，改变输入的电压值，测出液晶的电光响应曲线。

7.5 实验步骤

如图 7.6 所示，半导体激光器提供入射光，LCD 液晶光阀由驱动电路驱动，并与计算机相连，光探测器采用硅光电池以探测透过液晶的光强。

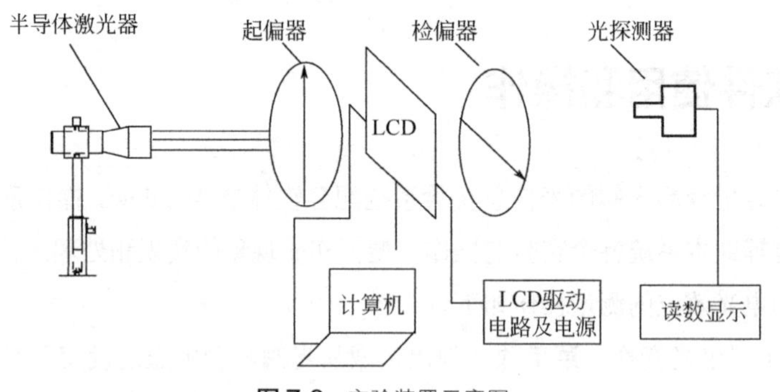

图 7.6 实验装置示意图

① 按照以下的“光路调整步骤”部分的说明调好光路。

光路调整步骤如下:

a. 打开激光器电源，调整激光器的方向及支杆高度使得光束照射液晶光阀像面的中心，同时保持光束与导轨平行。

b. 插入起偏器和检偏器，由于激光器出射为偏振光，旋转起偏器使出射光达到最强。

c. 连接好 LCD 盒的电源线、信号线、数据线，打开电脑、VGA 分配器、LCD 驱动电源。设置电脑显示分辨率为 1024×768，刷新频率为 60Hz。

d. 运行软件 CGH.exe，输入适当的驱动电压值，从而获得全白图片，并进行全屏显示。旋转检偏器，用纸板接收并观察，使得出射光强达到最小。

e. 微调起偏器，然后微调检偏器，如此反复，直到寻找到出射光强最小的位置。

f. 输入适当的驱动电压值，从而获得全黑图片，并进行全屏显示，旋转检偏器，再次使得出射光强度最小，此时起偏器、LCD、检偏器构成一个微型显示器。注意保持三者距离，尽量靠近。

g. 将傅里叶透镜固定到导轨上，调整使其与 LCD 的距离为 300mm。

h. 将光强探测器的底座固定到导轨上，保证其与傅里叶透镜距离为 300mm。

② 检查系统是否运行正常，运行软件 CGH.exe，软件操作见软件使用说明。

③ 保持室内环境光较暗。挡掉进入光探测器的激光，读取光探测器读数，此时反应环境光强度，在下面数据处理过程中均需先减去该数值。如果环境足够暗，该读数为 0。

④ 点击程序界面电光效应菜单，输入不同的电压值，间隔取 0.5V 或者更小，读取光探测器读数，记录下相应的光强，填入数据记录表格。

⑤ 记下此时检偏器的角度（上方刻度线所指示刻度盘读数），旋转检偏器，每次转过 15°（或者更小），记录每次对应检偏器读数，重复步骤④，测量至少 10 组以上数据。

⑥ 按照表 7.1 的格式分别处理各组数据，利用 Excel 软件在同一张图上绘出电光效应曲线。

⑦ 观察绘制的图表，选取发生对比度翻转的两条曲线，标记为曲线 a 和曲线 b。

⑧ 为了找到更精确的图像反转和边缘增强时对应检偏器的位置，可以每次旋过 10°，或者更小的角度，多测几条曲线。

表 7.1　检偏器角度数据记录表

电压/V						
0						
0.5						
1.0						
1.5						
2.0						
2.5						
3.0						
3.5						
4.0						
4.5						
5.0						

7.6　注意事项

① 程序中所输入的电压值对应于不同的灰度值，这种近似的前提是假设显示器电压和灰度成线性关系，这一点与实际情况稍有差别。实际上电压值与灰度存在一定的偏差，并非完全线性。

② 光电探测器读数并非光强，而是电压值。但是由于光强度与电压值成正比，而且数据处理中进行归一化，因此电压值可以替代光强度值。

③ 光电探测器读数按钮分为四挡，从左到右依次为×1、×10、×100、×1000。实际数据为读取数值除以该挡倍率。如果读数超出量程，可以换用更低挡，但是注意倍率关系。

④ 由于液晶光阀驱动电路内存在 γ 校正功能（γ 校正的作用是使得液晶非线性的电光效应曲线变得尽量线性，可参考有关文献），因此，实验中测量所得的曲线比没有 γ 校正功能的液晶盒更接近线性。

7.7　数据记录

检偏器每次转过角度见表 7.1。

7.8　数据处理

利用 Microsoft Excel 软件绘制图表的方法如下：

① 记录数据　假设我们实际测得的数据记录见表 7.2。

表 7.2　实际测量数据

序号	电压/V										
	0	0.5	1.0	1.5	2.0	2.5	3.0	3.5	4.0	4.5	5.0
1	6600	5500	4650	3550	2600	1700	1000	600	300	100	0
2	300	600	1200	2100	3100	3900	4900	5600	6400	7300	7500

② 归一化处理　每组数据的每个数均除以其中最大的数。结果见表 7.3。

表 7.3　处理后的数据

序号	电压/V										
	0	0.5	1.0	1.5	2.0	2.5	3.0	3.5	4.0	4.5	5.0
1	1.00	0.83	0.70	0.54	0.39	0.26	0.15	0.09	0.05	0.02	0
2	0.04	0.08	0.16	0.28	0.41	0.52	0.65	0.75	0.85	0.97	1.00

③ 将数据输入 Excel，如图 7.7 所示。

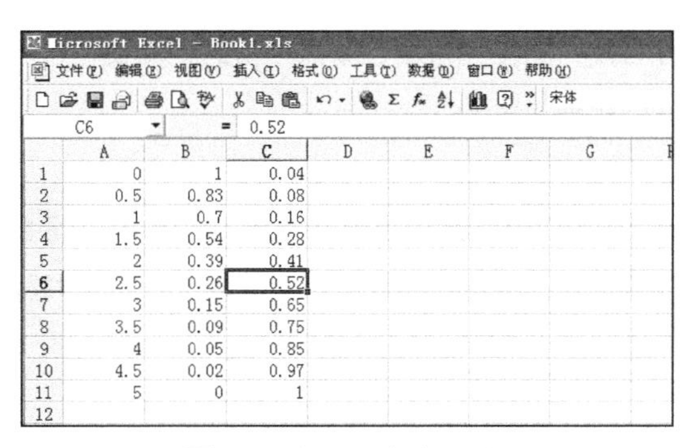

图 7.7　在 Excel 中输入数据

④ 点击“插入 - 图表”，选择“XY 三点图”，选择“平滑线散点图”。绘制完成后如图 7.8 所示。

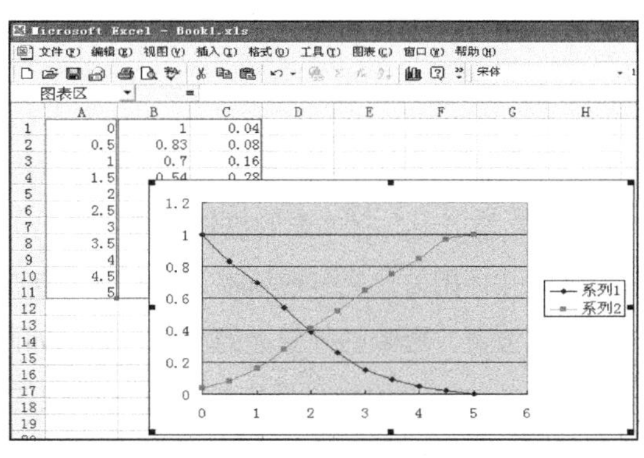

图 7.8　绘制结果

⑤ 点击图区域内不同位置修改各个参数。

实验 8　光学系统像差测定实验

光学系统像差理论

光学系统所成实际像与理想像的差异称为像差，只有在近轴区且以单色光所成像之像才是完善的（此时视场趋近于 0，孔径趋近于 0）。但实际的光学系统均需对有一定大小的物体以一定的宽光束进行成像，故此时的像已不具备理想成像的条件及特性，即像并不完善。可见，像差是由球面本身的特性所决定的，即使透镜的折射率非常均匀，球面加工得非常完美，像差仍会存在。

几何像差主要有七种：球差、彗差、像散、场曲、畸变、位置色差及倍率色差。前五种为单色像差，后两种为色差。

（1）单色像差

① 球差　轴上点发出的同心光束经光学系统后，不再是同心光束，不同入射高度的光线交光轴于不同位置，相对近轴像点（理想像点）有不同程度的偏离，这种偏离称为轴向球差，简称球差（$\delta L'$），如图 8.1 所示。

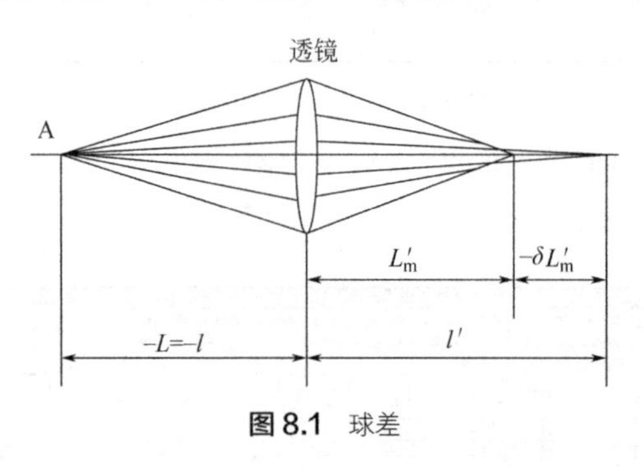

图 8.1　球差

② 彗差　彗差是轴外像差之一。它体现的是轴外物点发出的宽光束经系统成像后的失对称情况，彗差既与孔径相关，又与视场相关。若系统存在较大彗差，则将导致轴外像点成为彗星状的弥散斑，影响轴外像点的清晰程度，如图 8.2 所示。

③ 像散　像散用偏离光轴较大的物点发出的邻近主光线的细光束经光学系统后，其子午焦线与弧矢焦线间的轴向距离表示为：

$$x'_{ts} = x'_t - x'_s \tag{8-1}$$

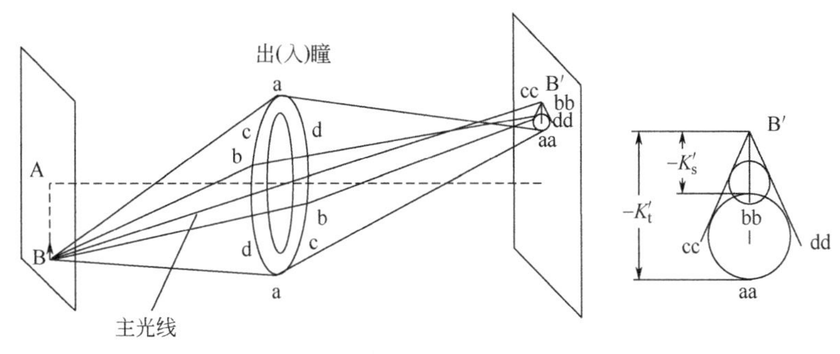

图 8.2 彗差

式中，x_t'、x_s' 分别表示子午焦线至理想像面的距离及弧矢焦线至理想像面的距离，如图 8.3 所示。

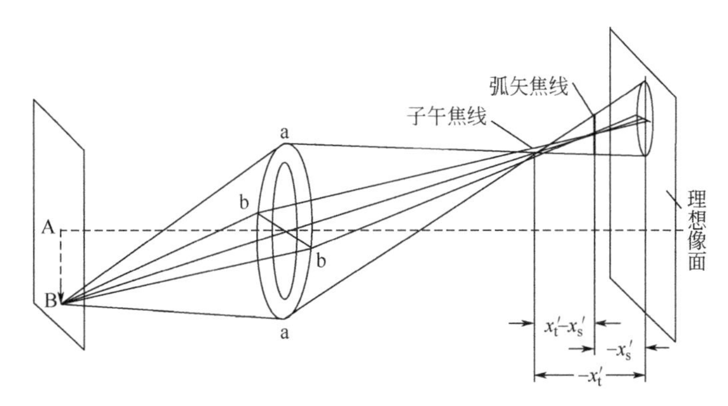

图 8.3 像散

当系统存在像散时，不同的像面位置会得到不同形状的物点像。若光学系统对直线成像，由于像散的存在，其成像质量与直线的方向有关。例如，若直线在子午面内，其子午像是弥散的，而弧矢像是清晰的；若直线在弧矢面内，其弧矢像是弥散的，而子午像是清晰的；若直线既不在子午面内也不在弧矢面内，则其子午像和弧矢像均不清晰，故而影响轴外像点的成像清晰度。

④ 场曲　使垂直光轴的物平面成曲面像的像差称为场曲，如图 8.4 所示。

子午细光束的交点沿光轴方向到高斯像面的距离称为细光束的子午场曲；弧矢细光束的交点沿光轴方向到高斯像面的距离称为细光束的弧矢场曲。即使像散消失了(即子午像面与弧矢像面相重合)，则场曲依旧存在（像面是弯曲的)。

场曲是视场的函数，随着视场的变化而变化。当系统存在较大场曲时，就不能使一个较大平面同时成清晰像，若对边缘调焦使之清晰，则中心就模糊，反之亦然。

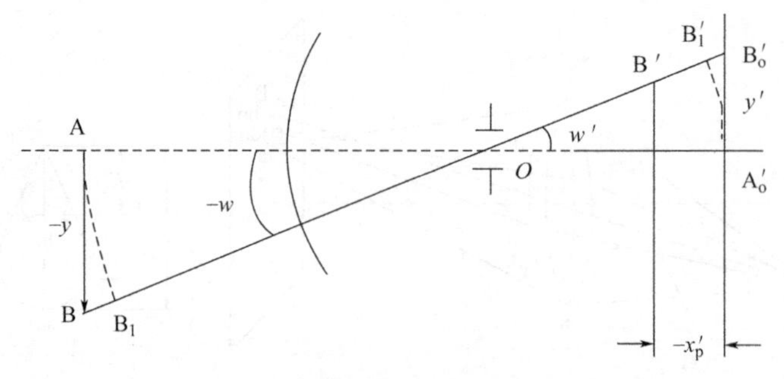

图 8.4　场曲

⑤ 畸变　畸变描述的是主光线像差，不同视场的主光线通过光学系统后与高斯像面的交点高度并不等于理想像高，其差别就是系统的畸变，如图 8.5 所示。

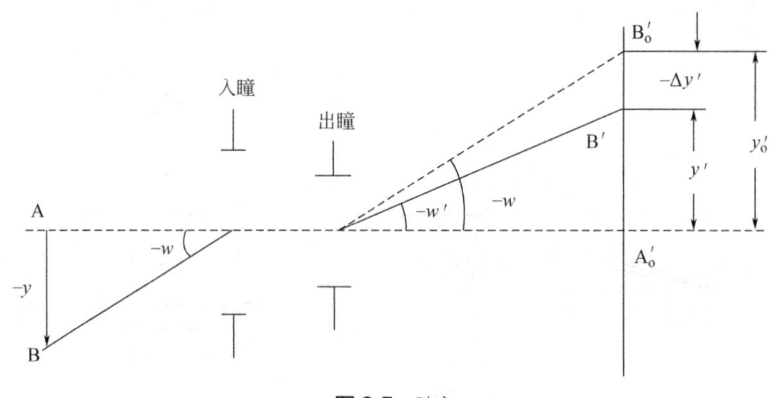

图 8.5　畸变

由畸变的定义可知，畸变是垂轴像差，只改变轴外物点在理想像面的成像位置，使像的形状产生失真，但不影响像的清晰度。

(2) 色差

各种色光之间成像位置和成像大小的差异称为色差。光学材料对不同波长的色光有不同的折射率，因此同一孔径不同色光的光线经过光学系统后与光轴有不同的交点。不同孔径、不同色光的光线与光轴的交点也不相同。在任何像面位置，物点的像是一个彩色的弥散斑，如图 8.6 所示。

轴上点两种色光成像位置的差异称为位置色差，也叫轴向色差。对目视光学系统用 $\Delta l'_{FC}$ 表示，即系统对 F 光（451nm）和 C 光（690nm）消色差。近轴轴上色差可表示为:

$$\Delta l'_{FC} = l'_F - l'_C \tag{8-2}$$

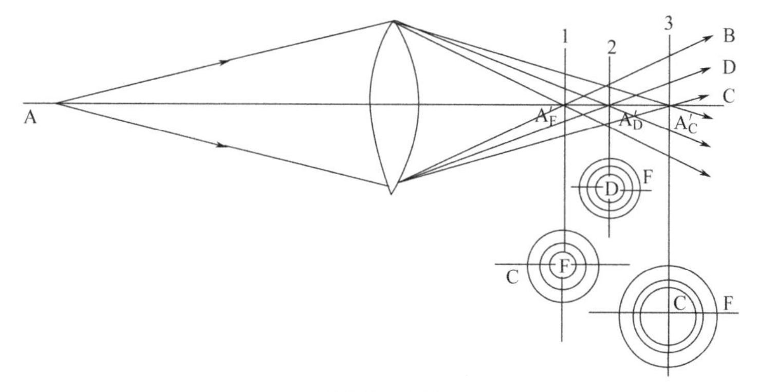

图 8.6 色差

根据定义可知，位置色差在近轴区就已产生。为计算色差，只需对 F 光和 C 光进行近轴光路计算，就可求出系统的近轴色差和远轴色差。

倍率色差，是指 F 光与 C 光的主光线的像点高度之差。近轴倍率色差表示为:

$$\Delta y'_{FC} = y'_F - y'_C \tag{8-3}$$

实验 8.1　平行光管的调整及使用方法

平行光管是一种长焦距、大口径，并具有良好像质的仪器，与前置镜或测量显微镜组合使用，既可用于观察、瞄准无穷远目标，又可作光学部件，用于光学系统的光学常数测定以及成像质量的评定和检测。

8.1.1　实验目的

① 了解平行光管的结构及工作原理。

② 掌握平行光管的使用方法。

8.1.2　实验原理

（1）平行光管结构介绍

根据几何光学原理，无限远处的物体经过透镜后将成像在焦平面上；反之，从透镜焦平面上发出的光线经透镜后将成为一束平行光。如果将一个物体放在透镜的焦平面上，那么它将成像在无限远处。

图 8.7 为平行光管的结构原理图与实物图。它由物镜及置于物镜焦平面上的针孔

和 LED 光源组成。由于针孔置于物镜的焦平面上，因此当光源通过针孔并经过透镜后会成为一束平行光。

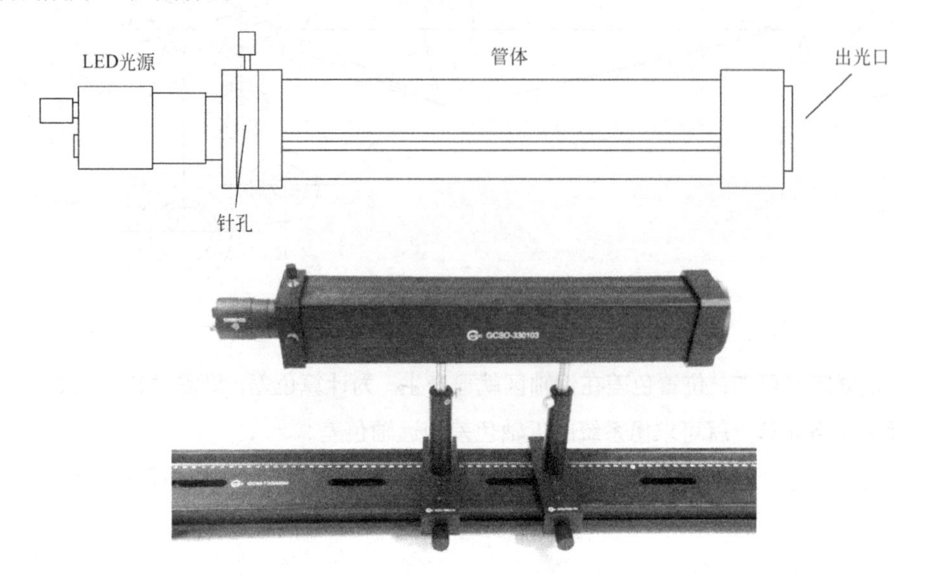

图 8.7 平行光管的结构原理图与实物图

平行光管的使用十分广泛，根据平行光管要求的不同，可在其内加装分划板。分划板可刻有各种各样的图案。图 8.8 是几种常见的分划板图案形式。图 8.8（a）是刻有十字线的分划板，常用于仪器光轴的校正；图 8.8（b）是带角度分划的分划板，常用在角度测量上；图 8.8（c）是中心有一个小孔的分划板，又称为星点板。

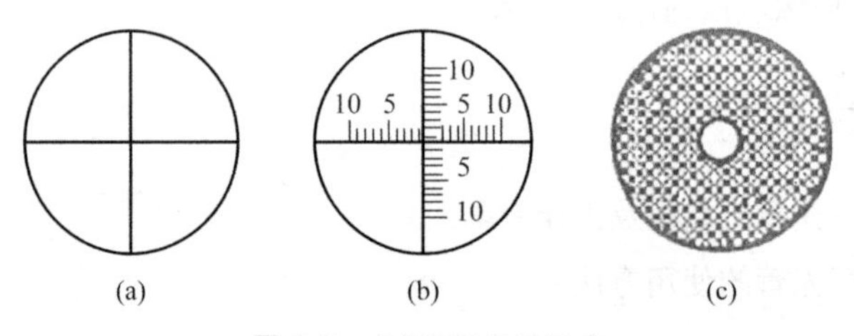

图 8.8 分划板的几种形式

（2）平行光管的调节方法

① 将平行光管固定在支座上，之后选择合适孔径的针孔（本系统中配有 50 μm 、100 μm 两种孔径的针孔，推荐使用 100 μm 的针孔），选定后直接利用磁力将其吸附在平行光管入光口处。

② 选择 LED 光源（可选用红、蓝两色），将其拧在平行光管入光口处并将其打开，将电流旋钮旋转到最大。此时，可以看到出光口处有光输出，利用白屏接收，观

察输出的光是否均匀。如果输出的光不均匀，则旋转平行光管入光口处的两个针孔位置调节旋钮，将输出的光调至均匀即可。

在此实验系统内，我们将平行光管作为一个输出准直光的工具，用作光学透镜系统像差的测量。

实验 8.2　星点法测量透镜色差实验

光学材料（透镜）对于不同波长光的折射率是不同的，也就是折射角度不同。波长愈短折射率愈大，波长愈长折射率愈小。同一薄透镜对不同单色光，每一种单色光都有不同的焦距。按色光的波长由短到长，它们的像点离开透镜由近到远地排列在光轴上，这样成像就产生了所谓的位置色差。如图 8.9 所示。

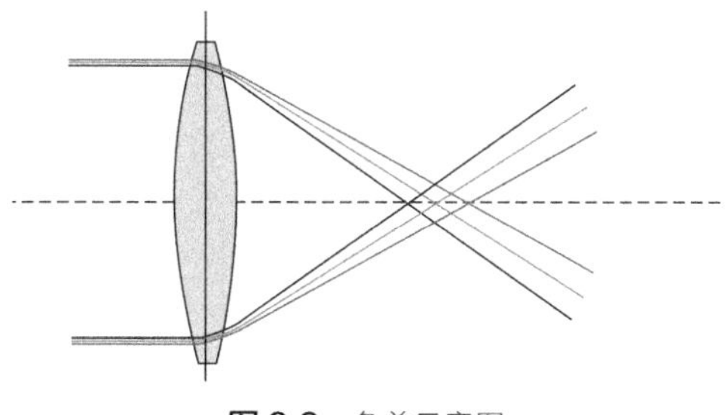

图 8.9　色差示意图

8.2.1　实验目的

① 了解色差的产生原理。

② 学会用平行光管测量透镜的色差。

③ 掌握星点法测量成像系统单色像差的原理及方法。

8.2.2　实验原理

根据几何光学的观点，光学系统的理想状况是点物成点像，即物空间一点发出的光在像空间也集中在一点上。但由于像差的存在，在实际中是不可能的。评价一个光学系统像质优劣的根据是物空间一点发出的光能量在像空间的分布情况。在传统的像质评价中，人们先后提出了许多像质评价的方法，其中使用最广泛的有分辨率法、星点法和阴影法（刀口法），此处利用星点法。

光学系统对相干照明物体或自发光物体成像时，可将物光强分布看成是无数个具有不同强度的独立发光点的集合。每一发光点经过光学系统后，由于衍射和像差以及其他工艺瑕疵的影响，在像面处得到的星点像光强分布是一个弥散光斑，即点扩散函数。在等晕区内，每个光斑都具有完全相似的分布规律，像面光强分布是所有星点像光强的叠加结果。因此，星点像光强分布规律决定了光学系统成像的清晰程度，也在一定程度上反映了光学系统对任意物分布的成像质量。上述的观点是进行星点检验的基本依据。

星点法是通过考察一个点光源经光学系统后，在像面及像面前后不同截面上所成衍射像，根据星点像的形状及光强分布来评价光学系统成像质量好坏的一种方法。

由光的衍射理论得知，一个光学系统对一个无限远的点光源成像，其实质就是光波在其光瞳面上的衍射结果，焦面上的衍射像的振幅分布就是光瞳面上振幅分布函数，亦称光瞳函数的傅里叶变换。光强分布则是其振幅模的平方。对于一个理想的光学系统，光瞳函数是一个实函数，而且是一个常数，代表一个理想的平面波或球面波，因此星点像的光强分布仅仅取决于光瞳的形状。在圆形光瞳的情况下，理想光学系统焦面内星点像的光强分布就是圆函数的傅里叶变换的平方，即艾里斑光强分布，即

$$\begin{cases} \dfrac{I(r)}{I_0} = \left[\dfrac{2J_1(\psi)}{\psi}\right]^2 \\ \psi = kr = \dfrac{\pi}{\lambda} \times \dfrac{D}{f'} r = \dfrac{\pi}{\lambda F} r \end{cases} \tag{8-4}$$

式中，$I(r)/I_0$ 为相对强度（在星点衍射像的中间规定为 1.0），r 为在像平面上离开星点衍射像中心的径向距离；$J_1(\psi)$ 为一阶贝塞尔函数。

通常，光学系统也可能在有限共轭距内是无像差的，在此情况下 $k = (2\pi/\lambda)\sin u'$，其中 u' 为成像光束的像方半孔径角。

无像差星点衍射像在焦点上中心圆斑最亮，外面围绕着一系列亮度迅速减弱的同心圆环。衍射光斑的中央亮斑集中了全部能量的 80%以上，其中第一亮环的最大强度不到中央亮斑最大强度的 2%。在焦点前后对称的截面上，衍射图形完全相同。光学系统的像差或缺陷会引起光瞳函数的变化，从而使对应的星点像产生变形或改变其光能分布。待检系统的缺陷不同，星点像的变化情况也不同。故通过将实际星点衍射像与理想星点衍射像进行比较，可反映出待检系统的缺陷，并由此评价像质。

8.2.3 实验内容

（1）软件的安装与运行

① 将 CMOS 相机插到电脑 usb 口，双击运行“实验软件\CMOS 相机采集程序

\USB_Setup32cn_V12.6.21.2.exe”，如果电脑系统 win64，运行对应 64 位安装包。如果已经安装可以忽略。

② 双击运行电脑桌面“DaHeng USBDevice”，双击“This PC”目录下的“HV1351UM”，随后点击“视图”下方的“连续采集”功能键，如果能看到光斑那可以确定 CMOS 相机开始工作，实际工作相机曝光时间在 5ms 左右。

（2）光路的搭建与调试

① 参考图 8.10 搭建观测透镜色差的光路。自左向右依次为 LED 光源、平行光管、环带光阑、被测透镜（ϕ40mm，f200mm）、CMOS 相机。

图 8.10 色差测量光路图

其中，环带光阑为环形镂空目标板，本系统中有 10mm、20mm 和 30mm 三种直径可供选择，如图 8.11 所示。

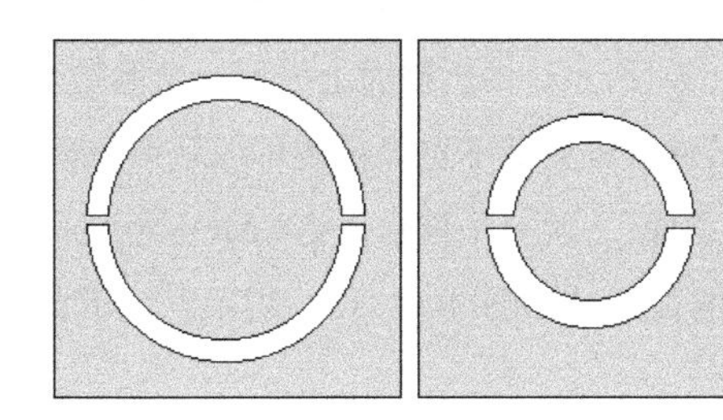 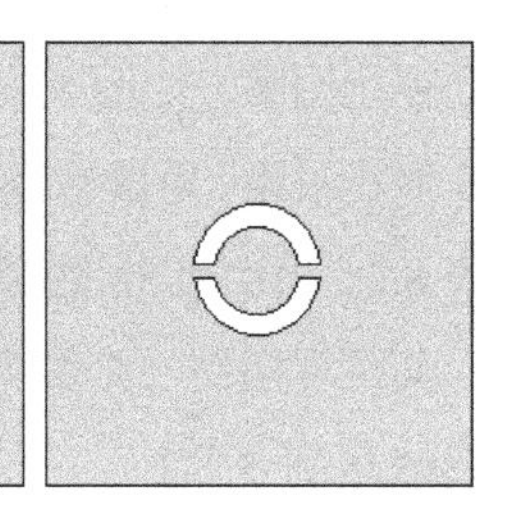

图 8.11 环带光阑示意图

② 将蓝光 LED（451nm）光源安装到平行光管上，适当调整针孔位置使其出射平行光。

③ 安装被测透镜，调整透镜中心基本与平行光管的出光中心同高。

④ 安装 CMOS 相机，调整相机高度和距离，可以看到经过透镜的光束将会聚到相机靶面上，然后将相机固定在导轨上。

⑤ 在平行光管和待测透镜中间安装环带光阑（推荐使用最小尺寸，测量色差时整个过程应使用同一环带光阑），适当调整环带光阑高度使光阑中心与平行光管出光

中心等高。

（3）实验数据记录

① 适当调整蓝光 LED（451nm）光源强度，同时粗调 CMOS 相机位置，使 CMOS 相机上出现如图 8.12（a）所示圆环光斑。继续调整 CMOS 相机直到观测到一个会聚的亮点，如图 8.12（b）所示，并记下此位置平移台上螺旋测微仪的读数 x_1 填到表 8.1。同时点击“停止”使 CMOS 停止采集，用鼠标点击聚焦位置可以获得像素坐标（a, b），如图 8.13 所示。将数据填入表 8.2。

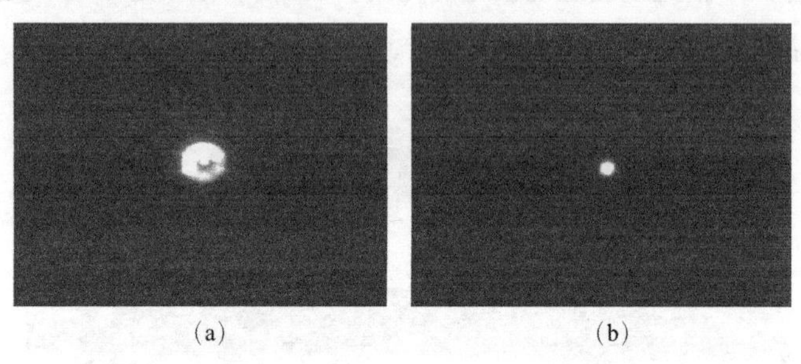

图 8.12 蓝光 LED 聚焦点实物图

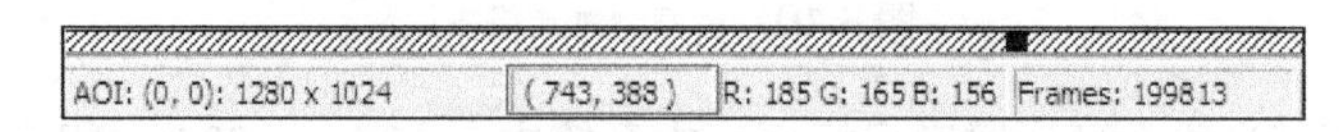

图 8.13 像素坐标显示位置

② 关闭蓝光 LED 并取下，更换红色 LED（690nm），适当调整光源强度，可在相机上观察到视场图案，如图 8.14（a）所示。相机靶面上呈现一个弥散斑，点击“停止”使 CMOS 停止采集，用鼠标点击弥散斑上或下边缘位置可以获得像素坐标（a, c），将数据填入表 8.2。再次点击“实时采集”，调节平移台，使 CMOS 相机向远离被测镜头方向移动，又可观测到一个会聚的亮点，如图 8.14（b）所示，记下此时平移台上千分尺的读数 x_2 填到表 8.1。

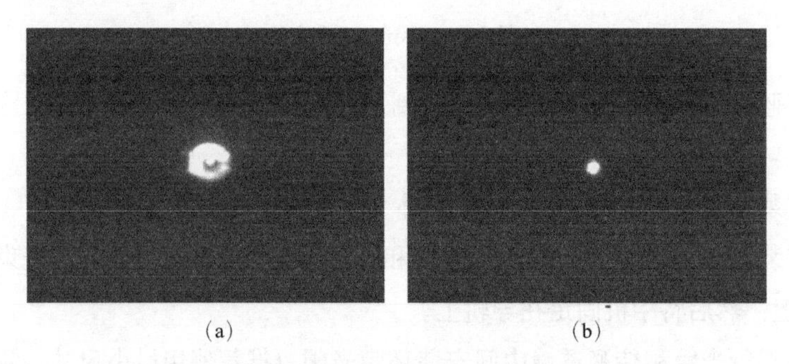

图 8.14 红光 LED 聚焦点实物图

（4）实验数据处理

表 8.1　位置色差表

序号	x_1/mm	x_2/mm	位置色差 $\Delta x=x_2-x_1$
1	2.139	6.492	4.353
2			
…			

表 8.2　倍率色差表

序号	b	c	$c-b$	倍率色差$(c-b)\times5.2$
1	521	577	56	291.2
2				
…				

注：CMOS 单个像素大小为 5.2 μm。

实验 8.3　星点法观测单色像差实验

一般来讲，一定宽度的光束在实际的光学系统中对一定大小的物体成像时，由于球面本身折射率不均匀往往会引起成像不完善，即球差存在。在光源波长一致的情况下，单色像差主要有五种：球差、彗差、像散、场曲、畸变。

8.3.1　实验目的

① 了解单色像差的产生原理。

② 掌握星点法测量成像系统单色像差的原理及方法。

8.3.2　实验内容

（1）球差的测量

① 光路的搭建与调试

a．参考图 8.15 搭建测量透镜球差光路。自左向右依次为 LED 光源、平行光管、环带光阑、被测透镜（ϕ 40mm，f 200mm）、CMOS 相机。

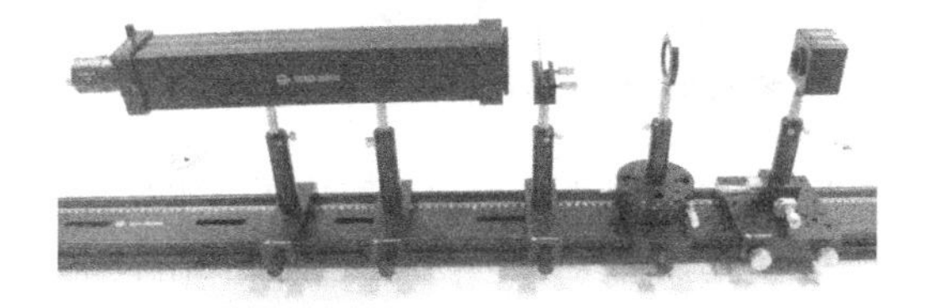

图 8.15　球差测量光路图

其中，环带光阑为环形镂空目标板，本系统中有 10mm、20mm 和 30mm 三种直径可供选择，如图 8.16 所示。

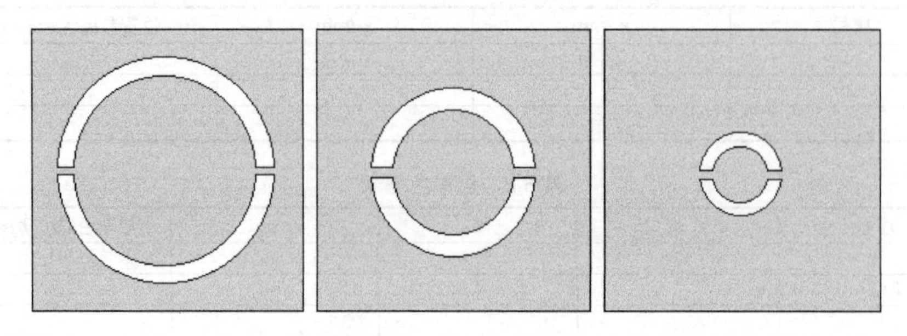

图 8.16 环带光阑示意图

b．将红色 LED（690nm）光源安装到平行光管上，适当调整针孔位置使其出射平行光，蓝光或绿光 LED 亦可。

c．安装被测透镜，调整透镜中心基本与平行光管的出光中心同高。

d．安装 CMOS 相机，调整相机高度和距离，可以看到经过透镜的光束将会聚到相机靶面上，然后将相机固定在导轨上。

e．在平行光管和待测透镜中间安装环带光阑，适当调整环带光阑高度使光阑中心与平行光管出光中心等高。

② 实验数据记录

a．选用最小环带光阑，移动 CMOS 相机找到会聚点，如图 8.17 所示，读取平移台丝杆读数 x_1，记入表 8.3。同时点击“停止”使 CMOS 停止采集，用鼠标点击聚焦位置可以获得像素坐标（a,b）。将数据填入表 8.4。

图 8.17 最小环带光阑的聚焦点

b．更换大号环带光阑，相机靶面上呈现弥散光环，如图 8.18（a）所示，弥散斑与会聚点的半径差即是透镜垂轴球差。点击“停止”使 CMOS 停止采集，用鼠标点击弥散斑上（下）边缘位置可以获得像素坐标（a,c）将数据填入表 8.4。再次点击“实时采集”，调节平移台，使 CMOS 相机向靠近被测镜头方向移动，移动相机再次寻找会聚点，如图 8.18（b）所示，读取平移台读数 x_2，记入表 8.3。

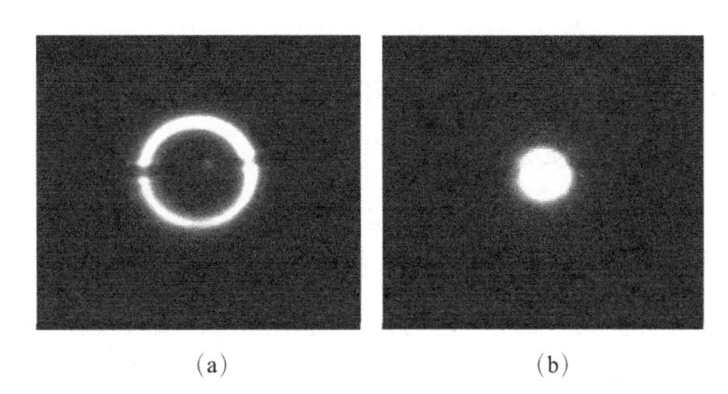

（a）　　　　（b）

图 8.18　大号光阑产生的弥散斑

③ 实验数据处理

表 8.3　红色光源轴向球差

序号	x_1/mm	x_2/mm	轴向球差 $\Delta x=x_2-x_1$
1			
2			
……			

表 8.4　红色光源的垂轴球差

序号	b	c	$c-b$	垂轴球差$(c-b)\times5.2$
1				
2				
……				

注：CMOS 单个像素大小为 5.2 μm 。

（2）彗差的观察

① 光路的搭建与调试

a．参考图 8.19 搭建观察彗差光路。自左向右依次为 LED 光源、平行光管、被测透镜（ϕ40mm，f200mm）、CMOS 相机。

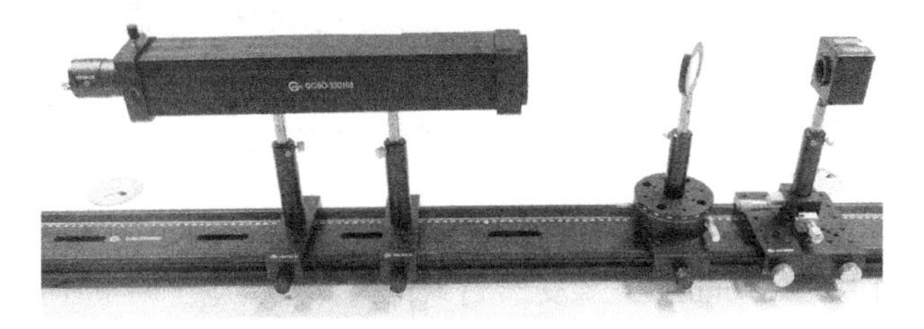

图 8.19　彗差光路

b．将红色 LED（690nm）光源安装到平行光管上，适当调整针孔位置使其出射平行光。

c．安装被测透镜，调整透镜中心基本与平行光管的出光中心同高。

d．安装 CMOS 相机，调整相机高度和距离，可以看到经过透镜的光束将会聚到相机靶面上，然后将相机固定在导轨上。

② 彗差现象观测

a．沿光轴方向前后移动 CMOS 相机，找到通过透镜后星点像中心光最强的位置。

b．轻微调节使透镜与光轴成一定夹角，转动透镜，观测 CMOS 相机中星点像的变化，即彗差，效果图如图 8.20 所示。

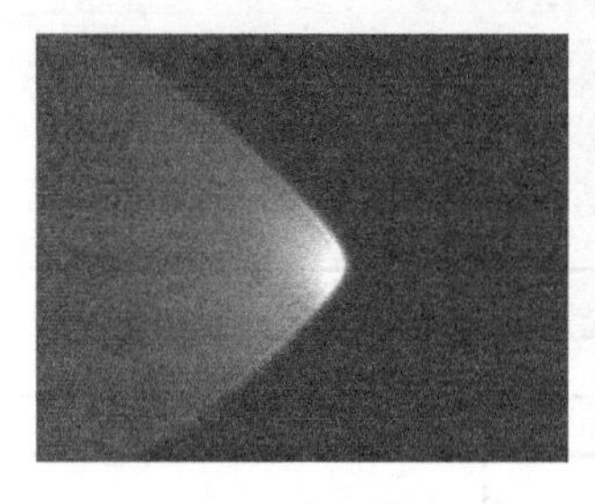
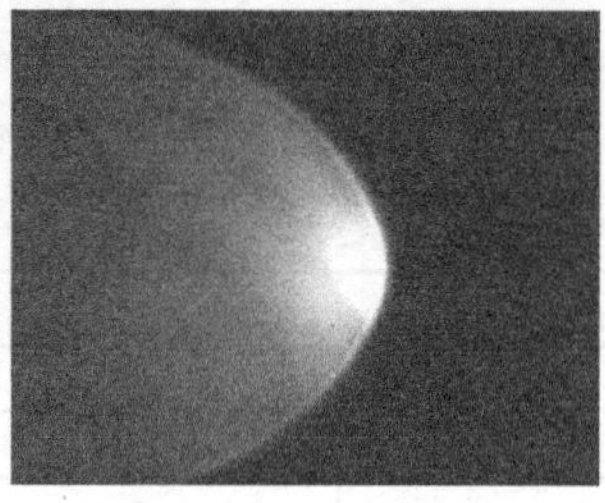
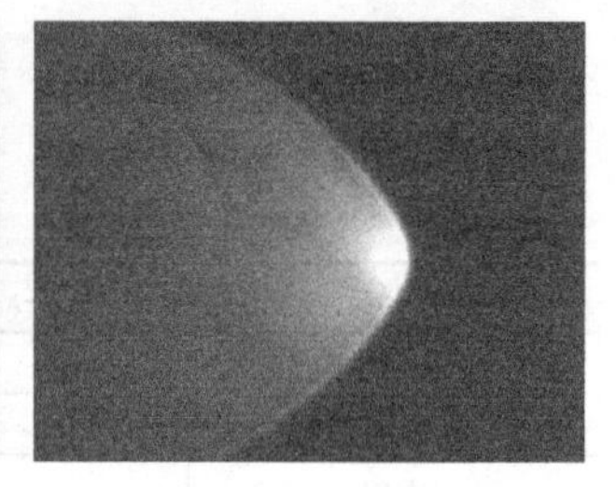

图 8.20 彗差观测图

（3）像散的测量

① 光路的搭建与调试

a．参考图 8.21 搭建测量透镜像散光路。自左向右依次为 LED 光源、平行光管、环带光阑、被测透镜（ϕ40mm，f200mm）、CMOS 相机。

图 8.21 测量透镜像散光路图

其中，环带光阑为环形镂空目标板，本系统中选择 10mm 光阑。

b．将红色 LED（690nm）光源安装到平行光管上，适当调整针孔位置使其出射平行光。

c．安装被测透镜，调整透镜中心基本与平行光管的出光中心同高。

d．安装 CMOS 相机，调整相机高度和距离，可以看到经过透镜的光束将会聚到相机靶面上，然后将相机固定在导轨上。

e．在平行光管和待测透镜中间安装环带光阑，适当调整环带光阑高度使光阑中心与平行光管出光中心等高。

② 实验数据记录

a．在平行光管和被测透镜支架之间加入最小环带光阑，将透镜微转一个角度固定，在轴向改变平移台可以调整 COMS 相机的前后位置，找到子午聚焦面，如图 8.22（a）所示，记录平移台的示数 x_1，填入表 8.5。

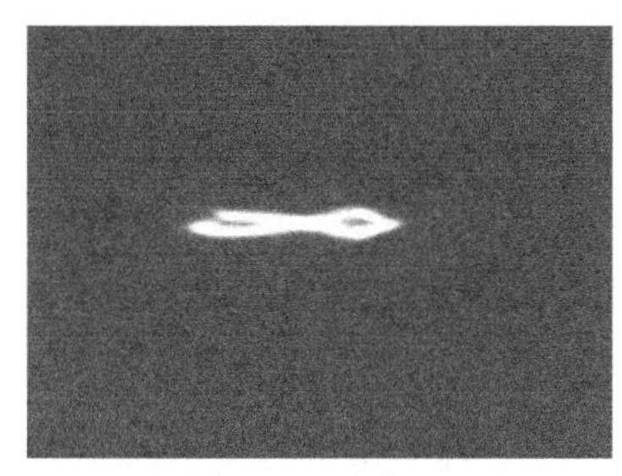

（a）弧矢方向聚焦图

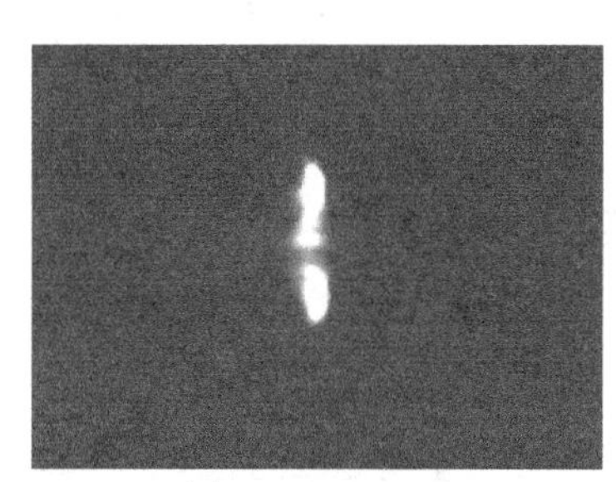

（b）子午方向聚焦图

图 8.22 像散聚焦图

b．再次改变平移台位置可以看到 COMS 相机有弧矢聚焦变为子午聚焦，如图 8.22（b）所示，记录平移台的示数 x_2，填入表 8.5。

③ 数据处理与表格

表 8.5 像散数据记录

序号	x_1/mm	x_2/mm	透镜像散 $\Delta x=x_2-x_1$
1			
2			
…			

实验 9　利用复合光栅实现光学微分处理

在图像识别技术中，突出图像的边缘是一种重要的方法。人们的视觉对于边缘比较敏感，因此对于一张比较模糊的图像，突出边缘轮廓会使其变得易于识别。为了突出图像的边缘轮廓，我们可以用空间滤波的方法，去掉低频而突出高频，从而使图像的轮廓突出。本实验利用光学相关方法作图像的空间微分处理，从而描出图像的轮廓的边缘。

9.1　实验目的

① 掌握用复合光栅对光学图像进行微分处理的原理和方法。

② 初步领会空间滤波的意义，了解相干光学处理中常用的 4F 系统，加深对光学信息处理实质的理解。

③ 通过实验对傅里叶光学有初步认识。

④ 通过实验观测对图像微分后突出其边缘轮廓的效果。

9.2　实验原理

光学微分不仅是一种重要的光学-数学运算，在光学图像处理中也是突出信息的一种重要方法。

本实验利用光学相关方法作空间的微分处理，从而描出图像的边缘。具体的做法是用复合光栅作为空间滤波器实现图像的微分处理。

(1) 复合光栅的空间滤波作用

全息复合光栅法的基本原理是先使待处理图像生成两个相互有点错位的像，然后通过改变两个图像的相位让其重叠部分相减，留下由于错位而形成的边沿部分，从而实现图像边缘增强的效果。从数学角度来说，就是用差分代替了微分。

利用复合光栅进行图像微分的光学系统是典型的 4F 系统，如图 9.1 所示。一束平行光照射透明物体 g（待处理的图像），物体 g 置于傅氏透镜 L_1 的前焦面 P_1 处，在 L_1

的后焦面上得到物函数$g(x_0,y_0)$的频谱$G\left(f_\xi,f_\eta\right)$，此频谱面又位于傅氏透镜 L_2 的前焦面上，在 L_2 的后焦面 P_2 上得到频谱函数的傅里叶变换。物函数经过两次傅里叶变换又得到了原函数，只是变成了倒像。在图 9.1 中，P_3 平面采用的(x,y)坐标与 P_1 平面的(x_0,y_0)坐标的方向相反，因而可以消除由于两次傅里叶变换引入的负号。如果在频谱面上插入空间滤波器就可以改变频谱函数，从而使输入信号得到处理。在本实验中用一个复合光栅作为空间滤波器。下面具体分析复合光栅的空间滤波作用。

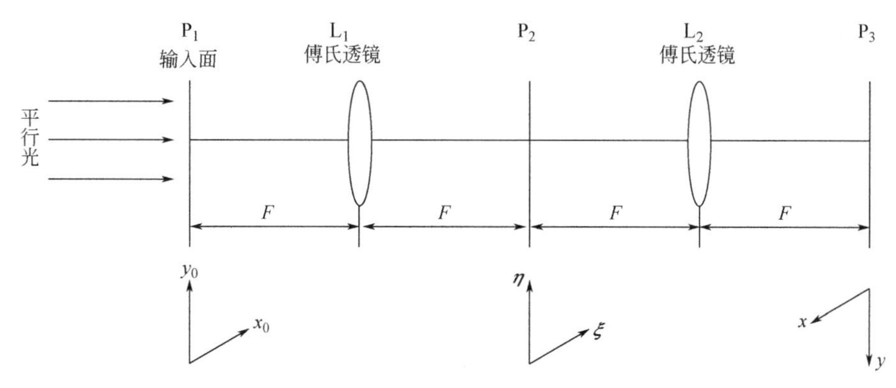

图 9.1 相干光学处理系统（4F 系统）

① 在 P_1 平面上放置要处理的图像，其振幅透射率为$g(x_0,y_0)$，用单色平面波垂直照射在图像上，透过图像后，在 P_1 面之后的复振幅分布为$g(x_0,y_0)$。

② 透镜 L_1 对$g(x_0,y_0)$进行傅里叶变换

$$\left\{g\left(x_0,y_0\right)\right\}=G\left(f_\xi,f_\eta\right) \tag{9-1}$$

式中，{ }表示对括号里面的函数进行傅里叶变换；f_ξ,f_η 为ξ,η坐标系内的空间频率，下同。

$G(f_\xi,f_\eta)$是物函数的空间频谱（忽略了常数项），将$f_\xi=\dfrac{\xi}{\lambda F}$，$f_\eta=\dfrac{\eta}{\lambda F}$（$F$ 是傅里叶透镜的焦距）代入$G(f_\xi,f_\eta)$的表达式就得到 P_2 平面上的复振幅分布为

$$U_1(\xi,\eta)=G\left(\frac{\xi}{\lambda f},\frac{\eta}{\lambda F}\right) \tag{9-2}$$

③ 把复合光栅放置在 P_2 平面上，其振幅透射率已知为：

$$\begin{aligned} t(\xi)&=A-B\left[\cos 2\pi v\xi+\cos 2\pi\left(v+\Delta v\right)\xi\right] \\ &=A-B\left\{\exp\left(\mathrm{i}2\pi v\xi\right)+\exp\left(-\mathrm{i}2\pi v\xi\right)+\exp\left[\mathrm{i}2\pi\left(v+\Delta v\right)\xi\right]+\exp\left[\mathrm{i}2\pi\left(v+\Delta v\right)\xi\right]\right\} \end{aligned} \tag{9-3}$$

式中，A 和 B 为常数。透过复合光栅以后，在 P_2 平面之后的复振幅分布为：

$$U_2(\xi,\eta)=U_1(\xi,\eta)t(\xi) \tag{9-4}$$

④ 透镜 L_2 对 $U_2(\xi,\eta)$ 又进行傅里叶变换，在 P_3 平面上得到的复振幅分布为：

$$U_3(x,y)=\{U_2(\xi,\eta)\}=\left\{G\left(\frac{\xi}{\lambda F},\frac{\eta}{\lambda F}\right)\times t(\xi)\right\}=\{G(f_\xi,f_\eta)\}*\{t(\xi)\} \tag{9-5}$$

符号*表示卷积，利用傅里叶变换的基本关系式进行一系列运算，得到：

$$\begin{aligned}U_3(x,y)\propto\ & Ag(x,y)-B\{g[x-v\lambda F,y]+g[x+v\lambda F,y]\}\\ & -B\{g[x-(v+\Delta v)\lambda F,y]+g[x+(v+\Delta v)\lambda F,y]\}\end{aligned} \tag{9-6}$$

一维正弦光栅的透射光波的复振幅分布为：

$$U(x,y)=A-B\cos(2\pi vx)=A-\frac{B}{2}\exp(\mathrm{i}2\pi vx)-\frac{B}{2}\exp(-\mathrm{i}2\pi vx) \tag{9-7}$$

把 $U_3(x,y)$ 和式（9-7）相比较，显然可知：P_3 平面上物频谱受到了两个一维正弦光栅的调制，即其复振幅分布相当于由两个一维正弦光栅产生。

当其受到第一次记录的光栅调制后，在输出面 P_3 上至少可得到三个清晰的衍射像，其中 0 级衍射像位于 xoy 平面的原点，即 $x=0$ 处；±1 级衍射像则沿 x 轴对称分布于 y 轴两侧，距离原点的距离为 $x=v\lambda F$ 和 $x=-v\lambda F$。同样，受第二次记录的光栅调制后，在输出面上将得到另一组衍射像，其中 0 级衍射像仍位于坐标原点与前一个零级像重合，±1 级衍射像也沿 x 轴对称分布于原点两侧，但与原点的距离为 $x'=\pm v'\lambda F$。由于 $\Delta v=v'-v$ 很小，故 x 与 x' 的差 $\Delta x=\pm\Delta v\lambda F$ 也很小，从而使两个对应的 ± 1 级衍射像几乎重叠，沿 x 方向只错开了很小的距离 Δx，如图 9.2 所示。

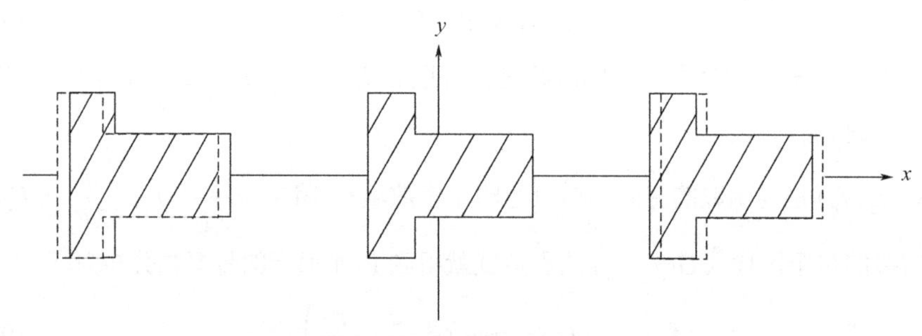

图 9.2 在输出面上得到的图像微分结果示意图

图 9.2 中实线表示第一次由 v=100 线/mm 的光栅产生的衍射像，虚线表示第二次由 v'=102 线/mm 的光栅产生的衍射像，两者产生的中央 0 级衍射像位于坐标原点互相重合。

由于 Δx 比起图形本身的尺寸要小很多（见图 9.2），当复合光栅微微平移一适当的距离 Δl 时，由此引起两个一级衍射像的相移量分别为：$\Delta\varphi_1=2\pi v\Delta l$，$\Delta\varphi_2=2\pi v'\Delta l$。

导致两者之间有一附加相位差：

$$\Delta\varphi = \Delta\varphi_2 - \Delta\varphi_1 = 2\pi\Delta\nu\Delta l \tag{9-8}$$

令 $\Delta\varphi = \pi$ 得：

$$\Delta l = \frac{1}{2\Delta\nu} \tag{9-9}$$

这时两个一级衍射像正好相差π位相，相干叠加时两者的重叠部分（如图 9.2 所示的阴影部分）相消，只剩下错开的图像边缘部分，从而实现了边缘增强，转换成强度分布时形成亮线，构成了光学微分图形，如图 9.3 所示。

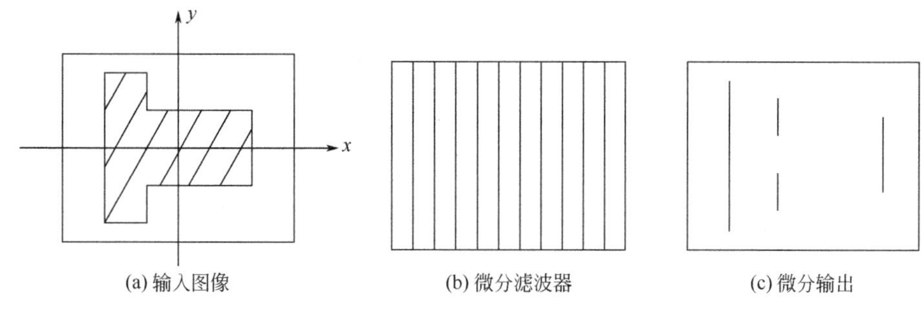

图 9.3 沿 x 方向光学微分处理过程示意图

复合光栅莫尔条纹的方向不同，得到的微分图形也不同，若将图 9.3 中的复合光栅条纹在面内旋转 90°，便由沿 x 方向的微分图形，变为图 9.4 中沿 y 方向的微分图形。

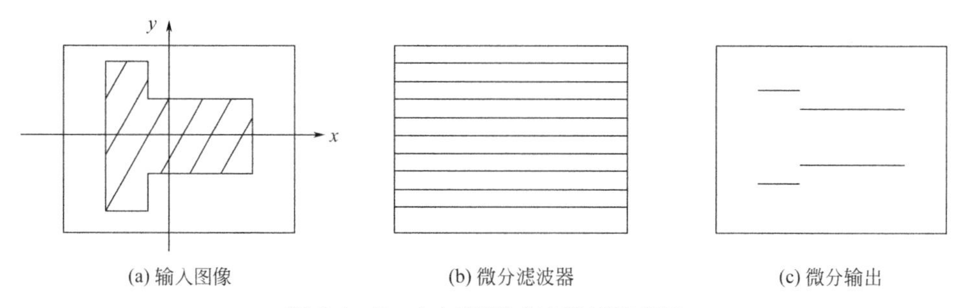

图 9.4 沿 y 方向光学微分处理过程示意图

（2）实现光学微分图像

本实验采用 ν=100 线/mm，ν'=102 线/mm 组成的复合光栅，其莫尔条纹频率 $\Delta\nu$=2 线/mm。拍摄光学微分图像实验的实际光路如图 9.5 所示，这是典型的 4F 相干光学处理系统。光路可按如下步骤调节。

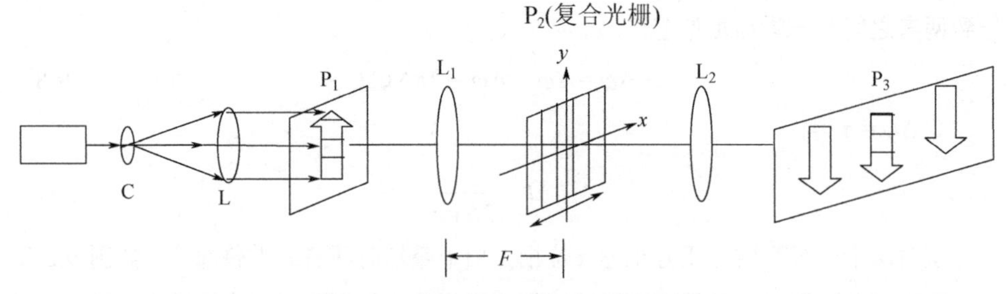

图 9.5 图像光学微分处理实验实际光路

① 搭光路，利用反射镜、扩束镜、准直镜产生方向符合需要的平行光。

② 在平行光束前面先放上透镜 L_1 及屏 P_2，移动 P_2 的位置使平行光束经过 L_1 聚焦在 P_2 面上，则 P_2 位于 L_1 的后焦面上，这就是频谱面。固定 L_1 及 P_2 的磁性底座。

③ 在 L_1 左边距离为 F_1 的 P_1 面处放上要处理的狭缝，拿走屏 P_2，放上透镜 L_2 及屏 P_3，移动 P_3 使在屏上看到物的等大、倒立、清晰的像。

调节时可在透明图片前放上毛玻璃，使得成像的景深较短，便于确定清晰成像的位置。L_2 及 P_3 的位置确定之后，固定 L_2 及 P_3，撤去毛玻璃。

④ 在 P_2 面上放上复合光栅，用一维千分尺水平可调底座沿垂直于光轴的水平方向平移复合光栅（即沿图 9.5 中的 x 方向），从屏 P_3 上观察图像的变化，找到最好的微分图像，然后固定复合光栅底座。

9.3 实验内容

① 准备实验目标物（狭缝）以及制作好的复合光栅。

② 按照图 9.6 所示调节光路。

图 9.6 实际光路图

详细内容见实验原理。注意调节激光光束与工作台面平行，使所有的光学元件面与光束垂直。

③ 观察及拍摄光学微分图像。实验中可改变复合光栅条纹的方向，观察微分图像的变化。

实验 10 四象限探测器及光电定向实验

实验 10.1 四象限探测器特性研究

光电定向是指光电系统测定目标的方向。光电定向作为光电技术原理实验系统的重要组成部分，在实际应用中具有精度高、价格低、便于自动控制和操作方便的特点，因此可用于光电准直、光电自动跟踪、光电制导和光电测距等，也可用于线切割机床等民用产品中。光电定向方式有扫描式、调制盘式和四象限式，前两种用于连续信号工作方式，后一种用于脉冲信号工作方式。本实验用四象限式的方法来完成光电定向的实验。

10.1.1 实验目的

① 通过本实验了解单脉冲定向原理。

② 了解四象限光电二极管的性能。

③ 学习装调、设计光电探测系统的能力。

10.1.2 实验原理

（1）单脉冲定向原理

利用单脉冲光信号确定目标方向的原理有四种：和差式、对差式、和差比幅式和对数相减式。本实验采取的是和差式光信号定向法。

光学系统与四象限探测器组成测量目标方位的直角坐标系。四象限探测器是由四个光电二极管制作在一起的光电探测器，也称四象限管。四象限管的分界线与直角坐标系坐标轴 x、y 重合，其十字形交点与光学系统的光轴重合。光学系统接收光脉冲后把目标成像于四象限管上。从远方射来的光信号可近似为平行光波，所以在光学系统的焦平面上成像为艾里斑。在定向系统中，四象限管通常不放在光学系统的焦平面上，而是放在焦平面附近（焦平面之前或之后）。于是四象限管得到的目标像近似为圆形光斑，如图 10.1 所示。当光轴对准目标时，圆斑中心在光轴上，四个光电二极管接收到相同的光功率，输出相同的光信号。此时目标方位偏离值 $x=0$，$y=0$。当光轴未对准目标时，光斑中心偏离光轴，如图 10.2 所示，四个光电二极管将输出不同的信号。通过信号处理电路可得到光斑中心偏差量 x_1 和 y_1。目标方位偏离光轴越远，输出方位误差信号也越大。若图中光斑半径为 r，中心坐标为(x_1, y_1)，为方便分析，认为光斑得到均匀辐射功率，总功率为 P。在各个象限探测器上得到的扇形光斑面积是光斑总面积的一部分。若设各象限上的光斑面积占总光斑面积的百分比为 A、B、C、D。则由求扇形面积公式可推得下述关系：

$$A+D-B-C=\frac{2x_1}{\pi r}\sqrt{1-\frac{x_1^2}{r^2}}+\frac{2}{\pi}\arcsin\left(\frac{x_1}{r}\right) \tag{10-1}$$

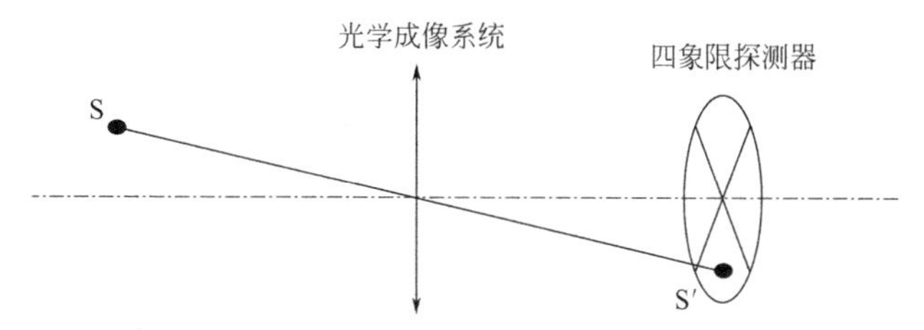

图 10.1 目标在四象限探测器上成像

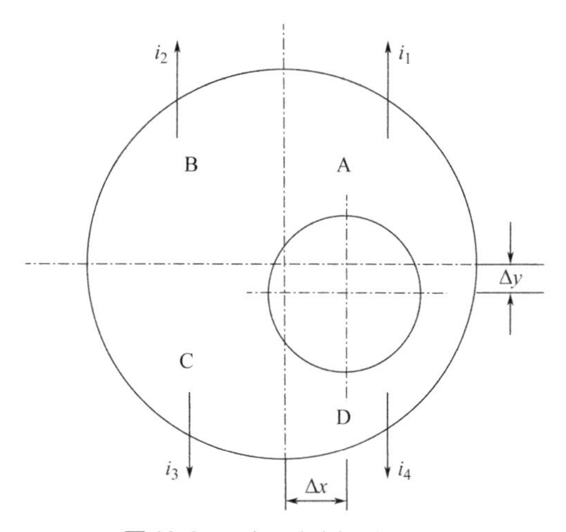

图 10.2 四象限光电探测器原理

当 $x_1/r=1$ 时

$$A+D-B-C=\frac{4x_1}{\pi r} \tag{10-2}$$

即

$$x_1=\frac{\pi r}{4}(A+D-B-C) \tag{10-3}$$

同理可得

$$y_1 = \frac{\pi r}{4}(A+B-C-D) \tag{10-4}$$

可见，只要能测出 A、B、C、D 和 r 就可以求得目标的直角坐标（x_1，y_1）。在实际系统中可以测的信号是各个象限的功率信号。若光电二极管的材料是均匀的，则各个象限的光功率与各个象限的光斑面积成正比。四象限管各象限的输出信号也与各象限上的光斑面积成正比。对应的 4 个象限产生的阻抗电流分别为 i_1、i_2、i_3、i_4。由 i_1+i_4 和 i_2+i_3 的比例可以确定横向偏移量，i_1+i_2 和 i_3+i_4 的比例可以确定纵向偏移量。采用的算法是:

$$\begin{cases} \Delta x = k\dfrac{(i_1+i_4)-(i_2+i_3)}{i_1+i_2+i_3+i_4} \\ \Delta y = k\dfrac{(i_1+i_2)-(i_3+i_4)}{i_1+i_2+i_3+i_4} \end{cases} \tag{10-5}$$

式中，k 为比例系数，是一常量。当光斑中心与四象限光电探测器中心一致时，4 个象限阴极产生的阻抗电流 i_1、i_2、i_3、i_4 都相等，两个方向的直线度误差为 0，当两者中心不重合时，两个方向的偏移量可以由式（10-5）求出。

（2）定向信号处理电路

四象限探测器将接收的4路光信号转变成电信号，经过放大后送入信号处理部分，单脉冲定向系统中，光脉冲通常由激光产生，其脉冲宽度一般为几十纳秒量级，也许更窄。而重复频率比较低，一般为几十赫兹，这种信号要用来指示或控制需要经过放大与展宽。4 路信号采用完全相同的电路，首先通过放大器对各路信号进行放大，放大后的信号送入展宽电路进行展宽。展宽实质上是峰值保持的一个特例，由于脉冲宽度极窄，要求电路响应快，又要保持响度较长的时间，而且还需要有较高的线性输出，所以展宽电路实质上是用于使目标脉冲信号在显示时有一段持续时间，以便观察。

10.1.3 实验内容

光源发出的光用四象限器接收，涉及装调窄脉冲光信号的放大电路、展宽电路以及和差电路。最后系统输出信号由四象限软件处理得出输出信号与方向偏差的关系曲线。

本实验四象限探测器采用和差式定向算法对光斑进行定位，计算参照式（10-5）。

假设探测器四个象限的光电特性参数完全相同，光斑能量分布为均匀分布。式（10-5）计算出的结果为相对值量。由于和差算法决定了四象限探测器的性质，我们用不同的信号输出方式来验证四象限本身的特性。

① 实现单向定位能力　只让光斑打在四象限探测器的两个象限上，分别使四象限的 x 和 y 轴产生位移，观察并记录四个象限的电压值变化，并根据电压值计算出 Δx 、Δy ，记录下光斑中心在坐标轴上时屏幕的现实的位置图。分析单向定位的方向。

② 对于光斑定位的盲区　让光斑只打在一个象限，观察此时屏幕上显示的光斑位置图，使光斑在该象限内产生位移，观察是否会影响屏幕上定位出的中心位置产生变化。

实验 10.2　四象限探测器测量范围和光斑半径

光斑的大小与四象限靶面的大小直接影响探测器输出信号的有效测量范围，在四象限探测器自身硬件尺寸确定的情况下，如何选取信号光斑是有实际意义的。我们将信号光斑分为三种情况分别进行测量。

(1) 光斑直径小于四象限靶面半径

图 10.3 为光斑直径小于四象限靶面半径示意图。

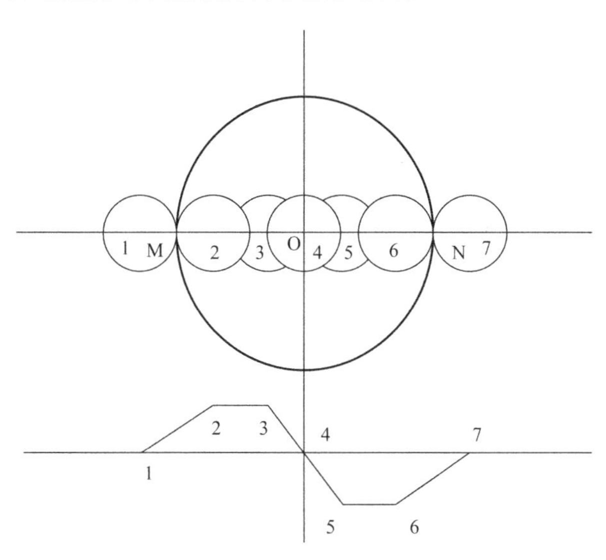

图 10.3　光斑直径小于四象限靶面半径

调整光斑面积至较小面积，使光斑在四象限靶面上水平产生位移，记录屏幕上显示的有效数据对应的位移长度。

(2) 光斑直径等于四象限靶面半径

图 10.4 为光斑直径等于四象限靶面半径示意图。

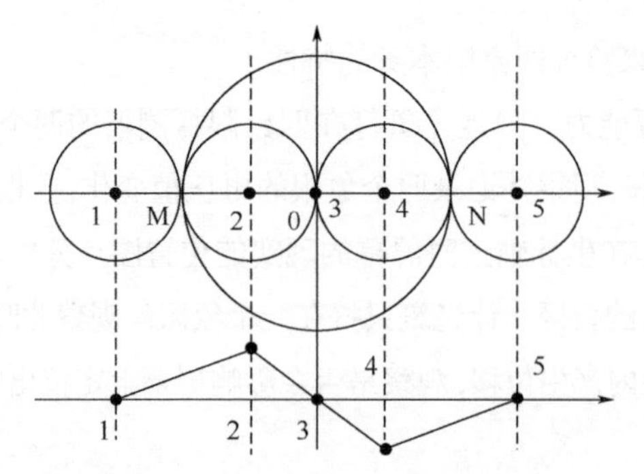

图 10.4 光斑直径等于四象限靶面半径

调整光斑面积，近似和四象限靶面半径相等，使光斑在四象限靶面上水平产生位移，记录屏幕上显示的有效数据对应的位移长度。

(3) 光斑直径大于四象限靶面半径

图 10.5 为光斑直径大于四象限靶面半径示意图。

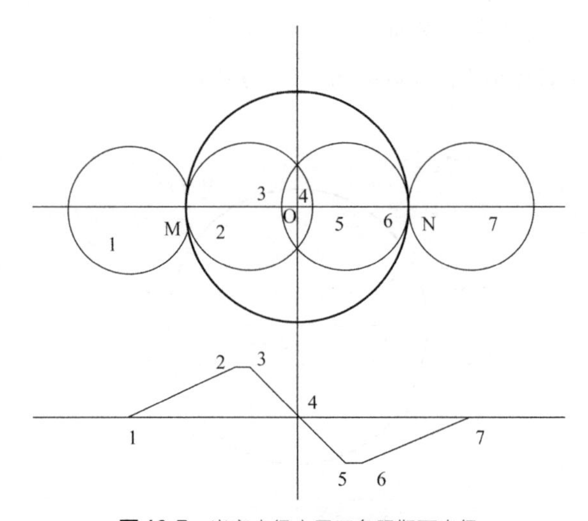

图 10.5 光斑直径大于四象限靶面半径

调整光斑至较大面积（不要超出整个靶面尺寸），使光斑在四象限靶面上水平产生位移，记录屏幕上显示的有效数据对应的位移长度。

根据结果分析选择信号光斑什么样的尺寸最佳？这么做的原理是什么？

测试数据的参考范围见表 10.1。

表 10.1 测试数据的参考范围

光斑情况	有效位移/ mm		
（1）情况	7.79～8.76	7.97～8.76	7.25～6.48

续表

光斑情况	有效位移/ mm		
（2）情况	7.81～8.93	7.29～6.54	6.48～7.65
（3）情况	7.88～6.81	8.74～7.50	7.65～6.58

实验 10.3　四象限探测器测量标定实验

10.3.1　实验光路

图 10.6 为四象限探测器测量标定实验光路示意图。

图 10.6　四象限探测器测量标定实验光路

10.3.2　实验步骤

① 调节激光束至适当高度，水平（与台面平行），将激光束作为与中心齐高的主光轴。

② 打开四象限探测器软件，点击软件界面左下方的“apply”键，开始实时测量。

③ 让光束射入四象限探测器中心。在软件上点击左下方的“sheet2”键，当光斑位置稳定后，点击“stop”键。记录下此时软件显示的坐标数值，记为 X_1、Y_1。转动丝杆，使四象限探测器在 x 方向移动。同样，记录下软件显示的坐标数值，记为 X_2、Y_2。根据丝杆刻度，记录转动距离 L。同时利用坐标公式 $d=\sqrt{(X_1-X_2)^2+(Y_1-Y_2)^2}$，计算出 d，比较 d 和 L。同样方法，可以测量在 Y 方向的位移量，并进行比较。

实验 10.4　四象限探测器测量光栅衍射角

10.4.1　实验光路

图 10.7 为四象限探测器测量光栅衍射角光路示意图。

图 10.7 四象限探测器测量光栅衍射角光路

10.4.2 实验步骤

① 调节激光束至适当高度，水平（与台面平行），将激光束作为与中心齐高的主光轴。

② 调整光阑和四象限探测器位置，使光束可以通过光阑并打到四象限探测器的中心。

③ 打开四象限探测器软件，点击软件界面左下方的“apply”键，开始实时测量。

④ 将待测光栅放入光路中，调整光阑下的微动平移台，使衍射的 0 级光斑可以通过光阑，射入四象限探测器，而滤掉其他衍射光斑，记录此时平移台丝杆的读数；移动光阑下面的平移板，使 1 级（或-1 级）衍射光斑通过光阑，再移动平移台直至 1 级（或-1 级）衍射光斑对准靶面中心（通过软件界面观察），读取移动的距离，并利用导轨读出光栅和四象限探测器的距离 L。

利用光栅衍射角公式可以计算出光栅衍射角 θ，再根据待测光栅数据，可以计算出理论光栅衍射角的数值 θ'。两者进行对比分析。

10.4.3 参考实验数据

参考实验数据见表 10.2。

表 10.2　参考实验数据

衍射角	数据/rad			
θ'	0.018984	0.018984	0.018984	0.018984
θ	0.018214	0.018452	0.018115	0.018654

实验 10.5　四象限探测器简单应用

10.5.1 实验光路

图 10.8 为四象限探测器简单应用实验光路示意图。

图 10.8 四象限探测器简单应用实验光路

10.5.2 实验步骤

① 调节激光束至适当高度，水平（与台面平行），将激光束作为与中心齐高的主光轴。

② 调整四象限探测器位置，使光束可以打到四象限探测器的中心。

③ 打开四象限探测器软件，点击软件界面左下方的“apply”键，开始实时测量。

④ 微动反射镜，四象限探测器靶面上的光斑位置发生变化。此时目视软件界面，通过调节四象限探测器的升降和平移可以把光斑重新对准靶面中心，读取升降台与平移台的丝杆可得光斑的移动距离；若不动探测器，可以目视软件界面，通过调节反射镜可将光斑调回探测器靶面中心。

实验 11　多尺度小波变换远心测量

随着国内工业化进程的加快，精密加工越来越广泛地应用于各个行业中，而其中伴随的精密测量逐步引起人们的关注。因此近些年来，各种新的测量方法和仪器不断涌现以适合不同领域的应用。多尺度小波变换测量是一种适应性和准确性都非常强的非接触测量方法。它被广泛用于图形识别、机器人视觉、医学生物图像处理、光电测量等许多应用领域。

11.1　实验目的

① 了解远心系统在测量中的应用。

② 学习 Haar−高斯小波计算方法，熟悉相关因子在测量中所起的作用。

③ 对测量仪器的测量过程有初步的感性认识。

11.2　实验原理

（1）边缘的物理模型

图 11.1（a）表示的是一个与 y 轴重合的高的对比直边，通过光学系统形成的理想的几何像，可以表示为：

$$\eta(x)=a\left(1-2\int_{-\infty}^{\infty}\delta(\xi)\mathrm{d}\xi\right)=-a\,\mathrm{sgn}(x)=\begin{cases}a, & x<0\\ -a, & x\geqslant 0\end{cases} \tag{11-1}$$

式中，$\mathrm{sgn}(x)$ 为符号函数。

从物理的角度看，实际的边缘是一个过渡区而不可能是几何的直边，再加上光学系统的像差、受限于物体景深引起的离焦等因素，实际的边缘渐变的，如图 11.1（b）所示。在非相干照明的情况下我们可以认为边缘函数（边缘的像）$f(x)$ 是点扩散函数（一维情况下为线扩散函数）$g(x)$ 和几何直边 $\eta(x)$ 的卷积：

$$f(x)=g(x)*\eta(x) \tag{11-2}$$

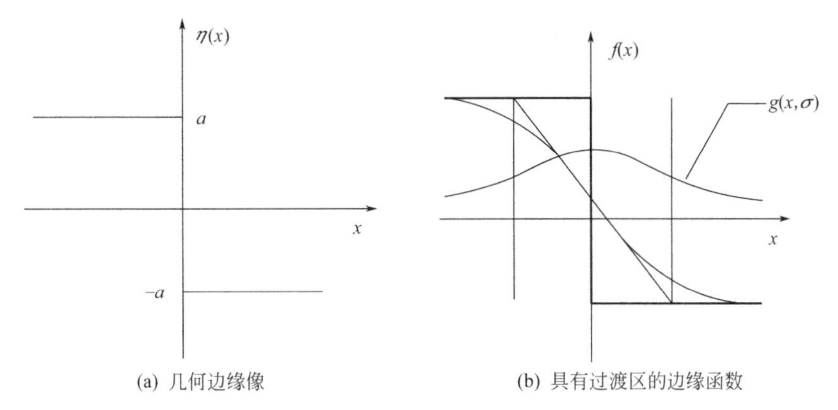

图 11.1 边缘模型

形成边缘的所有因素都包含在点扩散函数中。进一步设点扩散函数为高斯型:

$$g(x,\sigma)=\exp\left[-\left(\frac{x}{\sigma}\right)^{2}\right] \tag{11-3}$$

卷积的结果使直边像成为平缓的过渡区，这就是直边像的弥散效应，造成了测量误差。从物理学的角度来看，物理边缘应当位于过渡区内参数变化最剧烈的地方。对于上述边缘模型，物理边缘恰恰就是几何边缘。我们进一步定义 $f(x)$ 在几何边缘处切线斜率的倒数为边缘过渡区的宽度，称为等效边缘宽度，就此建立了边界的物理模型。

将式（11-1）、式（11-3）代入式（11-2），得到:

$$\begin{aligned}f(x)&=-\frac{a}{\sigma\sqrt{\pi}}\int_{-\infty}^{\infty}g(\xi,\sigma)\operatorname{sgn}(x-\xi)\mathrm{d}\xi=\frac{a}{\sigma\sqrt{\pi}}\int_{-\infty}^{\infty}\exp\left[-\left(\frac{\xi}{\sigma}\right)^{2}\right]\operatorname{sgn}(x-\xi)\mathrm{d}\xi\\&=\frac{a}{\sigma\sqrt{\pi}}\int_{-x}^{x}\exp\left[-\left(\frac{\xi}{\sigma}\right)^{2}\right]\mathrm{d}\xi=a\operatorname{erf}\left(\frac{x}{\sigma}\right)\end{aligned} \tag{11-4}$$

式中，$\operatorname{erf}(x)$ 为误差函数。归一化系数 σ 确保 $f(x)$ 在 $x\to\pm\infty$ 时收敛到 $\pm a$。对上式取导数得:

$$\begin{aligned}k_0=k\big|_{x=0}&=-\frac{\mathrm{d}f(x)}{\mathrm{d}x}\bigg|_{x=0}=-\frac{a}{\sigma\sqrt{\pi}}\left(\int_{-\infty}^{\infty}g(\xi,\sigma)\frac{\partial\left[\operatorname{sgn}(x-\xi)\right]}{\partial x}\mathrm{d}\xi\right)_{x=0}\\&=\frac{2a}{\sigma\sqrt{\pi}}\int_{-\infty}^{\infty}g(\xi,\sigma)\delta(x-\xi)\mathrm{d}\xi\bigg|_{x=0}=\frac{2a}{\sigma\sqrt{\pi}}\end{aligned} \tag{11-5}$$

得到边缘等效宽度的表达式:

$$\Delta S=\frac{2a}{k_0}=\sigma\sqrt{\pi}=1.77\sigma \tag{11-6}$$

根据傅里叶变换的基本性质，边缘函数频谱的等效宽度为：

$$\Delta W=\frac{1}{\Delta S}=\frac{1}{\sqrt{\pi}\sigma}=\frac{k_0}{2a} \tag{11-7}$$

式（11-7）也就是测不准原理，边缘越陡峭，ΔS 越小，边缘函数 $f(x)$ 包含的高频分量越丰富，频带 ΔW 就越宽；反之，边缘越平缓，ΔS 越大，频带 ΔW 就越窄。在实际测量中，由于不同结构、不同离焦的物体，其边缘像具有不同的宽度，有的图像还带有较大的噪声，如果用相同的尺度进行处理，必然影响测量精度。

（2）Haar-高斯小波变换和边缘检测

Haar-高斯小波（以下简称 H−G 小波）变换定义为：

$$h_s(x)=-\exp\left[-\left(\frac{x-q}{s}\right)^2\right]+\exp\left[-\left(\frac{x+q}{s}\right)^2\right],\quad 0<s<q \tag{11-8}$$

式中，s 为伸缩因子，$s>0$；q 则称为位置分离因子，简称分离因子（注意它不同于小波变换的位移因子 ξ）。H-G 小波变换及其傅里叶谱如图 11.2 所示。H-G 小波变换在边缘测量中有很成功的应用。

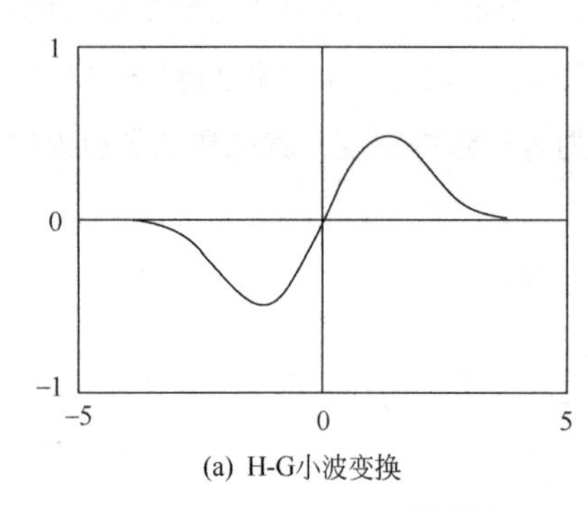

(a) H-G小波变换

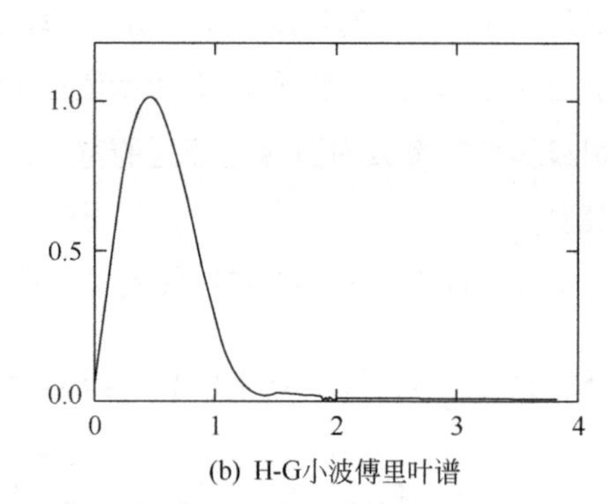

(b) H-G小波傅里叶谱

图 11.2 H-G 小波变换其傅里叶谱

信号 $g(x)$ 的小波变换定义为小波 $h_s(x)$ 和 $g(x)$ 的内积：

$$W\{g(x)\}=\int_{-\infty}^{\infty}h^*\left(\frac{\xi-x}{s}\right)g(\xi)\mathrm{d}\xi \tag{11-9}$$

积分变量 ξ 又称为位移因子，在频域中，小波变换的表达式为：

$$W\{g(x)\}=\int_{-\infty}^{\infty}H_h(v)F(v)\exp(\mathrm{i}2\pi v\xi)\mathrm{d}v \tag{11-10}$$

式中，$H_h(v)$、$F(v)$ 分别是小波 $h_s(x)$ 和边缘函数 $f(x)$ 的傅里叶变换。根据定义，小波在空域和频域中都是有限扩展的，式（11-10）表明小波变换相当于一个滤波器，它不为零的区域构成小波的“频率窗”。

H-G 小波的“空间窗”(空域宽度)计算如下:

$$\Delta S_{\mathrm{h}}=2s\left[\frac{\left[h(x),x^{2},h(x)\right]}{\left[h(x),h(x)\right]}\right]^{\frac{1}{2}}=2s\left\{\int_{-\infty}^{\infty}x^{2}\left[h(x)\right]^{2}\mathrm{d}x\right\}^{\frac{1}{2}}\Big/\left\{\int_{-\infty}^{\infty}\left[h(x)\right]^{2}\mathrm{d}x\right\}^{\frac{1}{2}} \quad (11\text{-}11)$$

式中,(f,g)表示函数f和g的内积。将式(11-8)代入式(11-11),得到:

$$\Delta S_{\mathrm{h}}=2sq\left[\frac{1+\left(1-\mathrm{e}^{-2q^{2}}\right)/(2q)^{2}}{1-\mathrm{e}^{-2q^{2}}}\right]^{\frac{1}{2}} \quad (11\text{-}12)$$

当$q \geqslant 1$时,近似有:

$$\Delta S_{\mathrm{h}}=2sq \quad (11\text{-}13)$$

H-G 小波的傅里叶谱为:

$$H_{\mathrm{h}}(\nu)=-2\mathrm{i}\sin(2\pi sq\nu)\exp\left(-\pi s\nu^{2}\right) \quad (11\text{-}14)$$

$H_{\mathrm{h}}(\nu)$的第一个极大值近似位于:

$$\nu_{\mathrm{c}}=1/(4sq) \quad (11\text{-}15)$$

我们可以近似将ν_{c}当作 H-G 小波傅里叶谱的中心频率,并以$2\nu_{\mathrm{c}}=1/(2sq)$作为小波频谱的带宽,即频率窗宽度$\Delta W_{\mathrm{h}}$:

$$\Delta W_{\mathrm{h}}=1/(2sq) \quad (11\text{-}16)$$

这样一来,就有与式(11-7)对应的测不准关系式:

$$\Delta S_{\mathrm{h}}\Delta W_{\mathrm{h}}=1 \quad (11\text{-}17)$$

小波变换作为小波函数和信号函数的卷积,是一个平滑过程。可以把小波的空间宽度ΔS_{h}作为测量不确定度。根据测不准原理,ΔS_{h}越小,小波的频率窗ΔW_{h}越宽,它所提取的信号成分越丰富、完全。但由于噪声(特别是白噪声)具有很宽的频带,加宽频率窗的代价是引入了更大的噪声,同样会加大测量误差。对于一个具体的过程总有一个测量带宽的合理选择。小波变换中心频率与频率窗的宽度之比Q是一个与测量精度的特征量:

$$Q=\nu_{\mathrm{c}}/\Delta W_{\mathrm{h}}=1/2 \quad (11\text{-}18)$$

Q与中心频率大小无关。当中心频率增大时频率窗自动变宽,使小波变换作为一个检测过程,在不同的空间频率下具有相同的精度。

但小波变换也有严重的缺点:变换过程既要在空域对位移因子ξ进行卷积,又要在频域关于伸缩因子s施行全面的滤波手续,计算量非常大,无法满足快速实时测量的要求。从上面的分析可以看出,在频域中小波变换相当于滤波。边缘作为一个局部的图像，其频谱也具有局部性。如果适当选择滤波器的宽度，使频率窗的宽度略大于边缘信号频域的有效宽度，既能充分地提取信号的有效成分，又可滤掉无关的成分和噪声，从而获得较高的信噪比。由测不准原理式（11-7）可知，边缘信号的频域宽度ΔW与边缘的宽度k_0成正比，只需粗略测出k_0就可以大致确定ΔW。选择恰当宽度的小波频率窗ΔW_{h}，既保证了变换的精度，又可将二维运算化简为一维运算，从而大大节约运算时间，我们称之为小波变换的匹配算法。ΔW_{h}和ΔW的比称为匹配系数β，由式（11-7）和式（11-16）可知：

$$\beta = \Delta W_{\mathrm{h}} / \Delta W = \Delta S / \Delta S_{\mathrm{h}} = a / (q k_0) = \sqrt{\pi}\sigma / (2sq) \text{。} \tag{11-19}$$

保持β不变时，边缘的宽度与小波空域宽度的比也将不变。小波变换的匹配算法的实质就是用不同伸缩系数s的小波自动跟踪不同宽度的边缘。

将边缘函数式（11-6）代入 H-G 小波变换在频域中的表达式（11-8），经过运算，得到边缘函数的 H-G 小波变换：

$$\begin{aligned} W\{f\} &= \int_{-\infty}^{\infty} \frac{\sin(2\pi sqv)}{\pi v} \exp\left[-\pi^2\left(s^2+\sigma^2\right)v^2\right] \exp(\mathrm{i}2\pi xv)\mathrm{d}v \\ &= \frac{1}{2}\left[\operatorname{erf}\left(\frac{x-x_0}{\sigma\mu}\right) - \operatorname{erf}\left(\frac{x+x_0}{\sigma\mu}\right)\right] \\ \mu &= \sqrt{1+\frac{\pi}{4\beta^2 q^2}} \\ x_0 &= \sqrt{\pi}\sigma / (2\beta) \end{aligned} \tag{11-20}$$

图 11.3 为边缘函数的 H-G 变换。图中分别给出$\beta = 0.5、1、2、10$四种情况的变换曲线。可以看出，当β较小时，由于小波的频率窗未能完全覆盖边缘函数的频带，变换曲线的峰较宽，可能影响测量精度。小波变换的高斯峰宽度Δx_{w}近似为：

$$\begin{aligned} \Delta x_{\mathrm{w}} &\sim 2\sigma\mu \\ &\approx 2\sigma\left(1+\frac{\pi}{8\beta^2 q^2}\right) \end{aligned} \tag{11-21}$$

当β较大时，峰的宽度基本不变。β过大时小波的频率窗过宽，有可能把较多的高频噪声带入变换，不利于精密测量，所以我们应当选择合适的β值。此外由式（11-20）可知：

$$\left.\frac{\mathrm{d}W}{\mathrm{d}x}\right|_{x=0} = 0 \tag{11-22}$$

变换峰的极大值指示了几何边缘的位置。

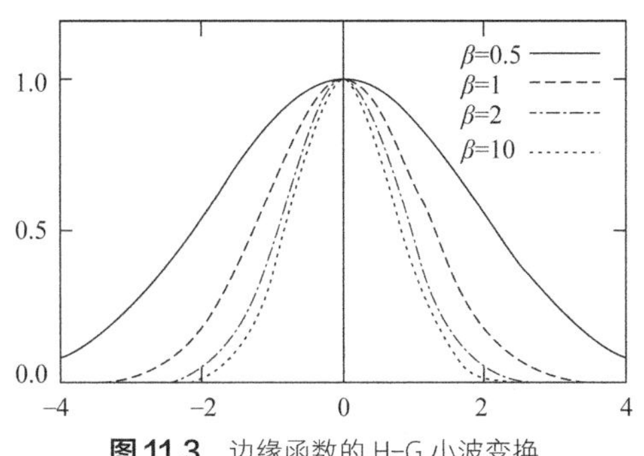

图 11.3 边缘函数的 H-G 小波变换

（3）远心测量的原理

如图 11.4 所示为远心测量实验系统。图中 O_1～O_n 为待测物体，L_1–S–L_2 为远心测量物镜，S 为光阑。透镜 L_1、L_2 和光阑 S 构成远心测量物镜，光阑 S 位于前透镜 L_1 的后焦面上，因而通过光阑中心的主光线经过物镜 O_1 后在物空间与光轴平行。一系列物体 O_1、O_2、…、O_n 等通过系统成像在 CCD 上。其中 O_1 与 CCD 关于系统共轭，它在 CCD 上形成清晰像。O_2、…、O_n 位于物空间的不同离焦位置，它们的像具有弥散（模糊像）。但由于系统主光线平行于光轴，系统对于离焦物体的放大率不变，这就是远心测量的原理。

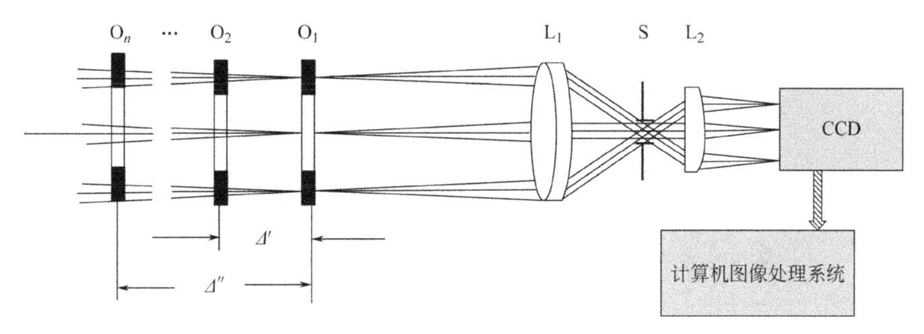

图 11.4 远心测量实验系统

11.3 实验内容

① 利用小波变换原理测量狭缝的宽度，并分析其精度。

② 利用小波变换原理测量圆环的直径，并分析其精度。

11.4 实验步骤

（1）狭缝测量实验步骤

图 11.5 为狭缝测量实验光路示意图。

图 11.5 狭缝测量实验光路

① 用台灯或手机闪光灯照射狭缝。

② 调节狭缝、远心镜头、CCD 摄像仪的位置，使得狭缝的图像清晰地显示在计算机屏幕上。

③ 在“*X* 轴标定”的窗口下，输入实际值，如图 11.6 所示。并将光标放在相应的测量值处，按“添加标定图片”按钮，添加对应方向、宽度的图片。调整狭缝的宽度为 2mm、4mm、6mm、8mm、10mm，将这些狭缝的图像储存在计算机里。添加完成后，按“倍率计算”按钮，得出 *X* 方向倍率曲线及 *X* 轴标定倍率，按“保存标定结果”按钮，保存标定数据。

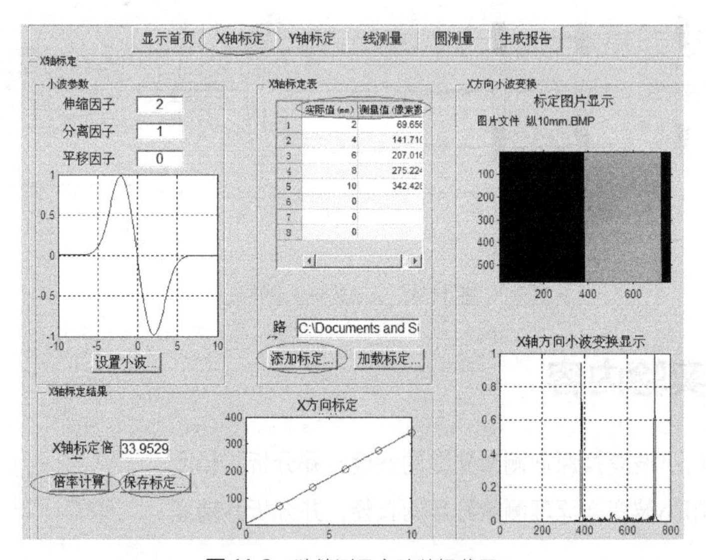

图 11.6 狭缝测量实验数据截屏

④ 进行测量，调整狭缝宽度，将其图像存入计算机中。在“线测量”窗口下，按“加载标定结果”按钮，添加已保存的标定数据，再按“打开图片”按钮添加相应的图片。按下“*X* 方向测量”按钮，得出测量结果，如图 11.7 所示。

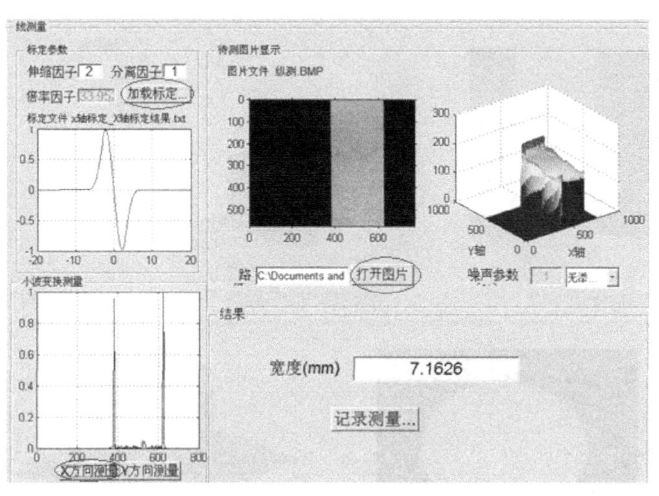

图 11.7 实验结果截屏

⑤ Y 轴方向的标定及测量，将狭缝横放并在软件中换 Y 轴方向重复步骤③、④即可。

在测量时，可适当移动狭缝，分别储存图像进行计算。所得出的结果与标准位置进行比较。这样可以对远心镜头在测量中的应用有实际了解。

(2) 圆环测量实验步骤

① 重复“狭缝测量”实验步骤①。

② 在可变狭缝位置放入待测圆环，将圆环的图像存入计算机。在“圆测量”窗口下，按“加载标定”按钮添加 X 轴和 Y 轴的标定数据，并按“打开图片”按钮，添加圆环的图片。按“测量”按钮得出测量结果，如图 11.8 所示。

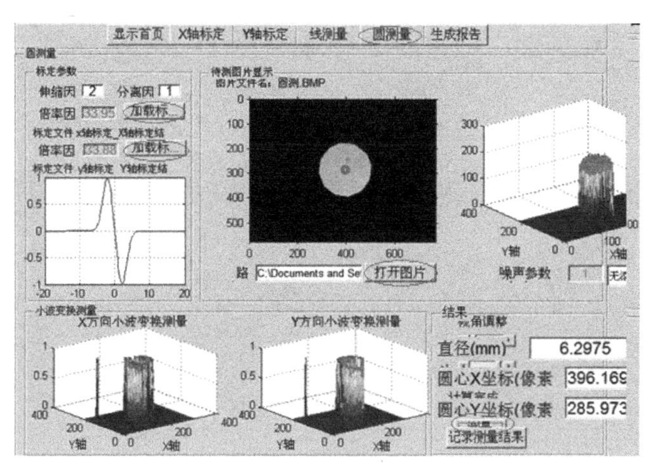

图 11.8

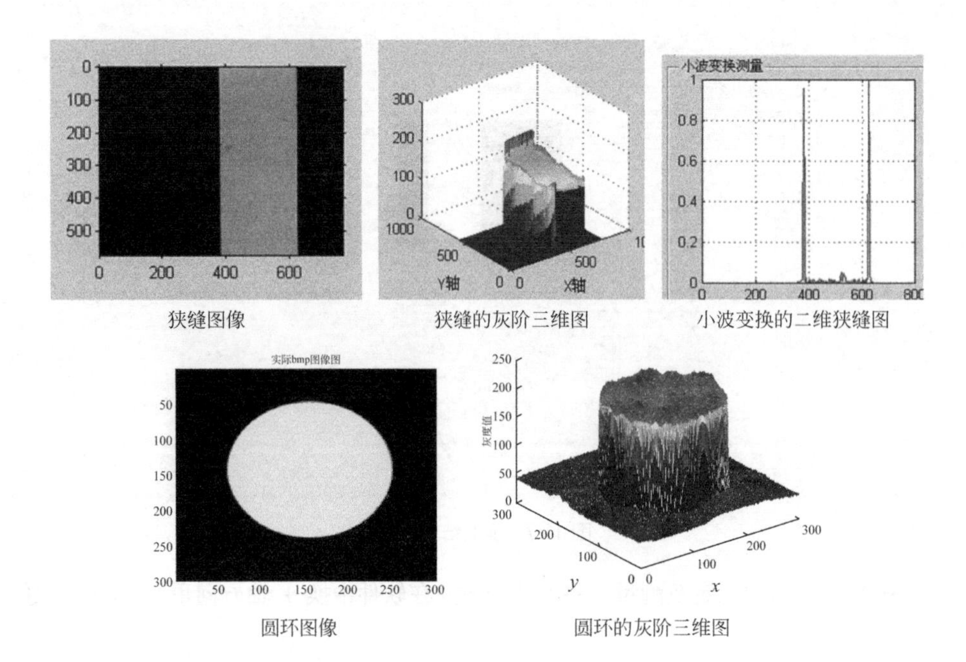

图 11.8 圆环测量实验结果截屏

实验 12　光纤传感综合实验

光纤是 20 世纪 70 年代的重要发明之一。它与激光器、半导体探测器一起构成了新的光学技术，创造了光电子学的新天地。光纤的出现产生了光纤通信技术，而光纤传感技术是伴随着光通信技术的发展而逐步形成的。在光通信系统中，光纤被用作远距离传输光波信号的媒质，显然，在这类应用中，光纤传输的光信号受外界干扰越小越好。但是，在实际的光传输过程中，光纤易受外界环境因素影响，如温度、压力、电磁场等外界条件的变化，将引起光纤光波参数如光强、相位、频率、偏振、波长等的变化。因而，人们发现如果能测出光波参数的变化，就可以知道导致光波参数变化的各种物理量的大小，于是产生了光纤传感技术。

光纤传感器始于 1977 年，与传统的各类传感器相比有一系列的优点，如灵敏度高、抗电磁干扰、耐腐蚀、电绝缘性好、防爆、光路有挠曲性、便于与计算机连接、结构简单、体积小、重量轻、耗电少等。

光纤传感器按传感原理可分为功能型和非功能型。功能型光纤传感器是利用光纤本身的特性把光纤作为敏感元件，所以也称为传感型光纤传感器或全光纤传感器。非功能型光纤传感器是利用其他敏感元件感受被测量的变化，光纤仅作为传输介质，传输来自远外或难以接近场所的光信号，所以也称为传光型传感器或混合型传感器。

光纤传感器按被调制的光波参数不同，可分为强度调制光纤传感器、相位调制光纤传感器、频率调制光纤传感器、偏振调制光纤传感器和波长（颜色）调制光纤传感器。

光纤传感器按被测对象的不同，可分为光纤温度传感器、光纤位移传感器、光纤浓度传感器、光纤电流传感器、光纤流速传感器、光纤液位传感器等。

光纤传感器可以探测的物理量很多，已实现的光纤传感器物理量测量达七十余种。然而，无论是探测哪种物理量，其工作原理无非都是用被测量的变化调制传输光光波的某一参数，使其随之变化，然后对已调制的光信号进行检测，从而得到被测量。

12.1 实验目的

① 了解光纤传感器。

② 掌握透射式、反射式和微弯光纤传感器的原理和操作。

12.2 实验内容

(1) 光纤传感系统组成与结构

如图 12.1 所示的光纤传感实验系统是在透射式光纤传感、反射式光纤传感以及微弯传感等的基础上开发而成的，由光纤传感实验系统主机和实验操作平台两部分组成。其中实验操作平台包含三套组件和三个调整架：透射式光纤传感组件及调整架（图 12.2），反射式光纤传感组件及调整架（图 12.3）和微弯光纤传感组件及调整架（图 12.4）。

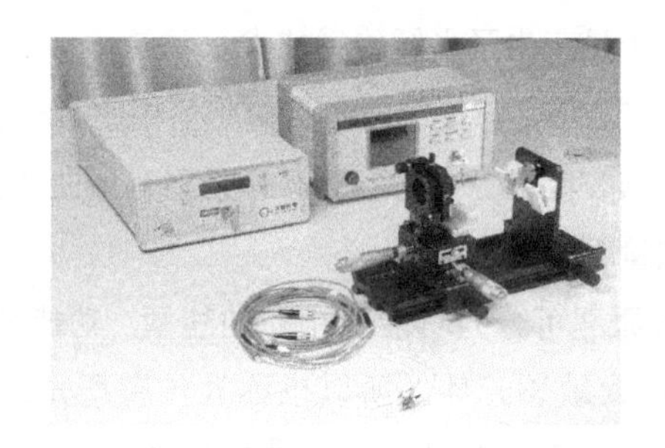

图 12.1 光纤传感实验系统

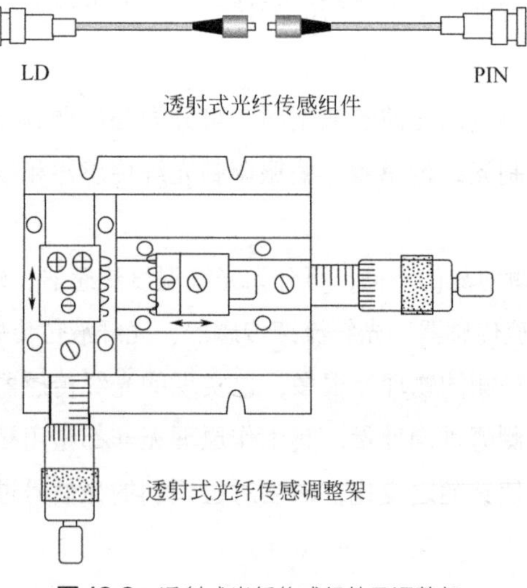

图 12.2 透射式光纤传感组件及调整架

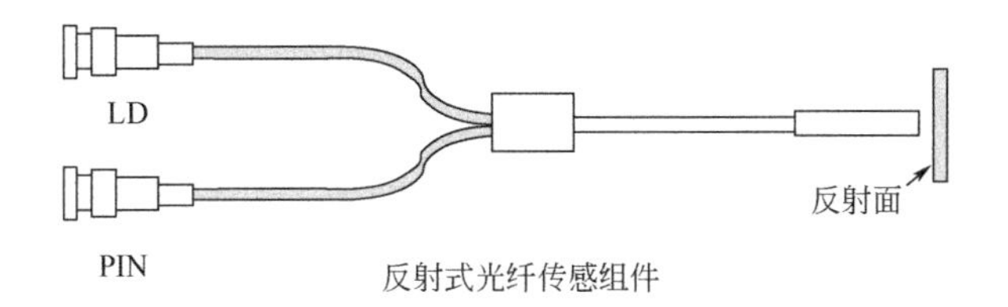

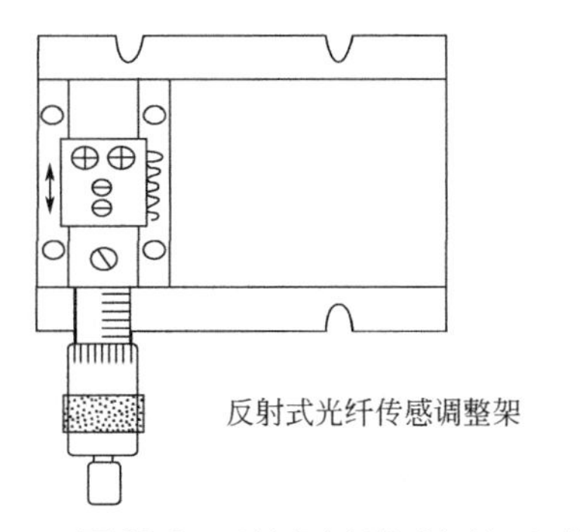

图 12.3 反射式光纤传感组件及调整架

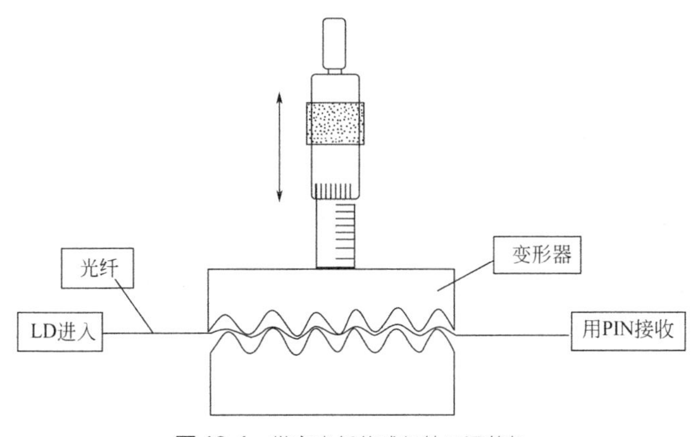

图 12.4 微弯光纤传感组件及调整架

（2）光纤传感实验系统的基本原理

光纤传感实验系统采用了强度型光纤传感的方式，这里分别讨论透射调制、反射调制和微弯调制的基本传感原理。强度调制光纤传感器的基本原理是待测物理量引起光纤中的传输光光强变化，通过检测光强的变化实现对待测物理量的测量，其原理如图 12.5 所示。

对于多模光纤来说，光纤端出射光场的场强分布为：

$$\phi(r,z)=\frac{I_0}{\pi\sigma^2 a_0^2\left[1+\xi\left(z/a_0\right)^{3/2}\right]^2}\exp\left\{-\frac{r^2}{\sigma^2 a_0^2\left[1+\xi\left(z/a_0\right)^{3/2}\right]^2}\right\} \tag{12-1}$$

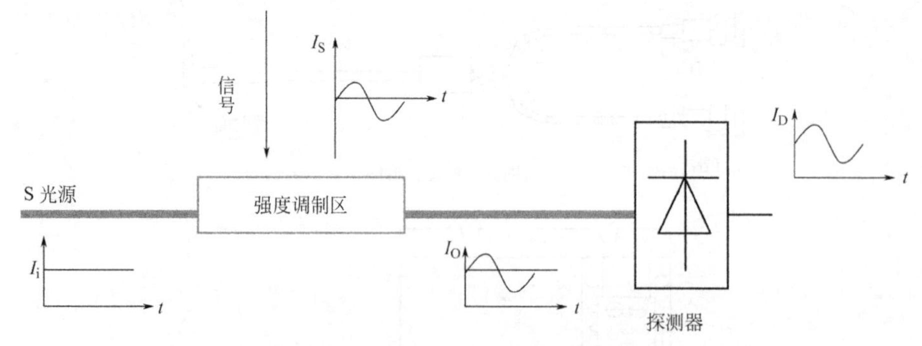

图 12.5 强度调制光线传感器的基本原理图

式中，I_0 为由光源耦合入发射光纤中的光强；$\phi(r,z)$ 为纤端光场中位置 (r,z) 处的光通量密度；σ 为一表征光纤折射率分布的相关参数，对于阶跃折射率光纤，$\sigma=1$；r 为偏离光纤轴线的距离；z 为离发射光纤端面的距离；a_0 为光纤芯半径；ξ 为与光源种类、光纤数值孔径及光源与光纤耦合情况有关的综合调制参数。

如果将同种光纤置于发射光纤出射光场中作为探测接收器时，所接收到的光强可表示为:

$$I(r,z)=\iint_S \phi(r,z)\mathrm{d}s=\iint_S \frac{I_0}{\pi\omega^2(z)}\exp\left\{\frac{r^2}{\omega^2(z)}\right\}\mathrm{d}s \tag{12-2}$$

式中，$\omega(z)=\sigma a_0\left[1+\xi(z/a_0)^{3/2}\right]$；$S$ 为接收光面，即纤芯端面。

在纤端出射光场的远场区，为简化计算，可用接收光纤端面中心点处的光强来作为整个纤芯面上的平均光强，在这种近似下，在接收光纤终端所探测到的光强公式为:

$$I(r,z)=\frac{SI_0}{\pi\omega^2(z)}\exp\left\{-\frac{r^2}{\omega^2(z)}\right\} \tag{12-3}$$

(3) 透射式强度调制

透射式强度调制光纤传感原理如图 12.6 所示。调制处的光纤端面为平面，通常入射光纤不动，而接收光纤可以做纵（横）向位移，这样，接收光纤的输出光强被其位移调制。透射式调制方式的分析比较简单，在发送光纤端，其光场分布为一立体光锥，各点的光通量由函数 $\phi(r,z)$ 来描述，其光场分布坐标如图 12.7 所示。当 z 固定时，得到的是横向位移传感特性函数，当 r 取定时（如 $r=0$），则可得到纵向位移传感特性函数，如图 12.8 所示。

(4) 反射式光纤传感

光纤反射调制原理如图 12.9 所示。光纤探头 A 由两根光纤组成，一根用于发射光，一根用于接收反射回的光，R 是反射材料的反射率。系统可工作在两个区域中:

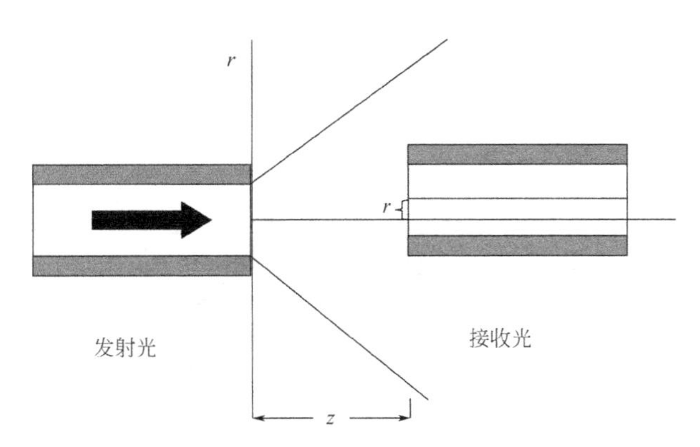

图 12.6 透射式强度调制光纤传感原理

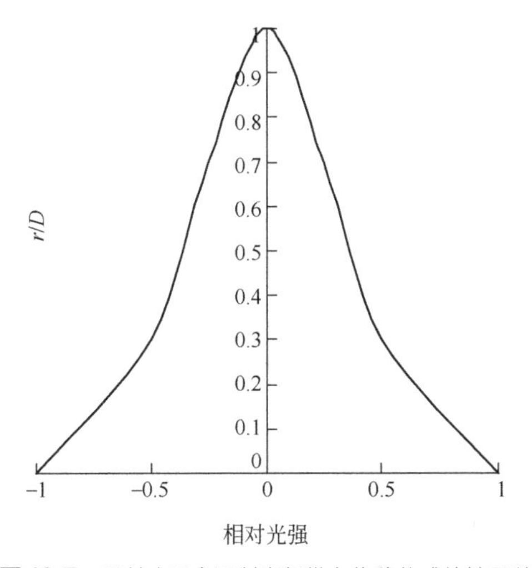

图 12.7 透射式强度调制光纤纵向位移传感特性函数

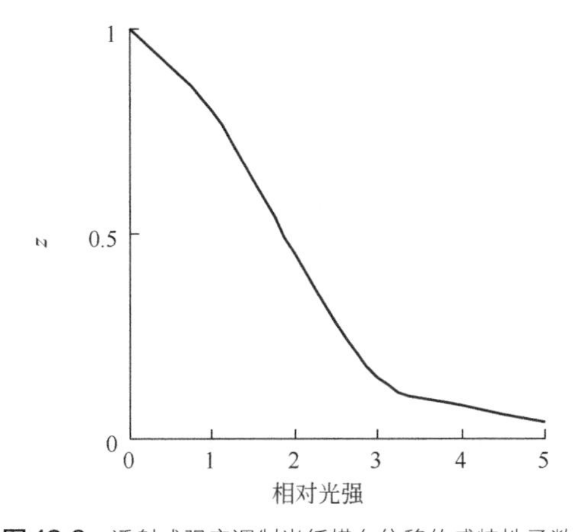

图 12.8 透射式强度调制光纤横向位移传感特性函数

前沿工作区和后沿工作区，如图 12.10 所示。当在后沿区域中工作时，可以获得较宽的动态范围。

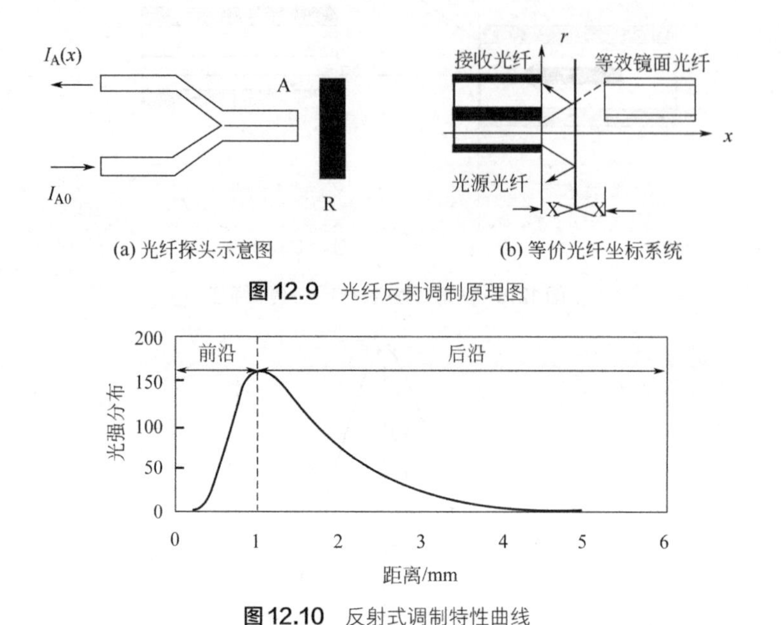

(a) 光纤探头示意图　　(b) 等价光纤坐标系统

图 12.9　光纤反射调制原理图

图 12.10　反射式调制特性曲线

就外部调制非功能型光纤传感器而言，其光强响应特性曲线是这类传感器的设计依据。该特性调制函数可参照式（12-1）。

（5）微弯光纤传感

微弯光纤传感器的原理结构如图 12.11 所示。当光纤发生弯曲时，由于其全反射条件被破坏，纤芯中传播的某些模式光束进入包层，造成光纤中的能量损耗。为了扩大这种效应，我们把光纤夹持在一个周期为 $\varLambda$ 的梳状结构中。当梳妆结构（变形器）受力时，光纤的弯曲情况将发生变化，于是纤芯中跑到包层中的光能（即损耗）也将发生变化，近似地将把光纤看成是正旋微弯，其弯曲函数为：

$$f(z)=\begin{cases}AZ\sin\omega & 0\leqslant Z\leqslant L\\ 0 & Z<0,Z>L\end{cases} \tag{12-4}$$

式中，L 为光纤产生微弯的区域；A 为其弯曲幅度；ω 为空间频率。设光纤微弯变形函数的微弯周期为 $\varLambda$，则有 $\varLambda=2\pi/\omega$。光纤由于弯曲产生的光能损耗系数是：

$$\alpha=\frac{A^2L}{4}\left\{\frac{\sin\left[(\omega-\omega_c)L/2\right]}{(\omega-\omega_c)L/2}+\frac{\sin\left[(\omega+\omega_c)L/2\right]}{(\omega+\omega_c)L/2}\right\} \tag{12-5}$$

式中，ω_c 为谐振频率。ω_c 的计算如下：

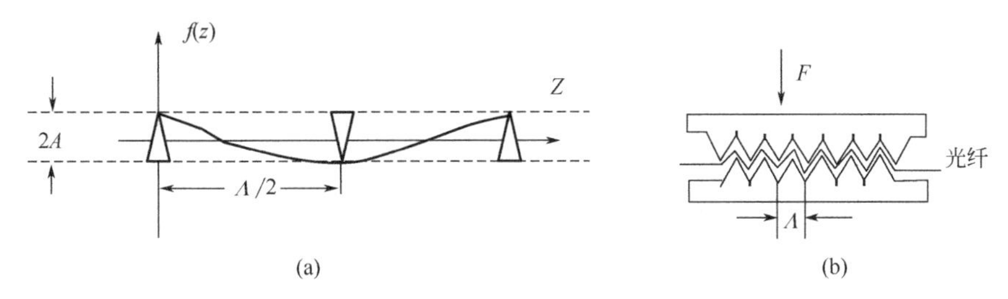

图 12.11 微弯光纤传感器原理结构图

$$\omega_c = \frac{2\pi}{A_c} = \beta - \beta' = \Delta\beta \qquad (12\text{-}6)$$

式中，A_c 为谐振波长；β 、β' 为纤芯中两个模式的传播常数。当 $\omega = \omega_c$ 时，这两个模式的光功率耦合特别紧，因而损耗也增大。如果我们选择相邻的两个模式，对光纤折射率为平方律分布的多模光纤可得:

$$\Delta\beta = \sqrt{2\varDelta}/r \qquad (12\text{-}7)$$

式中，r 为光纤半径；$\varDelta$为纤芯与包层之间的相对折射率差。由式(12-6)和式(12-7)可得:

$$A_c = 2\pi r/\sqrt{2\varDelta} \qquad (12\text{-}8)$$

对于通信光纤 $r = 25\mu\text{m}, \varDelta \leqslant 0.01$，$A_c \approx 1.1\text{mm}$ 。式（12-5）表明损耗 α 与弯曲幅度的平方成正比，与微弯区的长度成正比。通常，我们让光纤通过周期为 $\varLambda$ 的梳妆结构来产生微弯，按式（12-8）得到的 A_c 一般太小，实用上可取 A_c 的奇数倍，即 3 、5、7 等，同样可得到较高的灵敏度。

12.3 实验内容

（1）LD 光源的 P-I 特性曲线

常用的半导体光源有半导体激光器（LD）和发光二极管（LED）。它们的发光机理都是非平衡载流子的辐射复合，且都工作于正向偏置状态。LED 的发射光谱半带宽比较窄，波长取决于材料的能带结构及掺杂情况，半导体激光器能发出单色性更好的辐射，且功率更强，方向集中。典型的波长有 0.85 μm 、1.31 μm 和 1.55 μm 。这两类器件都是快速响应器件，它们的响应时间为 $10^{-9} \sim 10^{-7}$ s 数量级。由于它们具有体积小、重量轻、功耗低、安装简易以及性能稳定等优点，因而这两种光源不仅是光纤通信的理想光源，也同样是光纤传感器的最常用的光源。

本实验系统所采用的是 LD 光源，其中心波长为 1.55 μm 。为获得 LD 光源的驱

动电流 I 与输出功率 P，利用光纤传感实验系统，按如下步骤进行测试：

① 取一根多模跳线，两头分别与光源和功率计连接。

② 接通电源，主机的液晶屏上将显示工作电流 I 和功率 P 的数据。按向上键增加驱动电流，记录每个状态的驱动电流、功率值。

③ 将所得到的数据中电流作为横坐标，工作电压和功率为纵坐标，就可以得到 P-I 曲线。

(2) 透射式横（纵）向光纤位移传感

调制处的光纤端面为平面，通常发射光纤不动，而接收光纤可以做横向位移、纵向位移。这样，接收光纤的输出光强被其位移调制。图 12.12 为透射型光纤传感器。

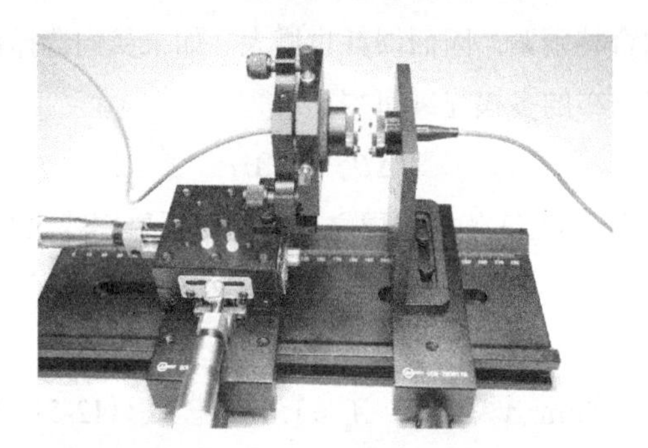

图 12.12 透射型光纤传感器

(3) 反射式光纤位移传感

使用光纤传感实验系统，可以构成反射式光纤位移传感器，对微小位移量进行测量。反射式光纤传感实验的光纤探头 A 由两根光纤组成，一根用于发射光，一根用于接收反射回来的光，R 是反射材料的反射率。由发射光纤发出的光照射到反射材料上，通过检测反射光的强度变化，就能测出反射体的位移。图 12.13 为反射型光纤传感器。

图 12.13 反射型光纤传感器

(4) 微弯光纤位移传感

利用微动调节旋钮（最小刻度 0.01mm）可方便地使被测光纤产生微弯（以光纤微弯变形器与被测光纤接触而未发生微弯时为零点），并可精确测量微弯大小（微动调节旋钮的微小位移），进而由光纤传感实验系统主机测量并显示被测光纤的输出光功率值。图 12.14 为微弯光纤传感器。

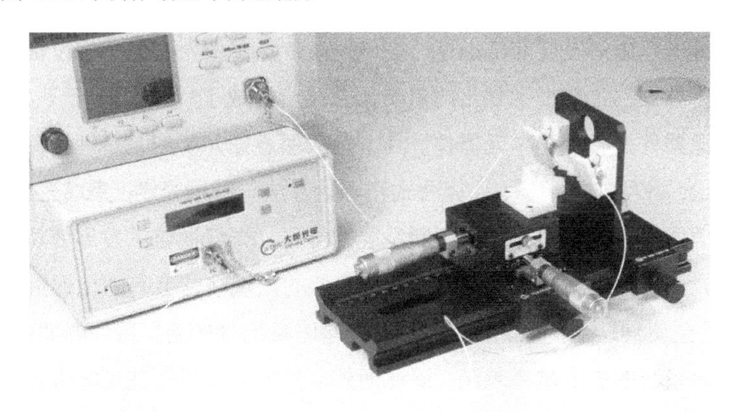

图 12.14 微弯光纤传感器

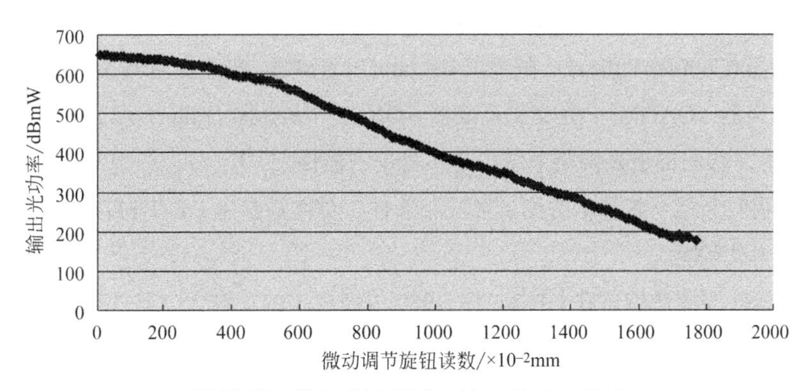

图 12.15 微弯型光纤传感器的实验结果及分析

实验曲线可参考图 12.15，由图可以得出如下结论：

① 光纤微弯时产生微弯损耗，位移与微弯损耗成正比且不是线性关系，这是与理论分析相一致的。

② 在某一区域之间可近似认为是线性区域，从而可用来作为光纤微弯法位移/压力传感器的工作区域。

③ 通过实验所获得的位移-光强实验曲线，可确定适合于光纤微弯法位移/压力传感器的工作区域。

实验 13　光纤无源器件测试实验

近年来，光纤通信发展非常迅速，应用日渐广泛。作为光纤通信设备的重要组成部分，光纤无源器件也取得了长足的进步，并逐步形成了规模产业。

光纤无源器件是一种光学元器件。其工艺原理遵守光学的基本理论，即光纤理论和电磁波理论，各项技术指标、计算公式和测量方法与纤维光学、集成光学息息相关。

光纤无源器件是一门新兴的、不断发展的学科。光纤通信的发展使功能更全、指标更先进的光无源器件不断涌现。一种新型器件的出现往往会有力地促进光纤通信的进步，有时甚至使其跃上一个新的台阶。光纤通信系统对光无源器件的期望越来越大，器件的发展对系统的影响越来越深。除此而外，光纤无源器件在光纤传感和其他光纤应用领域也大有用武之地。

光纤通信元件包括光缆、光有源器件、光无源器件等。光纤无源器件主要包括耦合器/分路器（Coupler/Splitter）、隔离器（Isolator）、衰减器、波分复用/解复用器（WDM）、光分/插复用器（OADM）、光交叉互联器（OXC）、滤波器（Filter）和光开关（Optical Switch）等，它们都是光网络系统中必不可少的器件。

下面我们介绍一些基本的测试环境和条件，具体请参考 GB/T 13713—1992。

（1）测试环境

无源器件的测量应该在 GB 2421—1989 中所规定的正常大气条件下进行，即

温度：15～35℃;

湿度：45%～75%;

气压：85～106kPa。

（2）优先测试条件

光纤类别	多模		单模
光源	LED	LD	LD
峰值波长/nm	>800	>800	>400
功率稳定性/dB①	0.05	0.05	0.05
50%功率处线宽/nm	<100	<5	<3
注入到光纤中的功率/μW②	>10	>500	>500

续表

光纤类别	多模		单模
检测系统			
线性度/dB[③]	0.05	0.05	0.05
动态范围[④]	与光源匹配		
频谱相应			
重复性/dB	0.15	0.15	0.15

① 整个测量周期至少 1h。

② 注入到光纤中的功率不能高到产生非线性散射效应的水平。

③ 检测系统的特性响应不应偏离比规定水平大的线性。

④ 测量系统总稳定性应该在整个测量周期中没有超过规定的变化。

（3）测量应该注意的事项

为了保证包层模不影响测量，应按照规范的规定，依靠光纤本身的衰减作用或靠加一个包层模消除器来消除包层模。

注意保证与器件接口处的斑纹图形不会影响插入损耗的测量。

在器件的整个测试中，每一边的光纤或光缆应该保持固定，并考虑光纤上的应力和最小弯曲半径的影响。

表 13.1 为耦合器的几种老化实验条件和数据。

表 13.1 耦合器的几种老化实验条件和数据（YD/T 893—1997）

序号	实验项目（参照 Bellcore 1209）	插入损耗变化量/dB	分光比变化量
1	振动实验（GB /T2423.10）	≤0.1	≤0.5%
2	冲击实验（GB /T2423.15）	≤0.1	≤0.5%
3	高温实验	≤0.2	≤3%
4	低温实验	≤0.2	≤3%
5	高低温循环实验	≤0.2	≤3%

高温实验条件为：以温度变化速率不大于 1℃/min（不超过 5min 平均值）升至最高温度（85℃），保持恒温 2h，恢复至常温后，进行测试。

低温实验条件为：以温度变化速率不大于 1℃/min（不超过 5min 平均值）降至最低温度（-40℃），保持恒温 2h，恢复至常温后，进行测试。

高低温循环实验：将样品在高温下测量其插损，然后升温至 85℃，保持恒温 30min，然后降温至-40℃，保持 30min，取出在常温下 2h，擦去水珠，测量并记录其插入损耗值，继续进行下一个循环试验。

注意，上面的三个条件和 Bellcore 1209 略有区别，但总的原理是一样的。

前面我们只是简单介绍了一下测试环境，实际中每种器件都有详细的国际通用的测试标准和国标，测试条件、环境、过程等的规定略有区别。下面我们介绍一些基本的概念，以图 13.1 中所示的 $N\times N$ 的器件为例。

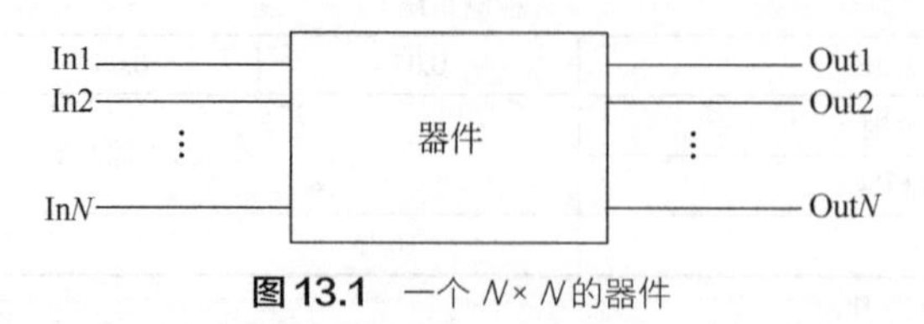

图 13.1 一个 $N\times N$ 的器件

① 插入损耗（*IL*） 插入损耗常简称为插损，指一个输出端口的输出功率和一个输入端口输入功率的比值。插入损耗通常包括两个部分：一部分是器件非理想造成的附件损耗（通常是不期望存在的）；另外一部分是器件本身特性造成的，例如某个端口本身应该输出 20%的输入光，对这个端口来说，本来就应该有 80%的“损耗”。

② 附加损耗（*EL*） 附加损耗通常称为额外损耗。以一个 $N\times M$ 的器件为例，对于某一个输入功率 P_0，我们期望其中的某一个或者某几个端口输出，附加损耗的定义是：

$$EL = 10\lg[(\sum_{i}^{j} P_m) / P_0] \tag{13-1}$$

③ 均匀性（Uniformity） 均匀性通常称为分光比容差，一般是针对光纤耦合器而言的。对于均匀分光的多端口耦合器，各输出端口的光功率的最大相对变化量。均匀性表示为：

$$\Delta L = \max\left|10\lg\left(P_{ij} / \overline{P}_{ij}\right)\right| \tag{13-2}$$

④ 方向性（Directivity） 方向性是衡量器件定向传输特性的参数，通常称为近端串扰（Near-end Crosstalk）或者近端隔离度，对于一个有多个输入端的器件，其中某个端口 I 输入功率 P_i，在其他输入端口中反射回来的光功率 P_j，方向性的定义是：

$$D = -10\lg\left(P_j / P_i\right) \tag{13-3}$$

⑤ 回损（reflectance） 回损是衡量器件定向传输特性的参数，但其定义是回到入射端口的光功率的大小的相对值。

$$R = -10\lg\left(P_r / P_i\right) \tag{13-4}$$

式中，P_{i} 是入射光功率，P_{r} 是反射回入射端口的光功率。

⑥ 偏振相关损耗（PDL，polarization-dependent loss） 通常称为偏振相关灵敏度，表征输入信号在所有偏振状态下，某输出端口的插入损耗的最大相对变化量，用 dB 表示。

⑦ 温度相关损耗（TDL） 通常称为温度相关灵敏度，表征输入信号在使用温度范围内（例如：-25～75℃），某输出端口的插入损耗的最大变化量。

⑧ 隔离度（Isolation） 对于波分复用器来说又称为远端串扰，表征某一个光信号通过分波器后在不期望的波长端口输出的光功率量，用 dB 表示。

对隔离器来说，隔离度定义是隔离器反向输入光信号，输出光功率与输入光功率的比值就是隔离度。有的资料上把隔离器的隔离度定义为正向和反向输入同样的光功率情况下，输出功率的比值。两种定义上的区别为是否有插入损耗，通常使用前面的定义。

⑨ 工作带宽（Optical Bandpass） 表征器件工作时的波长范围，通常是某端口的插入损耗随波长的变化范围，常常用 nm@0.1dB、nm@3dB、nm@20dB 等表示，表示工作波长的峰值功率的 0.1dB、3dB、20dB 处的带宽。

⑩ 偏振模色散（PMD） 表征当两个相互垂直的偏振态入射光信号通过器件后的最大延迟量，常用 ps 表示。

实验 13.1 光纤耦合器的测试

13.1.1 实验目的

① 掌握耦合器部分常用特性（插损、额外损耗、分光比，PDL、方向性）的定义及其简单应用。

② 掌握耦合器部分常用特性的测试方法和基本测量仪器的使用。

13.1.2 实验原理

熔融拉锥光纤耦合器是光纤通信系统中重要的基本器件，可以用作各种比例的功率分路/合路器、波分复用器、光纤激光器的全反镜、非线性光环镜、无源光纤环、Mach-Zehnder 光纤滤波器等；在传感领域可利用其作成 Mach-Zehnder、Michelson、Sagnac、Fabry-Perot 光纤干涉型和光纤环形腔干涉型光纤传感器；此外它还是光纤陀螺仪和光纤水听器及多种光学测量仪器的关键部件。

目前比较先进的熔融拉锥设备不仅能制作各种分光比的标准耦合器，而且可以制作宽带单窗口/双窗口耦合器、偏振无关耦合器、保偏耦合器、多模耦合器、偏振分束器、粗波分复用器、泵浦耦合器等。

图 13.2 可用来表示熔融拉锥光纤耦合器的工作原理。入射光功率在双锥体结构的耦合区发生功率再分配，一部分光功率从“直通臂”继续传输，另一部分则由“耦合臂”传到另一光路。

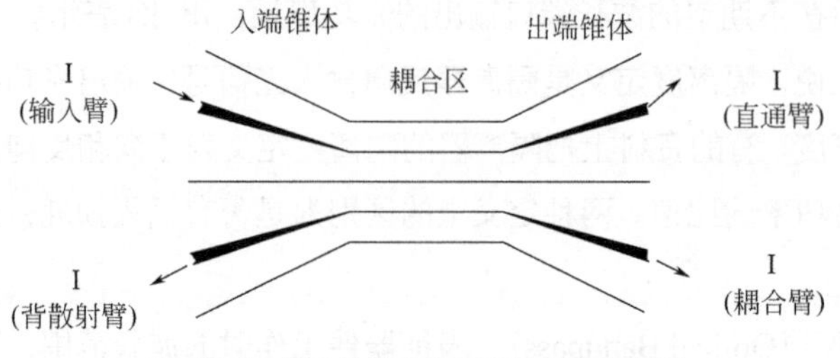

图 13.2 熔融拉锥光纤耦合器的工作原理

在弱导和弱耦近似下，忽略自耦合效应，并假设光纤是无吸收损耗的，则在耦合区有模式耦合方程组:

$$\begin{cases} \dfrac{\mathrm{d}A_1(z)}{\mathrm{d}z} = \mathrm{i}\beta_1 A_1(z) + \mathrm{i}C_{12}A_2(z) \\ \dfrac{\mathrm{d}A_2(z)}{\mathrm{d}z} = \mathrm{i}\beta_2 A_2(z) + \mathrm{i}C_{21}A_1(z) \end{cases} \tag{13-5}$$

式中，$A_1(z)$、$A_2(z)$ 是两根光纤的模场振幅；β_1、β_2 是两根光纤在孤立状态的纵向模传播常数；C_{ij} $(i,j=1,2)$ 是耦合系数。实际中近似有 $C_{12}=C_{21}$，可以求得上述方程组的解为:

$$\begin{cases} A_1(z) = \left\{ A_1(0)\cos\left(\dfrac{C}{F}z\right) + \mathrm{i}F\left[A_2(0) + \dfrac{\beta_1-\beta_2}{2C}A_1(0)\right]\sin\left(\dfrac{C}{F}z\right)\right\}\exp(\mathrm{i}\beta z) \\ A_2(z) = \left\{ A_2(0)\cos\left(\dfrac{C}{F}z\right) + \mathrm{i}F\left[A_1(0) - \dfrac{\beta_1-\beta_2}{2C}A_2(0)\right]\sin\left(\dfrac{C}{F}z\right)\right\}\exp(\mathrm{i}\beta z) \end{cases} \tag{13-6}$$

式中，$F=\left[1+\dfrac{(\beta_1-\beta_2)^2}{4C^2}\right]^{-1/2}$；耦合系数 $C=\dfrac{(2\Delta)^{1/2}U^2K_0^2(Wd/\rho)}{\rho V^3 K_1^2(W)}$；$\rho$ 是光纤半径；d 是两光纤中心的距离；U 是纤芯横向传播常数；W 是包层横向衰减常数；V 是孤立光纤的归一化频率；K_0、K_1 是零阶和一阶修正第二类 Bessel 函数。

这里已假定光功率由一根光纤注入，初始条件为 $P_1(0)=1, P_2(0)=0$。显然，F^2 代表着光纤之间耦合的最大功率。当两根光纤相同时，有 $\beta_1=\beta_2$，则 F=1，式（13-6）就蜕变为标准熔融拉锥单模光纤耦合器的功率变换关系式

$$\begin{cases} P_1(z)=\left|A_1(z)\right|^2=1-F^2\sin^2\left(\dfrac{C}{F}z\right) \\ P_2(z)=\left|A_2(z)\right|^2=F^2\sin^2\left(\dfrac{C}{F}z\right) \end{cases} \tag{13-7}$$

耦合器是光通信技术中一种重要的光无源器件，简言之，耦合器就是一类能使传输中的光信号在特殊结构的耦合区发生耦合，并进行再分配的器件。主要应用于光纤通信系统、光接入网、光纤 CATV 系统、无源光网络（PON）、光纤传感技等领域。耦合器的常用参数有插入损耗、额外损耗、分光比、偏振相关损耗和方向性等，下面给出具体描述。

① 插入损耗（*IL*） 插入损耗定义为指定输出端口的光功率相对输入光功率的减少值。

$$IL=-10\lg\frac{P_{\text{out}_i}}{P_{\text{in}}} \tag{13-8}$$

② 额外损耗（*EL*） 额外损耗是指所有输出端口光功率总和相对于全部输入光功率的减小值。

$$EL=-10\lg\frac{\sum P_{\text{out}}}{P_{\text{in}}} \tag{13-9}$$

额外损耗是体现器件制造工艺质量的指标，反映的是器件制作过程中带来的固有损耗；而插入损耗则表示各个输出端口的输出功率状况，不仅有固有损耗的因素，更考虑了分光比的影响。一般情况下，耦合器的损耗小于 0.2dB。

③ 分光比（*CR*） 分光比是耦合器所特有的技术术语，它定义为耦合器各输出端口输出功率占总输出功率的份额，一般用百分比来表示。

$$CR=\frac{P_{\text{out}_i}}{\sum P_{\text{out}}}\times 100\% \tag{13-10}$$

④ 偏振相关损耗（*PDL*） 偏振相关损耗是衡量器件性能对于传输光信号偏振态敏感程度的参量，又称偏振灵敏度。它是指当传输光信号的偏振态发生 2π 变化时，器件的各个输出端口输出光功率的最大变化量。

$$PDL=-10\lg\frac{\text{MIN}\left(P_{\text{out}_j}\right)}{\text{MAX}\left(P_{\text{out}_j}\right)} \tag{13-11}$$

在实际应用中，光信号偏振态的变化是经常发生的，因此，往往要求器件有足够小的偏振相关损耗，否则将直接影响器件的使用效果。

⑤ 方向性（DL）和回损（RL） 方向性也是耦合器的一个重要技术指标，它是衡量器件定向传输特性的参数。

$$DL = -10\lg\frac{P_{in2}}{P_{in1}} \tag{13-12}$$

回损是衡量器件定向传输特性的参数，但其定义是回到入射端口的光功率的大小的相对值。

$$RL = -10\lg\frac{P_2}{P_1} \tag{13-13}$$

式中，P_1是入射光功率；P_2是反射回入射端口的光功率。

13.1.3 实验步骤

（1）耦合器插入损耗、额外损耗、分光比的测量（插入法）

图 13.3 为光纤耦合器测试的实验装置图。图 13.4 为插入损耗、额外损耗和分光比的测试原理图。

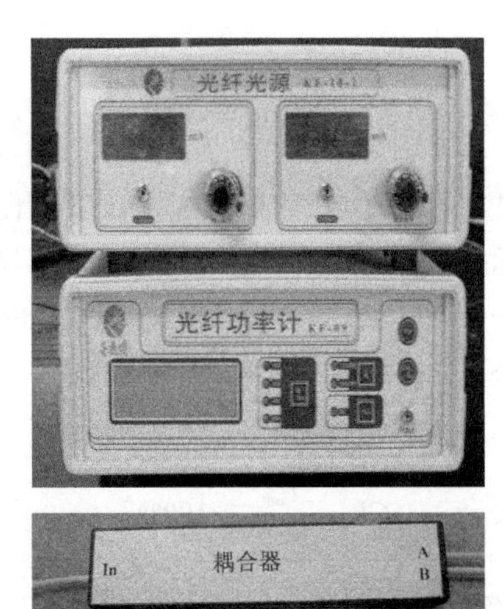

图 13.3 光纤耦合器测试的实验装置图

① 将跳线一端接在光纤光源的测试使用波长端口，另一端接功率计。接通主机光源和功率计电源，待稳定后记录下光源的输出功率 P_{in}。

② 取下跳线。将耦合器的输入端接在光纤光源的输出端，耦合器的两个输出端口分别接功率计的输入（Input）端口（注意保持其他所有环境条件不变，包括光纤位置等）。

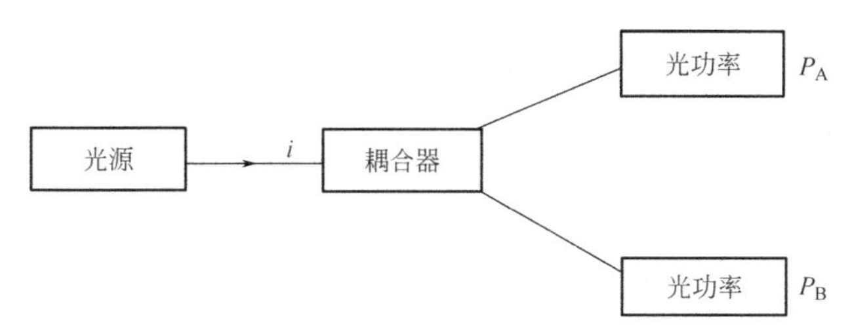

图 13.4 插入损耗、额外损耗和分光比的测试原理图

③ 分别将耦合器的两个输出端的功率值记入表 13.2。

表 13.2 实验结果数据记录表

序号	测试波长	P_{in}	P_A	P_B
耦合器Ⅰ	1310nm			
	1550nm			
耦合器Ⅱ	1310nm			
	1550nm			
耦合器Ⅲ	1310nm			
	1550nm			
耦合器Ⅳ	1310nm			
	1550nm			

④ 利用公式计算插入损耗、额外损耗和分光比。

⑤ 将光源工作电流调整为零，关闭光源与功率计。

(2) 方向性和回损的测量

① 测量尾纤型光纤耦合器的方向性

如图 13.5 所示测量耦合器反射回到端口 2 的光功率 P_2。一般需在光纤空闲端面处放置匹配液或者绕很小的环，让光纤的端面没有光反射，这里由于端面为 APC 端面，所以不用考虑。

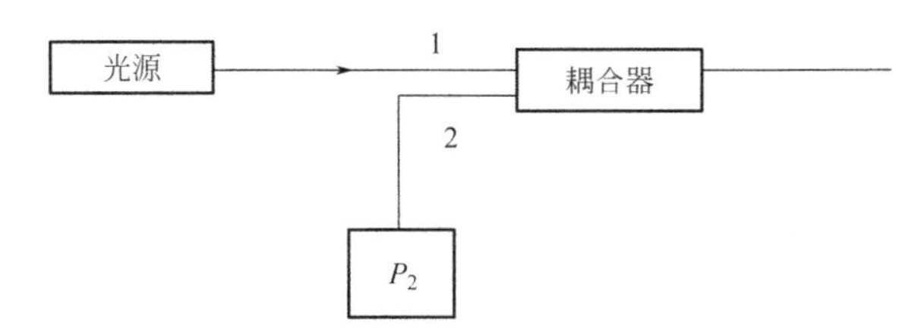

图 13.5 尾纤型耦合器方向性测量原理

使用一根标准跳线代替耦合器。直接测量光源输出功率 P_1（注意保持其他所有条件不变，包括光纤位置等）。

按下列公式计算出光纤耦合器的方向性。

$$DL = -10\lg\frac{P_2}{P_1} \tag{13-14}$$

式中，DL 为方向性；P_1 为输入光功率；P_2 为 2 端口输出光功率。

② 测量尾纤型光纤耦合器的回损

如图 13.6 所示测量耦合器反射回到端口 2 的光功率 P_3。

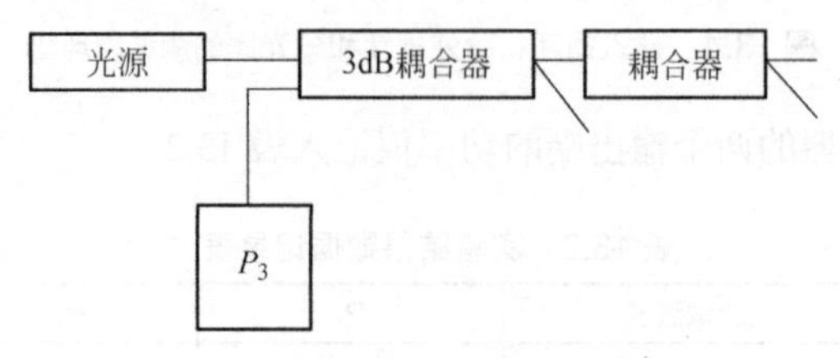

图 13.6 尾纤型耦合器回损测量原理

使用一根标准跳线代替耦合器。直接测量光源输出功率 P_1（注意保持其他所有条件不变，包括光纤位置等）。

按下列公式计算出光纤耦合器的回损。

$$RL = -10\lg\frac{4P_3}{P_1} \tag{13-15}$$

式中，RL 为回损；P_1 为输入光功率；P_3 为返回光功率。

一般正常的耦合器的方向性和回损都大于 50dB，这里为了让同学能够测量出回损和方向性，所以部分耦合器故意降低了方向性和回损。

（3）偏振相关损耗的测量

测量尾纤型光纤耦合器 A 端口的偏振相关损耗（PDL），方法如下。

如图 13.7 所示光源输出的光测量经过偏振控制器后，再经过待测耦合器，在功率计上测量 A 端口光功率值。

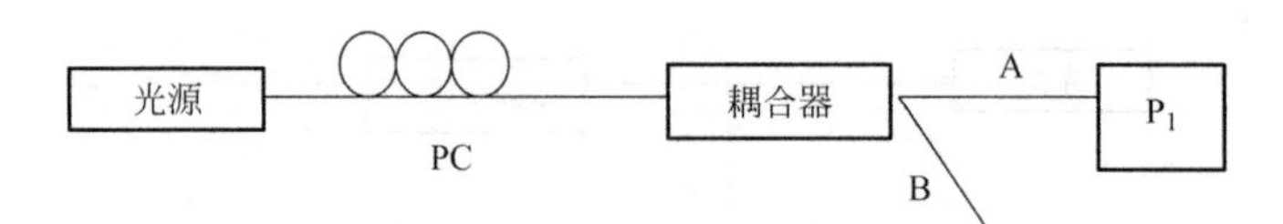

图 13.7 尾纤型耦合器偏振相关损耗的测量原理

改变偏振控制器状态，尽可能地获得所有状态，记录下最大 P_{max} 和最小 P_{min} 输出功率，填入表 13.3。为了方便计算，单位使用 dBm。

按下列公式计算出光纤耦合器的 PDL，单位为 dB（一般耦合器的 PDL 小于 0.1dB）。

$$PDL = P_{max} - P_{min} \tag{13-16}$$

表 13.3　实验结果数据记录表

	耦合器 Ⅰ	耦合器 Ⅱ	耦合器 Ⅲ	耦合器 Ⅳ
P_{max}/dBm				
P_{min}/dBm				

13.1.4　实验注意事项

① 不可直视光纤光源出光口。

② 保持光纤端面清洁。使用完毕，立即盖上保护套。

③ 实验过程中，保证各接口连接紧密。光纤不可打结，缠绕。

④ 请细致温和地对待各实验元件。

思考题

① 插入法测量插损过程中，可能引入哪些不确定因素造成误差?

② 50∶50 的耦合器的插入损耗是多大? 为什么把它叫 3dB 耦合器?

③ 耦合器可以把能量分配到两个端口（额外损耗很小），如果反过来有两束单独的光信号从两个端口输入，这两束光能不能都回到原来的输入端呢（合束）？假设反过来入射的两个光来自两个独立的光源。

④ 式（13-11）和式（13-16）是否不同?

⑤ 式（13-13）和式（13-15）为什么相差一个系数 4?

实验 13.2　光纤隔离器的特性和参数测试

13.2.1　实验目的

① 了解光纤隔离器的工作原理及基本结构。

② 熟悉光纤隔离器在光纤通信系统中的应用。

13.2.2　实验原理

高速率的光纤通信系统要求激光光源非常稳定，为此应尽可能减少负载回到激光器的反射光。光隔离器是光正向通过时衰减很小，但反向通过时衰减很大的器件。

光隔离器相当于一种光非互易传输耦合器，所依据的基本原理是法拉第磁光效应。即当光波通过置于磁场中的法拉第旋光片时，光波的偏振方向总是沿与磁场（H）

方向成右手螺旋的方向旋转，而与光波的传播方向无关。这样，当光波沿正向和反向两次通过法拉第旋片时，其偏振方向旋转角将叠加而不是抵消，这种现象成为“非互易旋光性”

在图 13.8 中，当光从左到右传播，左边的起偏器将其偏振面确定在 0°，经过合适长度的旋光片旋光后，偏振面旋转了 45°，正好顺利通过安放在 45°上的第二个起偏器。但如有反射光回来在逆方向上再次通过旋光片时，其偏振面会在原方向上再次转 45°。叠加的效果相当于偏振面正好垂直于左边的起偏器，光无法通过，从而实现单向传输光隔离的功能。

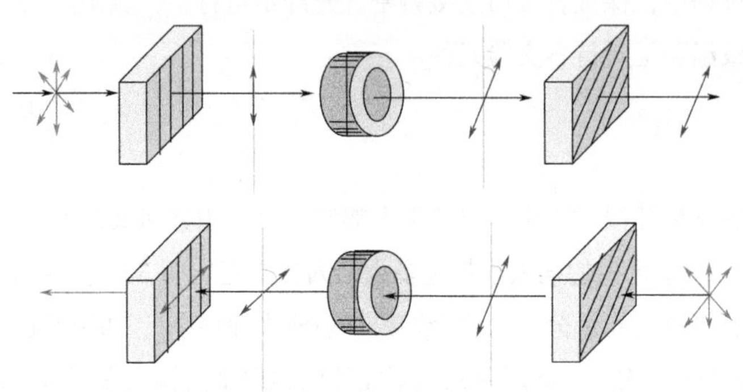

图 13.8 隔离器工作基本原理图

衡量光隔离度性能的主要参数如下：

① 插入损耗　插入损耗是隔离器的重要技术指标，其来源主要有偏振器、法拉第旋转芯片和光纤准直器的插入损耗。

隔离器的插入损耗测试原理如图 13.9 所示。需要注意的是：光源的波长必须在工作波长的范围内，并使任何可能注入的高次模得到足够的衰减，使隔离器的输入端和检测器处仅有基模传输；光信号沿隔离器的正向输入。

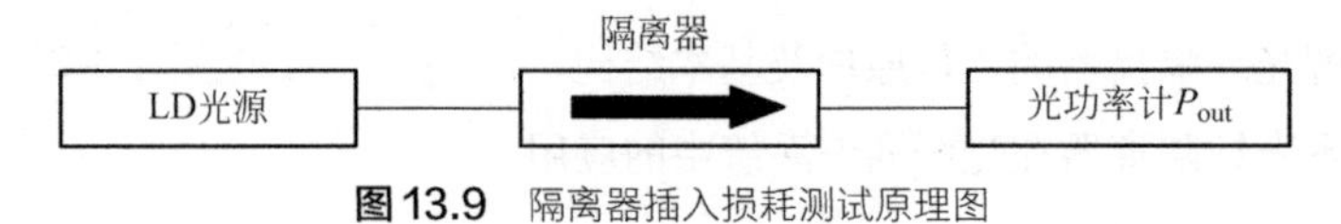

图 13.9 隔离器插入损耗测试原理图

正向插入损耗 IL，定义为正向传输时输出光功率与输入光功率之比：

$$IL = 10\lg\frac{P_{in}}{P_{out}} \tag{13-17}$$

式中，IL 为回损；P_{in} 为输入光功率；P_{out} 为输出光功率。

② 隔离度　隔离度是隔离器最重要的技术指标之一，表征了隔离器对反向传输光的衰减能力。主要受如下一些因素的影响：偏振器距法拉第旋转器的距离、各个光

学元件的表面反射率、偏振器的楔角与间距等。隔离度的测试原理如图 13.10 所示。

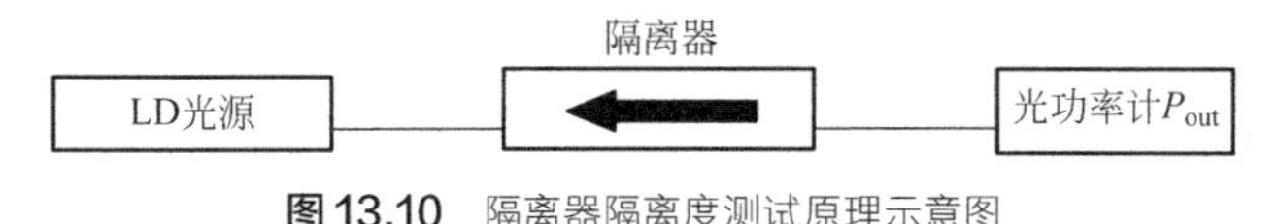

图 13.10 隔离器隔离度测试原理示意图

反向隔离度 ISO，定义为反相传输时输出功率与输入功率之比:

$$ISO = 10\lg\frac{P_{in}}{P_{out}} \tag{13-18}$$

式中，ISO 为回损；P_{in} 为输入光功率；P_{out} 为返回光功率。

注意，隔离度常常有两种定义，常见的如上述所介绍的，还有一种是相同功率光源正向通过的功率和反向通过的功率的比值。这两种定义上仅仅差一个插损值，因为插损值和隔离度相比很小，所以两者基本一致。多数情况下使用的是前者。

③ 偏振相关损耗　偏振相关损耗与插入损耗不一样，是指当输入光的偏振态发生变化而其他参数不变时器件的插入损耗的最大变化量，是衡量器件插损受偏振态影响程度的指标。隔离器偏振相关损耗测试原理如图 13.11 所示。

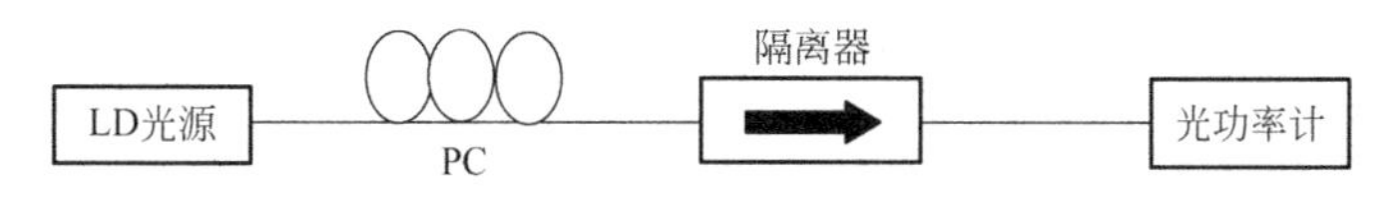

图 13.11 隔离器偏振相关损耗测试原理示意图

隔离器 PDL 的测量和计算方法与光纤耦合器相同，请参照 13.1.3。

需要注意的是隔离器的 PDL 会因为隔离器的种类、工作波长等差异很大，这一点可能和耦合器不同，例如偏振无关隔离器的 PDL 可能很小，而偏振相关 PDL 很大。

④ 回波损耗　隔离器的回波损耗 RL 是指正向入射到隔离器的光功率和沿输入路径返回隔离器输入端口的光功率之比，这是一个相当重要的指标，因为如果隔离器的回波强，那么其对系统回返光进行控制的同时，自身也会给系统带来一定的反射。隔离器的回损测量原理如图 13.12 所示。隔离器 RL 的测量和计算方法与光纤耦合器相同，请参照 13.1.3。

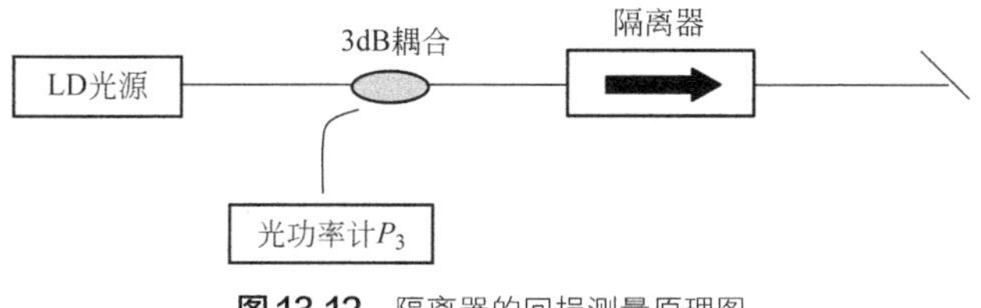

图 13.12 隔离器的回损测量原理图

13.2.3 实验步骤

利用耦合器测试实验的过程，自行设计实验方案测量隔离器的插入损耗、隔离度、偏振相关损耗和回波损耗。

思考题

① 隔离器的核心工作原理是什么?

② 漆黑的晚上，在屋子外面可以透过窗户看清楚亮灯屋子内部的情况，可是在屋子内部就看不见屋子外面的情况，请问这种情况和隔离器相同吗?

实验 13.3 波分复用/解复用器的测试

13.3.1 实验目的

① 了解波分复用/解复用器的特性及其简单应用。

② 掌握波分复用/解复用器的测试方法和基本测量仪器的使用。

13.3.2 实验原理

实现波分复用/解复用滤波器的技术包括很多种，这里我们只对几种流行的技术简单介绍，主要有薄膜干涉型滤波器，平面波导型（AWG）、光纤光栅型、光纤熔融级联 MZ 干涉仪型以及衍射光栅型滤波器等。

介质薄膜干涉滤波器是使用最广泛的一种滤波器，主要应用在 400～200GHz 频率间隔的低通道波分复用系统中。这种技术十分成熟，可以提供良好的温度稳定性和通道隔离度和很宽的带宽。主要工作原理是在玻璃衬底上镀膜，多层膜的作用使光产生干涉选频，镀膜的层数越多选择性越好，一般都要镀 200 层以上。镀膜后的玻璃经过切割、研磨，再与光纤准直器封装在一起。这种技术的不足之处在于要实现频率间隔 100GHz 以下非常困难，限制了通道数只能在 16 以下。

平面波导型滤波器主要是一种阵列波导光栅（AWG）。制作原理是在硅材料衬底上镀多层玻璃膜（形成光栅），玻璃的成分必须仔细选定以产生合适的折射率。这些玻璃层按一定形状用光刻，反应离子刻蚀等标准的半导体工艺制备在硅衬底上。同样地，入射光在光栅中产生干涉滤波。这种技术的难点在于制作波导光栅，即控制玻璃膜的厚度、成分与缺欠等。这种器件的优点在于集成性，频率间隔可以达到 100GHz，

50GHz 的器件也可以做出来。缺点是温度稳定性不好，插入损耗较大。

基于光纤的滤波器主要是长周期或短周期的光纤光栅以及熔融 MZ 干涉仪型的结构。这些器件特别是后者可以提供非常窄的频率间隔。最好时可以做到 2.5GHz (0.04nm)，理论上在 C 波段就可以容纳 1600 个通道复用。插入损耗与一致性也非常好。光纤光栅是通过紫外光在高掺锗或普通氢载光纤上按一定的掩膜刻制光栅的器件。长周期光纤光栅还具有宽带滤波的性能，特别适合制作 EDFA 增益平坦的滤波器。光纤光栅器件的困难在于温度稳定性，由于光栅的中心波长会随温度而变化，所以实用化的器件必须解决这个问题。

商品化的器件与实验室产品最重要的区别就是可靠性是否符合标准。由于新一代器件使 DWDM 系统的频率间隔进一步缩小，通道数进一步增加，器件一旦发生问题对于整个系统带来的影响也变得更加严重。作为 DWDM 系统核心器件的滤波器的可靠性必须过关。图 13.13 为 DWDM 滤波器制作技术的比较。

目前光器件可靠性测试的两个主要标准是 Bellcore GR1209 与 GR1221。这其中可能最困难的就是温度与湿度储存实验。

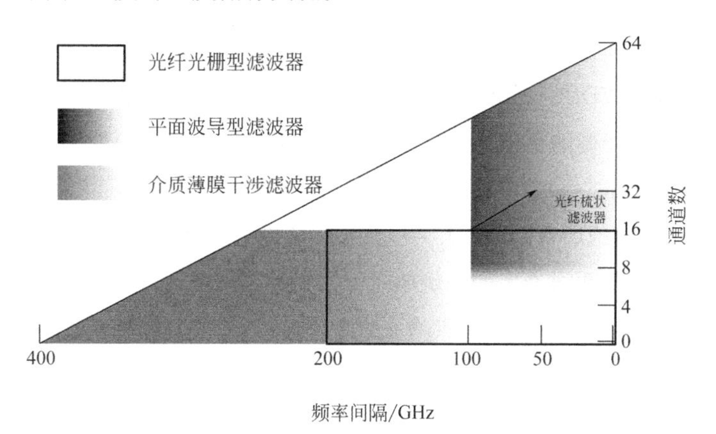

图 13.13 DWDM 滤波器制作技术的比较

为实现 50GHz 间隔的密集波分系统同时避免器件技术的过分复杂和太高成本，2000 年 3 月的 OFC 展览上，多家公司纷纷提出一种群组滤波器，Chroum 公司称之为 Slicer, Wavesplitter、JDS Uniphase 等公司称之为 Interleaver。

这种器件的基本工作原理如图 13.14 所示，通过两个分别频率间隔为目标间隔两倍的普通复用/解复用器的组合使用，一个专门配合偶数的频道数，一个专门配合奇数频道数，再配合一个可以将信号按奇偶分开的 Interleaver，就可以实现 50GHz 的频率间隔。

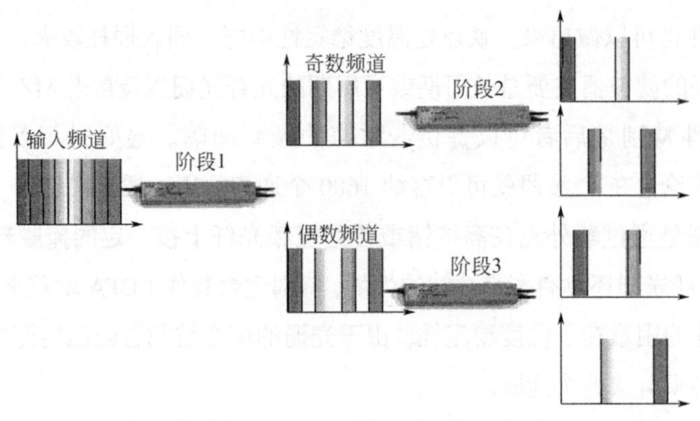

图 13.14 Interleaver 的工作示意

可以说 Interleaver 的出现使许多传统滤波器技术在密集波分复用的新应用中重新找到了自己的位置，大大减低了器件设计制作的压力，降低了整个系统的成本。这种器件利用两束光的干涉，干涉产生了周期性的原来信号波长重复整数倍的输出，通过控制干涉的边缘图案就可以选择合适的频率组输出。换句话说通过合适的干涉参数设计可以使 Interleaver 的通过谱成为类似梳状波的形状。Interleaver 可以通过熔融拉锥的干涉仪、液晶、双折射晶体、GT 镜等方案实现。

波分复用器（WDM）的工作原理来源于物理光学，如利用介质薄膜的干涉滤光作用、利用棱镜和光栅的色散分光作用、利用熔融拉锥的耦合模理论等。波分复用器的光学特性主要如下。

① 中心波长（或通带）λ_1、λ_2、…、λ_{n+1}　它是由设计、制造者根据相应的国际、国家标准或实际应用要求选定的。例如对于密集型波分复用器 ITU-T 规定在 1550nm 区域，1552.52nm 为标准波长。其他波长规定间隔 100G（0.8nm），或取其整数倍作复用波长。

② 中心波长工作范围 $\Delta\lambda_1,\Delta\lambda_2$　对于每一个工作通道，器件必须给出一个适应于光源谱宽的范围。该参数限定了我们所选用的光源（LED 或 LD）的谱宽宽度及中心波长位置。

③ 中心波长对应的最小插入损耗 L_1、L_2　该参数是衡量解复用器的一项重要指标，设计、制作者及使用者都希望此值越小越好。此值以小于“X” dB 表示。

④ 相邻信道之间隔离度（串扰）ISO12、ISO23　如果以不同端口作为输入端口，其插入损耗最小值分布在端口所对应的中心波长附近。以 N 个端口作为输入端时，每一端口各种光学参数的规定、测量与解复用器相同。

⑤ 还有插入损耗、附加损耗、偏振相关损耗、回波损耗等。其中插损、附加损

耗、偏振相关损耗、回波损耗的测试内容参阅耦合器的相关测试，基本原理和方法大同小异此处不再赘述。下面主要介绍一下隔离度（串扰）的测试。

隔离度（串扰）是度量信道之间相互干扰的参数，当 WDM 用作分波时，每个输出端口对应一个特定的标称波长 $\lambda_j\left(j=1,2,3...\right)$，从第 i 路输出端口测得的该标称信号的功率 $P_i\left(\lambda_i\right)$ 与第 j 路输出端口测得的串扰信号 $\lambda_i\left(i\neq j\right)$ 的功率 $P_j\left(\lambda_i\right)$ 之间的比值，定义为第 j 路对第 i 路的隔离度；从第 j 路输出端口测得的串扰信号 $\lambda_i\left(i\neq j\right)$ 的功率 $P_j\left(\lambda_i\right)$ 与第 i 路输出端口测得的该路标称信号的功率 $P_i\left(\lambda_i\right)$ 的比值定义为第 i 路对第 j 路的串扰。

总之，隔离度和串扰是一对相关的参数，A 通道对 B 通道的隔离度与 B 通道对 A 通道的串扰用 dB 表示时绝对值相等，符号相反。在本实验中，我们测量 13/15WDM 的隔离度和串扰，测试方案如图 13.15 所示。

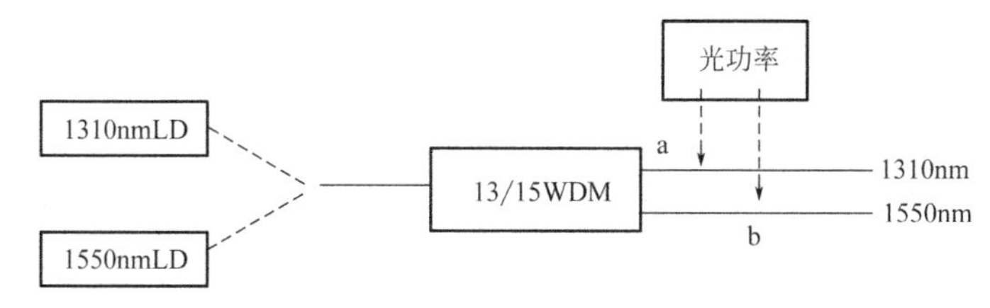

图 13.15　13/15WDM 的隔离度和串扰的测试

本实验选用的波分复用/解复用器是熔融拉锥型的 13/15 的 WDM，它的核心原理是耦合模理论，工作波长分别是 1310nm/1550nm，对应着目前光纤的两个低损耗窗口，是最简单的波分复用系统中使用的基本器件。

13.3.3　实验步骤

利用耦合器测试实验的过程，自行设计实验方案测量普通 WDM 和高隔离度 WDM 的插入损耗、隔离度、PDL。

思考题

① WDM 和耦合器的主要区别是什么?

② 如果把图 13.15 反过来输入光，是否能达到合波的作用（复用）？

③ 试着用 3 个普通 WDM 搭建一个高隔离度的 WDM?

实验 13.4　光纤衰减器特性实验

13.4.1　实验目的

① 了解光纤衰减器的结构和工作原理。

② 熟悉光纤衰减器在光通信系统中的应用。

13.4.2　实验原理

光纤衰减器是用来在光纤线路中产生可以控制的衰减的一种无源器件。在许多实验或者产品测试等中，可能需要测量高功率光信号特性，如果功率过高，比如光放大器的强输出，则在测量前，信号需要经过精确衰减，这样做是为了避免仪器损坏或者测量的过载失真。例如在短距离小系统光纤通信中，光衰减器用来防止到达光端机的光功率过大而溢出接收动态范围；在光纤测试系统中，则可用衰减器来取代一段长光纤以模拟长距离传输情形。

目前，作为衰减器的衰减原理有很多：电光、声光、磁光、液晶、偏振、空间光缆、衰减片、MEMS 等原理都能实现衰减，但真正使用较多的却是一种原理非常简单、成本低廉的衰减器，它的外形和光纤法兰盘一模一样，这种衰减器的缺点是回损差，精确度偏差，对于高精度要求不足，但由于其成本低、适合批量生产，所以目前占有绝对市场，具体外形如图 13.16 所示。

图 13.16　普通的固定衰减器外形

这种衰减器利用了两根光纤端面间距和角度不同的情况，引入的插入损耗为：

$$L_{\mathrm{SMeff}} = -10\log[\frac{64n_1^2 n_3^2 \sigma}{(n_1 + n_3)^4 q}\exp(-\frac{\rho u}{q})] \tag{13-19}$$

其中：

$$
\begin{cases}
\rho=(kW_1)^2; \\
u=(\sigma+1)F^2+2\sigma FG\sin\theta+\sigma(G^2+\sigma+1)\sin^2\theta; \\
q=G^2+(\sigma+1)^2; \\
F=d/(kW_1^2); \\
G=s/(kW_1^2); \\
\sigma=(W_2/W_1)^2; \\
k=2\pi n_3/\lambda。
\end{cases}
\tag{13-20}
$$

式中，n_1为光纤纤芯的折射率；n_3为光纤端面间的介质折射率；λ为光源的波长；d为横向偏移；s为纵向偏移；θ为角度对准误差；W_1为 1/e 发送光纤的模场直径；W_2为 1/e 接收光纤的模场直径。实现的办法是在套管中加一个固定厚度的环（固定衰减器），使两个端面之间有距离固定 d，由式（13-19）可见，如果 d 不同，则在光路中将会引入了一个固定的插损（衰减量）。

可变衰减器有很多种，可分为手动、电动、数字等多种控制方式，如图 13.17 所示为一种间距可调的可变衰减器。如图 13.17（a）所示，中间的定位销可以在划槽中前后移动，这样两个光纤端面就可以得到不同的间距。固定螺母可以使定位销固定在某个位置，如图 13.17（b）所示，这样就得到了某个损耗的固定衰减，从而形成一个简易的可调衰减器，这种衰减器在回损要求不高的系统中广泛使用。

(a)

(b)

图 13.17 一种间距可调的可变衰减器

光通信的发展，对光衰减器性能的要求是：插入损耗低、回波损耗高、分辨率线性度和重复性好、衰减量可调范围大、衰减精度高、器件体积小、环境性能好。

衰减量和插入损耗是光衰减器的重要技术指标。固定光衰减器的重要指标实际上就是其插入损耗，但在实际使用中还需要注意波段，不同波长的衰减器是不能通用的，例如1310nm的5dB衰减器在1550nm的光路里就不是5dB的衰减，而可变光衰减器除了衰减量外，还有单独的插入损耗指标要求。高质量可变光衰减器的插入损耗在1.0dB以下。一般情况下，普通可变光衰减器的该项指标小于3.0dB即可使用。

13.4.3 实验步骤

利用耦合器测试实验的过程，自行设计实验方案测量法兰式固定衰减器和法兰式可变衰减器的衰减值（插入损耗）。

思考题

对于法兰式固定衰减器，除了看标签外，还有什么方法可以区分它和法兰盘的区别?

实验 14　单透镜实验

14.1　实验目的

① 学会在 Zemax 中输入基本的数据。

② 了解 Ray Fan、OPD、Spot Diagrams 等光学系统质量评价函数。

③ 掌握 Thickness Solve 以及 Variables 设置。

④ 初步掌握简单的光学优化。

14.2　实验内容

设计一个单透镜：要求波长为可见光，数值孔径为 4，焦距为 100mm，光学材料使用 BK7。为了简单起见，仅考虑轴上视场。

14.3　实验步骤

（1）确定系统参数：数值孔径、波长和视场

① 数值孔径的计算及设置

数值孔径，通常用 F#表示，指光学系统的焦距和通光孔径之比，即

$$F\# = f/D \tag{14-1}$$

将 f=100mm、F#=4 代入式（14-1），可得通光孔径为 25mm。

下面我们打开 Zemax 软件，将通光孔径数据输入 Zemax。如图 14.1（a）所示，在 Zemax 的菜单栏打开“System->General...”，出现了如图 14.1（b）所示的设置，我们选择孔径 Aperture 的界面。Zemax 允许用户有多种孔径设置的方案，这个实验中我们已计算得到通光孔径为 25mm，因此在“Aperture Type”中选择入瞳直径“Entrance Pupil Diameter”，将数值 25 填入到“Aperture Value”这一栏中，并按“确定”按钮。

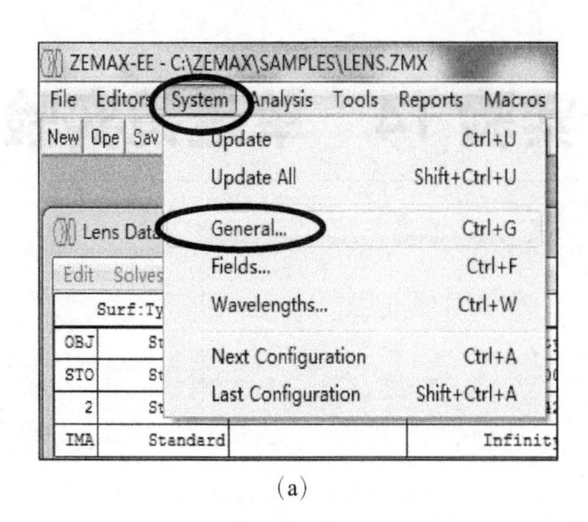

(a)

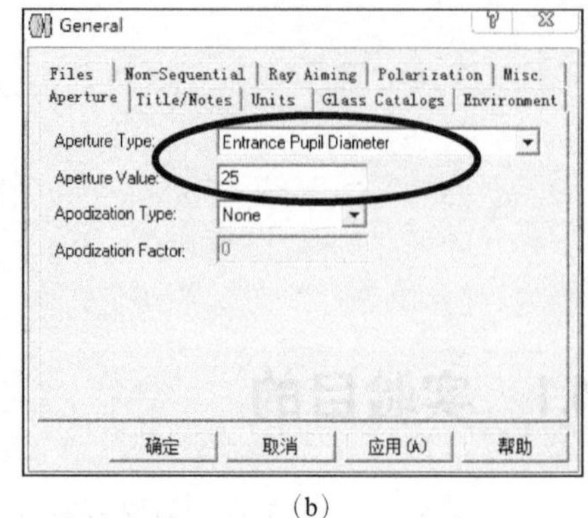

(b)

图 14.1 通光孔径的设置方法

② 视场的确定及设置

系统仅要求考虑轴上视场。我们知道，对于单透镜来说，无穷远入射的光线如果会聚到光轴上的话，这些光线一定是正入射的。因此，轴上视场意味着我们仅需要考虑物方视场角为 0° 的情况即可。

如图 14.2（a）所示，在 Zemax 的菜单栏点击“System->Fields...”，出现了如图 14.2（b）所示的窗口。Zemax 允许用户有多种视场设置的方案，这个实验中我们已知物方入射角为 0°，因此选中“Angle（Deg）”，并只勾选 1 个视场，将 *X* 方向和 *Y* 方向的物方入射角都设置为 0。并按下“OK”按钮。

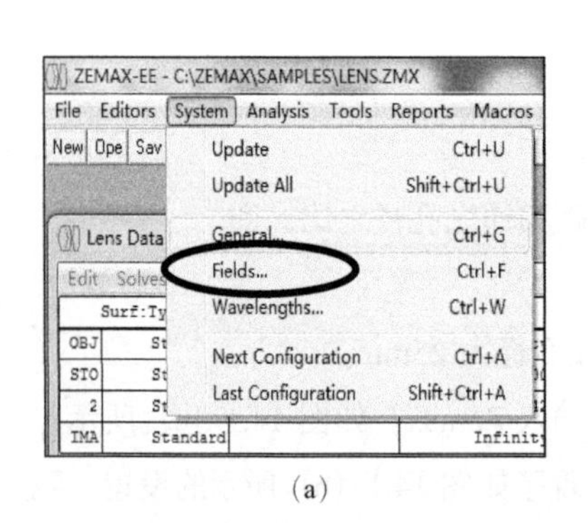

(a)

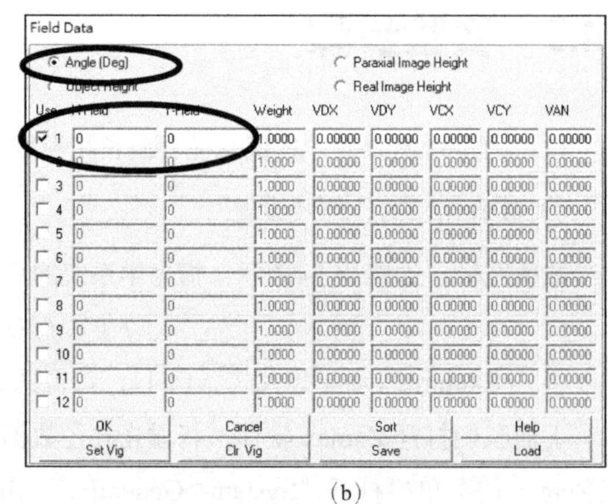

(b)

图 14.2 视场的设置方法

③ 波长的确定及设置

系统要求在可见光范围内进行使用，而可见光的波长范围为 400～700nm。我们无法将所有波长都设置到 Zemax 中去，因此我们通常取三个特殊的波长：F 光、d 光和 C 光，分别对应 486nm 的蓝光、587nm 的绿光和 656nm 的红光。

如图 14.3（a）所示，在 Zemax 的菜单栏点击“System->Wavelengths...”，出现了如图 14.3（b）所示的窗口，注意到 Zemax 在波长设置中用的单位是微米，和其他的长度单位不一致。这个实验中，有两种设置波长的方式：其一，勾选左侧的三个方框，并依次输入 0.486，0.587 和 0.656；其二，在窗口最下方的下拉菜单中，选择“F，d，C（Visible）”，并按下“Select->”这个按钮，此时上面的波长设置栏中自动跳出 0.486，0.587 和 0.656（这里省略第三位后面的小数）。注意到，最右侧可以选择哪个波长作为主波长（Primary Wavelength），用来计算焦距等光学系统近轴数据（Paraxial Optics），我们在这里选择 0.486 的蓝光。最后按下“OK”按钮。

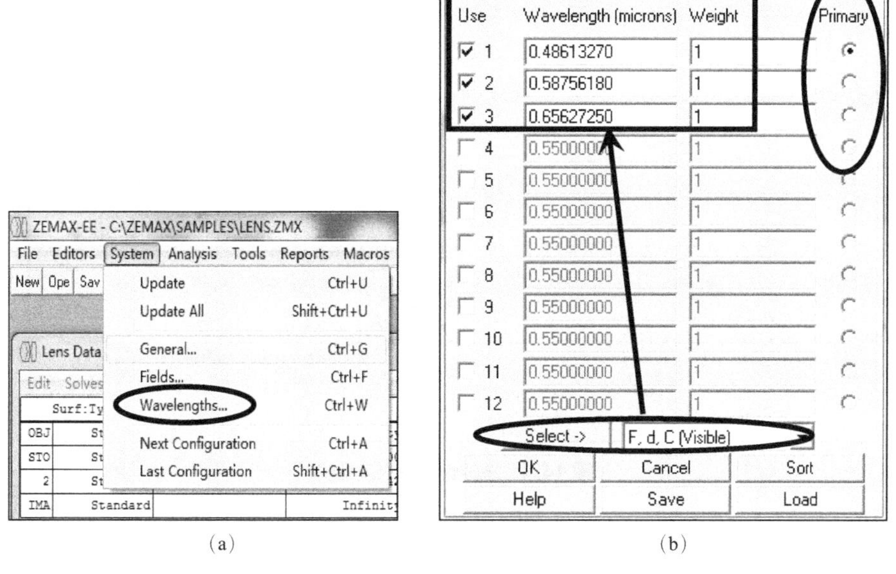

图 14.3 波长的设置方法

（2）初始结构的设置

如图 14.4 所示，一个单透镜系统至少包含四个面，包括物面（OBJ），透镜的前后两个面（图 14.4 中分别用 1 和 2 表示），像面（IMA）。实际上，还存在一个光瞳面（STOP，Zemax 中简称为 STO），指的是光学系统的光束起限制作用的光学元件，它既可以是独立设置的带圆孔或方孔等不同形状的不透光屏，也可以光学元件本身的边框。这个实验中，我们采用的是光瞳和单透镜的第一个表面重合的情况，因此可以在图 14.4 中看到，第 1 面的序号已由“STO”替代。

图 14.4 中的四个面之间的距离分别构成了①物距（物面和第 1 面之间的轴上距离），②透镜厚度（第 1 面和第 2 面之间的轴上距离），③像距（第 2 面和像面之间的轴上距离），这三个距离在“Lens Data Editor”里面的“Thickness”中进行设置，如图 14.5 中①②③所示。同时对于一个球面单透镜来说，我们还需要设置前后两个表面的曲率半径④和⑤，这两个数据体现在“Lens Data Editor”里面的“Radius”中，如图 14.5 中④和⑤所示。注意到曲率半径越小，说明曲面弯曲得越大；反之，曲率半径越大，曲面越平。如果曲率半径为无穷大，则为平面。曲率半径可正可负，如果为正，则说明曲率中心在曲面的右侧；如果为负，说明曲率中心在曲面的左侧。光学材料则在“Lens Data Editor”里面的“Glass”中设置，直接输入玻璃名称即可。如果是空白，则说明介质为空气。

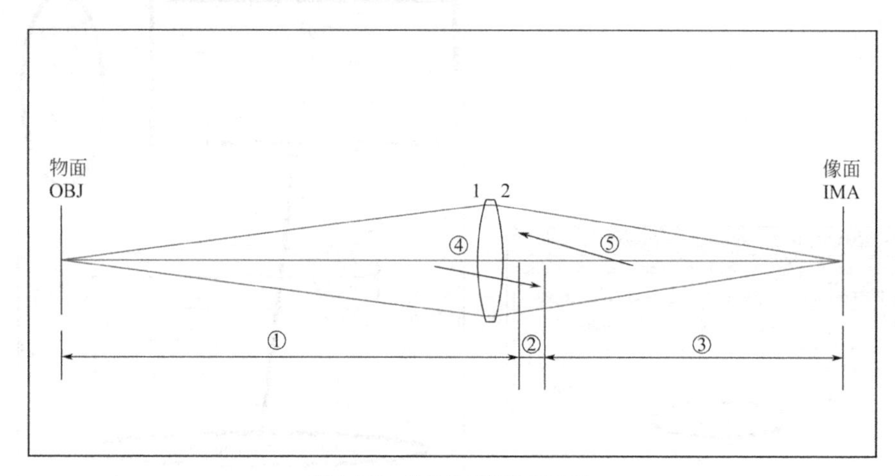

图 14.4 单透镜系统的示意图

Lens Data Editor

Edit Solves Options Help

Surf:Type		Comment	Radius	Thickness		Glass
OBJ	Standard		Infinity	①100.000000		
STO*	Standard		④ 50.000000	② 6.000000		BK7
2*	Standard		⑤ -50.000000	③ 81.000000	V	
IMA	Standard		Infinity			

图 14.5 单透镜系统的数据输入界面

默认的“Lens Data Editor”里面只有三行，分别为“OBJ”“STO”“IMA”。我们设计的单透镜至少需要四个面，并假定光瞳和透镜的第 1 面重合，如图 14.5 所示。因此我们必须在 STO 和 IMA 之间插入一个新的面，方法有两种：第一种是将新面插入到选中面的后面（选中 STO 面，“Lens Data Editor”中的“Edit->Insert After”；或者选中 STOP 面，键盘操作“Ctrl+Insert”）；第二种是将新面插入到选中面的前面（选中 IMA 面，“Lens Data Editor”中的“Edit->Insert Surface”；或者选中 IMA 面，键盘操作“Insert”）。

注意，STOP 面的位置是可以进行调整的。如果想把图 14.6 中的 STOP 面从第 1 面调整到第 2 面，可以双击图 14.6 所示“Surface：Type”中第 2 面黑框位置，Zemax 会跳出如图 14.6 所示的对话框，将“Make Surface Stop”前的复选框钩上，即可将第 2 面设置为 STOP 面。注意到每个系统只允许有一个 STOP 面，因此，当第 2 面设置为 STOP 面时，第 1 面就自动取消了 STOP 面的设置了。

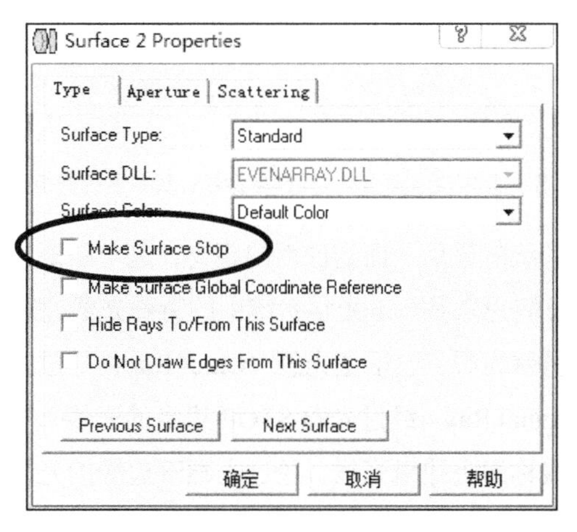

图 14.6 设置 STOP 的方法

如图 14.7 所示，镜片的材料为 BK7，在 STO 行中的“Glass”栏上，直接输入 BK7 即可；其余材料均为空气，无需输入任何数据，默认空白即可。孔径的大小为 25mm，令第一面镜的中心厚度（Thickness）为 4mm。

Lens Data Editor

Edit Solves Options Help

Surf:Type		Comment	Radius		Thickness		Glass	Semi-Diameter	Conic
OBJ	Standard		Infinity		Infinity			0.000000	0.000000
STO	Standard		100.000000		4.000000		BK7	12.500000	0.000000
2	Standard		-107.868708	F	98.627471	M		12.393155	0.000000
IMA	Standard		Infinity					0.308589	0.000000

图 14.7 单透镜的初始结构

我们假定第 1 面的曲率半径为 100mm（也可以自己设置为其他的值，这里仅为建议值），第 2 面的曲率半径可以通过 Zemax 自带的 Solve 命令计算出来：双击第 2 面的“Radius”栏，弹出如图 14.8（a）所示的“Curvature solve on surface 2”的对话框，在“Solve Type”的下拉菜单中选择“F Number”，并在“F/#”中输入4，意思是根据F数来计算第2面的曲率半径，由于这个系统F数为4，通光孔径已设置为25mm，所以Zemax会自动计算出这个系统的有效焦距为100mm。在已知玻璃材料和第1面的曲率半径的前提下，Zemax 自动可以计算得到第 2 面的曲率半径，计算结果为-107.868708，如图14.7所示，注意到这个数据右侧出现了一个“F”，表示第二个面的曲率半径由*F*数计算得到。

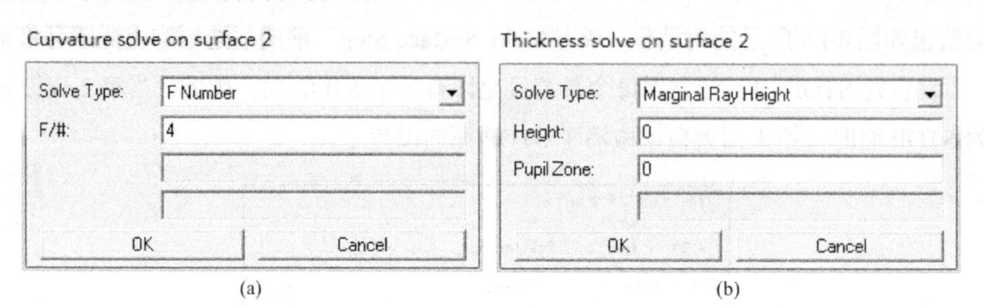

图14.8 通过 Zemax 自带的 Solve 命令计算单透镜的初始结构

下面来设置光学系统的最后一面到像面的距离，这个距离称为后截距。在介绍后截距求解方法之前，我们先来看一下光学系统中的特殊光线，如图14.9所示。一个光学系统存在至少三条特殊光线，包括主光线（Chief Ray，经过光瞳STOP面中心的光线）和边缘光线（Marginal Ray，经过光瞳STOP边缘的光线）。其中边缘光线有两条，经过光瞳上边缘的光线称为上边缘光线；经过光瞳下边缘的光线称为下边缘光线。合适的后截距意味着光线可以聚焦到像面上，根据图14.9所示，此时边缘光线在像面的高度一定等于零，我们可以利用这一点来计算后截距。双击第二个面的“Thickness”栏，弹出如图14.8（b）所示“Thickness solve on surface 2”对话框，在“Solve Type”下拉菜单中选择“Marginal Ray Height”，在“Height”中输入0，点击“OK”按钮。这一步是求边缘光线高度为0的位置，注意到此时边缘光线和主光线会聚在同一点，这一点就是像点，透镜最后一面和像点之间的距离即为后截距，计算可得为98.627471，这个结果体现在图14.7中，注意到这个数据右侧出现了“M”，说明是由边缘光线高度计算得到的。

注意，Solves是一些函数，它可以根据一些条件（如F数、边缘光线高度等）来计算相应的光学参数（如曲率半径、后截距等）。这种计算通常是通过近轴光学近似计算得到，因此计算速度快，可以将计算结果作为初始条件进行优化。在光学设计中，能用Solve解决的参数应尽量用Solve解决，以减少优化时的压力。Solve的种类还有很多，我们将在后面用到的例子中进行阐述。

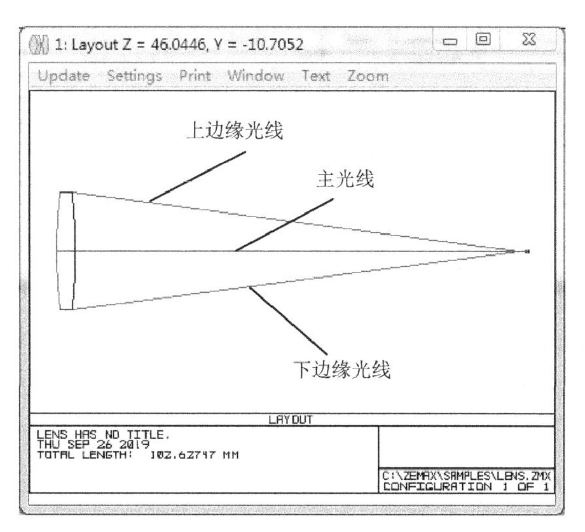

图 14.9 单透镜系统的光线示意图

(3) 评价初始结构的成像质量

一个光学函数的评价方法有多种，但必须指出的是所有的评价方法都是有联系的。换句话说，同一个光学系统，无论用哪种方法评价，得到的结论应该是一致的。下面介绍三种最常用的评价方法：光线图 Ray Fan，点列图 Spot Diagram 和光程差图（OPD，Optical Path Difference）。

① 光线图 Ray Fan

一个光学系统有光瞳 STOP 面（正交分解后得到 *PX* 和 *PY* 两个坐标轴）和像面（正交分解后得到 *EX* 和 *EY* 两个坐标轴）。*PY* 和光轴 *Z* 所在的平面称为子午面，从图 14.10 可知，子午面也是 *EY* 和光轴 *Z* 所在的平面，落在子午面的光线称为子午光线；*PX* 和光轴 *Z* 所在的平面称为弧矢面，从图 14.10 可知，弧矢面也是 *EX* 和光轴 *Z* 所在的平面，落在弧矢面上的光线称为弧矢光线。

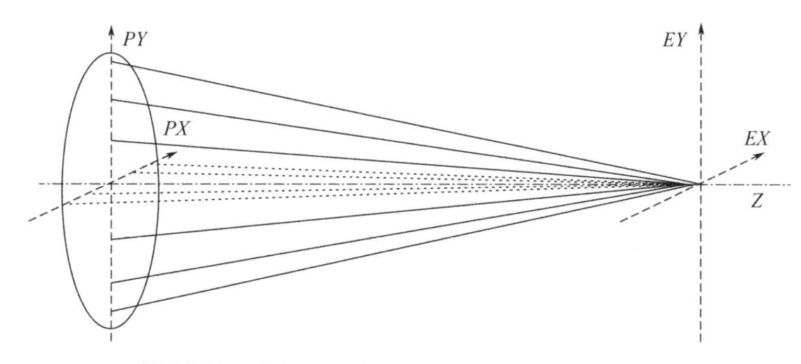

图 14.10 光瞳面、子午面、弧矢面、像面之间的关系图

子午光线和弧矢光线经过理想光学系统后应会聚在同一点。可在实际的光学系统中，由于多种像差的存在，导致这些光线在像面上的交点无法重合。Zemax 用 Ray Fan 来表示这种不重合性。通过主菜单“Analysis->Fans->Ray aberration”，或键盘操作“Ctrl+R”调出如图 14.1 所示的 Ray Fan 图。Ray Fan 有两幅图，左边的图表示的是子午 Ray Fan，坐标为 *PY* 和 *EY*；右边的图表示的是弧矢 Ray Fay，坐标为 *PX* 和 *EX*。以子午面为例，有多条光线从 *PY* 轴上发射出来（图 14.10 实线），不同的光线对应不同的 *PY* 数值，我们将其归一化，将最大的半径记为 1，那么主光线就在 *PY*=0 处。这就是 Ray Fan 中的横坐标意义，即横坐标表示光线在光瞳的出射位置。主光线和像面的交点是理想系统的成像点。由于像差的存在，光线会落在成像点以外的地方，我们把子午光线实际成像点和理想成像点之间的距离记为 *EY*，即 Ray Fan 中的纵坐标。图 14.11 的两个子图中都存在不同颜色的曲线，不同的颜色对应着不同的波长，具体数值参考图 14.11 左下方不同颜色直线上面的波长数值（单位为微米）。

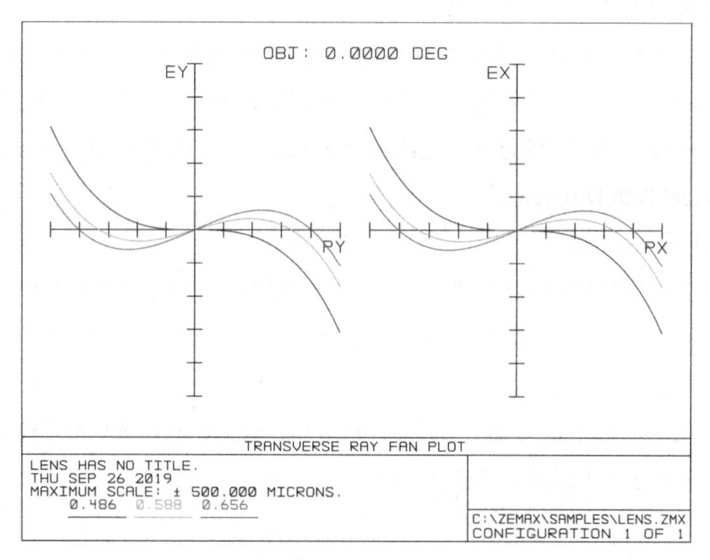

图 14.11 Ray Fan 图

如果考虑最理想的状态，所有的子午光线应该会聚于 *EY*=0 处。那么此时，Ray Fan 图中所有的曲线应该和横坐标重合。因此，曲线和横坐标分得越开，说明系统的成像质量越差。需要特别注意的是，在纵坐标上并未标注刻度，要查看像差引起的偏离量时，必须结合纵坐标的最大值。纵坐标的最大值可以通过 Ray Fan 图左下角“MAXIMUM SCALE”来查看，以图 14.11 为例，最大值为±500μm，说明纵坐标的正向最大值为+500μm，占 5 格，负向最大值为-500μm，也占 5 格，说明每格代表 100μm；考虑到

Ray Fan 曲线正负最大约为 3 格，因此图 14.11 最大的误差应在±300μm 左右。

图 14.11 所示的 Ray Fan 所对应的成像系统是否是一个好的成像系统呢？我们先来看一个普通的照相系统。目前由于光电技术的发展，CMOS 或 CCD 等光电转换器件已经代替了传统的照相底片。目前主流的 CMOS 或 CCD 的像素大概是几个微米的数量级，那么±300μm，基本要占到上百个像素。而理想的光学系统，一个像点应该只占一个像素。显然，这是一个成像质量糟糕的光学系统。

另外，根据 Ray Fan 的形状可以分析具体像差，这通常需要有扎实的理论功底和丰富的光学设计经验这里不具体展开。

② 点列图 Spot Diagram

点列图 Spot Diagram 是另一种表示光学系统成像质量的图表。一个视场对应于一张点列图。因为在这个例子中，我们仅考虑了轴上视场，因此只有一张点列图。通过"Analysis->Spot Diagrams->Standard"，或键盘操作"Shift+Ctrl+S"，调出点列图，如图 14.12 所示。点列图上的每一个点对应着图 14.10 中的光线落在 *EX-EY* 所在的像面上的位置，不同波长的光用不同颜色的图例来表示。以图 14.12 为例，因为我们设置了三种波长，因此有三个不同颜色的图例表示光线落在像面上的位置，三种不同颜色的点落在不同的位置，说明这个系统存在较为明显的色差。

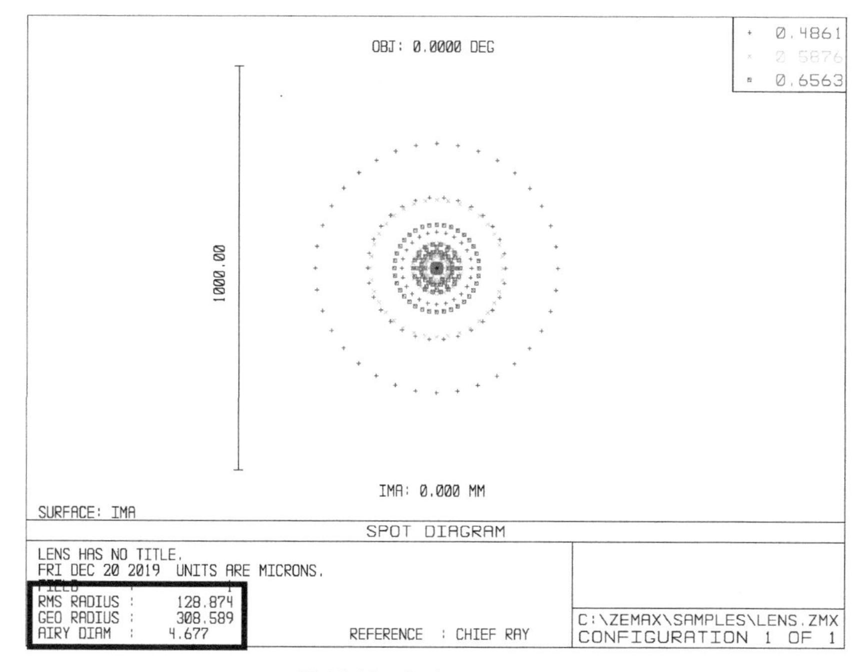

图 14.12 点列图 Spot Diagram

那么怎么通过点列图来判断这个成像系统是否表现优秀呢？第一种方法，我们可以参考左边的比例尺，以图 14.12 为例，比例尺上标注着 1000μm，可见整个光斑的半径大概是 300μm，和图 14.11 Ray Fan 图的结论是一致的；第二种方法，我们可以和艾里斑作比较，众所周知的是，一个无像差的圆形光瞳的光学系统，理想的像点就是一个艾里斑，因此，如果一个光学系统的点列图尺寸可以和艾里斑的大小相比拟的话，这就是一个好的成像系统，反之，点列图尺寸相较于艾里斑越大，则这个系统成像质量越差。现在来设置艾里斑，在 Spot Diagram 窗口上点击“Settings”，或在窗口空白的地方右键鼠标，调出点列图设置窗口如图 14.13 所示。将“Show Scale”的下拉菜单中的“Airy Disk”选中，就可以在图 14.12 的方框中看到艾里斑的数据，为 4.677mm。和点列图的几何半径 308.589mm 以及 RMS 半径 128.874mm 相比较，可知改光学系统的点列图尺寸远大于艾里斑，因此这不是一个好的成像系统。这和 Ray Fan 得到的结论是一致的。

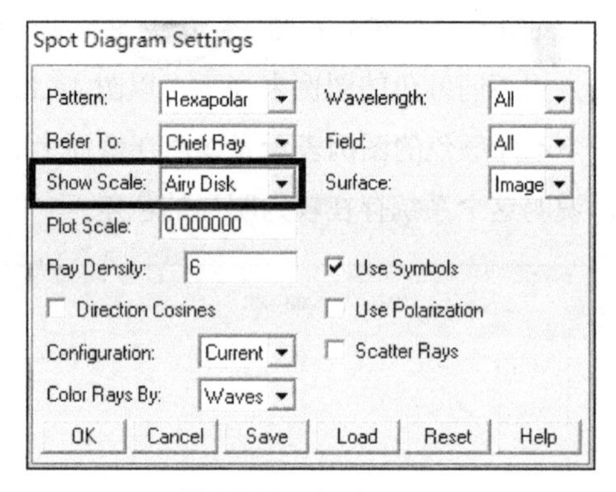

图 14.13 点列图设置

注意，图 14.12 中艾里斑的尺寸远小于点列图的半径，因此在点列图中无法用肉眼看到艾里斑。实际上，如果这两个尺寸可以相比拟时，可在点列图上看到一个黑色实线表示的圆圈，即艾里斑的外径。

③ 光程差图 OPD

光程差图 OPD 是第三种表示光学系统成像质量的图表。通过“Analysis->Fans->Optical Path”，或键盘操作“Shift+Ctrl+R”，调出光程差图，如图 14.14 所示。注意到光程差图有左右两幅子图，分别表示子午 OPD 和弧矢 OPD。我们以左侧的子午 OPD 为例，横坐标为 *PY*，表示的是图 14.10 所示的分布在光瞳面 *PY* 方向的光线。Zemax 以主光线的光程作为参考光程，OPD 表现的是光瞳面上其余光线（比如，具有不同 *PY* 值）的光程减去参考光程剩下的差值，即光程差。图 14.14 的两个子图中都存在不同颜色的曲线，不同的颜色对应着不同的波长，具体数值参考图 14.14 左下方不同颜色直线上面的波长数值（单位为微米）。根据费马原理，一个理想的成像系统应该满足物像等光程性。因此，理想光学系统的 OPD 曲线应该和横坐标重合。

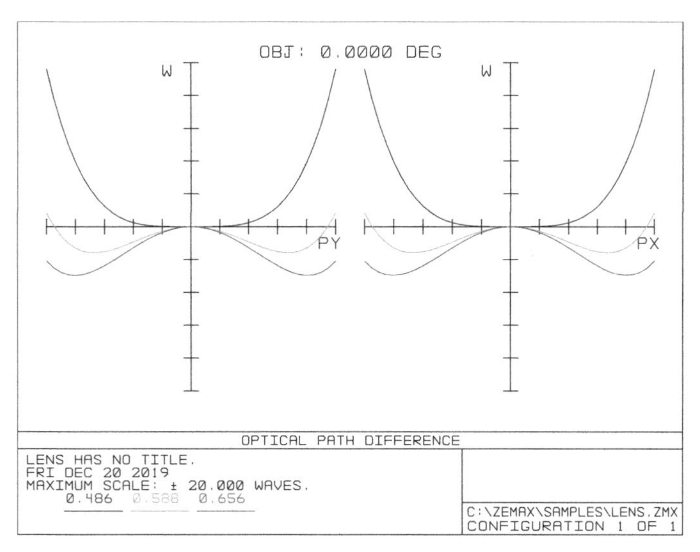

图 14.14 光程差图

图 14.14 所示的光程差图所对应的成像系统是否是一个好的成像系统呢？我们可以利用瑞利判据来判断：当光学系统的最大波像差小于或等于四分之一个波长时，可以认为该系统与理想系统的成像质量没有明显差别。瑞利判据是一种严格的像质评估方法，常用于衡量像差较小的光学系统的性能优劣。注意到图 14.14 中左下方的 MAXIMUM SCALE 为 $\pm 20\lambda$ 。以子午 OPD 的蓝光为例，可知最大 OPD 已达到 20λ ，远大于瑞利判据中的四分之一个波长的标准。可见，这是一个成像质量较差的成像系统。

（4）优化过程

从上面的分析中可以知道，前面设计的单透镜系统虽然满足焦距、F 数、波长、视场等条件，但成像质量较差，无法满足设计要求。因此，我们必须在前面初始结构的基础上进行优化设计，以期达到更好的成像质量。而 Zemax 提供了功能强大的优化平台。

系统的优化，必然包括优化的目标，变量的设置，以及优化的算法。Zemax 具有功能强大的优化算法。

① 优化的目标

在 Zemax 进行优化设计的时候，必须先告诉它什么才是一个“好”的光学系统，

Zemax 用评价函数（Merit Function）来定义系统的好坏。前面已经提到，有很多种评价函数来判断一个系统是否具有很好的成像效果，因此 Zemax 也可以有多种形式的评价函数，有些评价函数比较通用，就被 Zemax 选为默认的评价函数（Default Merit Function）；有些评价函数通用性不好，使用的场合比较少，则需要用户用宏语言自编评价函数（宏语言的介绍参见实验 20）。我们这里不讨论自定义评价函数。

Merit Function 的调用有两种方式：第一种，在主界面的 Editors 菜单中选择 Merit Function；第二种，用 F6 快捷键直接调出 Merit Funciton。

大部分的成像光学系统，我们希望得到好的成像质量，它们可以有通用性的评价函数。在 Zemax 里，我们用 Default Merit Function 来表示，这种默认的评价函数可以简化我们设置评价函数的步骤，并且也可以在此函数的基础上进行改进。调用 Default Merit Function 的路径：在“Merit Function Editor”的窗口中，选择“Tools”，在下拉菜单中单击“Default Merit Function...”，会显示如图 14.15 所示的窗口。

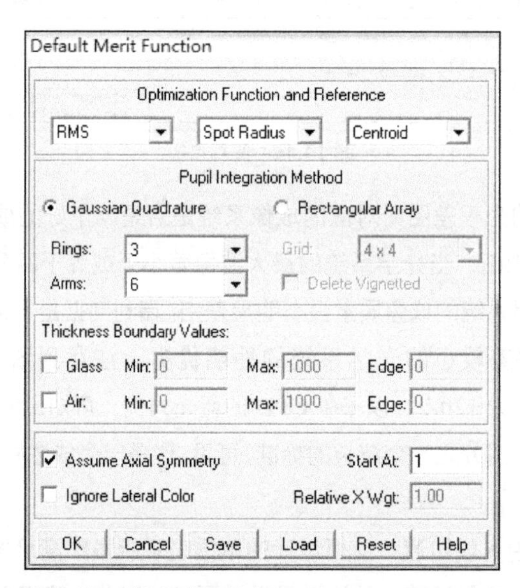

图 14.15 默认评价函数（Default Merit Function）图

默认评价函数的设置分成 4 个部分：Optimization Function and Reference、Pupil Integration Method、Thickness Boundary Values 以及其他。

a．Optimization Function and Reference

第一项是选择优化算法。目前有 RMS 和 PTV 两种，其中 RMS 的全称为 Root-Mean-Square（均方根法），是最为常用的评价函数。我们这里不展开讨论 PTV 法。均方根法，顾名思义就是对所有的独立误差进行均方根操作，得到的结果就是评价函数的值。

第二项是选择优化的对象。有五种选项：Wavefront、Spot Radius、Spot X、Spot Y和 Spot X and Y。我们以 Wavefront 为例，如果选择 Wavefront 就是在计算评价函数的数值时，用波长来计算波前像差。

第三项是优化的参考。有三个选项：Centroid、Chief 和 Mean。其中 Centroid 是最常用的，尤其是在选择 Wavefront 作为优化对象的时候，更应该选择 Centroid 作为参考。Centroid 指的是取所有数据的中心作为参考。各种像差指的是相对于参考点的偏差。其余选项不展开讨论。

b．Pupil Integration Method

分成两种形式：Gaussian Quadrature 和 Rectangular Array。如果是圆形光瞳，一般建议采用第一种形式；如果是矩形光瞳，可选用第二种形式。由于我们实验中接触的是圆形光瞳，因此这里仅讨论 Gaussian Quadrature 这种形式。Rings 和 Arms 的数值决定了计算像差时用到的光线数目，这两个值越大，则参与计算的光线越多，像差计算越接近实际情况。但必须要指出的是，Rings 和 Arms 并不是越大越好：因为光线数目足够多的时候，其像差的计算结果已经非常接近实际值。而过大光线数目，除了拖累 Zemax 的优化速度外，并不能改进它的优化结果。

c．Thickness Boundary Values

设置透镜的厚度和空气厚度的上下限。以 Glass 为例，如果复选框选中，说明会对透镜的厚度进行控制：Min 表示的是透镜的中心厚度不可小于 Min 所对应的数值；Max 表示的是透镜的中心厚度不可大于 Max 所对应的数值。Edge 则表示的是透镜边缘的厚度不可小于 Edge 所对应的数值。同理，复选框 Air 选中则表示对透镜之间的空气间隔进行限制。Air 后面的 Min、Max 和 Edge 表示的意思是类似的，只是限制的对象是空气间隔而不是玻璃厚度。

d．其他

Assume Axial Symmetry：表示 Zemax 假定系统是左右对称和旋转对称的，可以大大加快优化速度。可以根据实际情况，选择是否要对此项进行复选操作。

Ignore Lateral Color：忽略垂轴色差。特别适用于分光系统，比如棱镜或光谱仪系统。

Start At：将默认的评价函数插入到 Merit Fuction 哪一行操作数。

② 变量的设置

Zemax 的 Lens Data Editor、Multi-Configuration Editor 和 Extra Data Editor 中的光学参数都可以设置为变量。有两种操作方法可以设置变量：第一种，选中要设置变量的数据，按下“Ctrl+Z”按钮；第二种，选中要设置变量的数据，右键调出“Solve”对话框，在“Solve Type”中的下拉菜单中选中“Variable”。设置变量完成后，可以看到在这个数据旁边出现了“V”的标志，说明这个数据在优化的过程中是可变的。Zemax正是通过这些数据的变化，让系统逐渐逼近最优值。

③ 优化的算法

Zemax的优化算法有Damped Least Square（DLS）和Orthogonal Descent（OD）等。由于这些算法是内嵌在软件里，不和用户直接接触，我们这里不进行展开。有兴趣的同学可以查阅相关资料。

具体操作如下。

① 设置变量

调整Surface 1的Radius项，将它从Fixed变成Variable；调整Surface 2的Radius项，将它从F Number变成Variable；调整Surface 2中Thickness项，将它从Marginal Ray Height也变成Variable。设置完毕后的Lens Data Editor如图14.16所示。

Lens Data Editor

Edit Solves Options Help

Surf:Type		Comment	Radius		Thickness		Glass		Semi-Diameter	Conic
OBJ	Standard		Infinity		Infinity				0.000000	0.000000
STO	Standard		100.000000	V	4.000000			BK7	12.500000	0.000000
2	Standard		-107.868708	V	98.627471	V			12.393155	0.000000
IMA	Standard		Infinity						0.308589	0.000000

图14.16 设置变量后的Lens Data Editor图

② 设置评价函数

我们选用Default Merit Function。所有的参数都按照默认的设置来，最后得到的Merit Function Edior的数据如图14.17所示。

Merit Function Editor: 3.503572E+000

Edit Tools Help

Oper #	Type							Target	Weight	Value	% Contrib
1 (DMFS)	DMFS										
2 (BLNK)	BLNK	Default merit function: RMS wavefront centroid GQ 3 rings 6 arms									
3 (BLNK)	BLNK	No default air thickness boundary constraints.									
4 (BLNK)	BLNK	No default glass thickness boundary constraints.									
5 (BLNK)	BLNK	Operands for field 1.									
6 (OPDX)	OPDX		1	0.000000	0.000000	0.335711	0.000000	0.000000	0.290888	-6.135661	28.397276
7 (OPDX)	OPDX		1	0.000000	0.000000	0.707107	0.000000	0.000000	0.465421	-1.606050	3.113092
8 (OPDX)	OPDX		1	0.000000	0.000000	0.941965	0.000000	0.000000	0.290888	8.705340	57.164384
9 (OPDX)	OPDX		2	0.000000	0.000000	0.335711	0.000000	0.000000	0.290888	0.416499	0.130853
10 (OPDX)	OPDX		2	0.000000	0.000000	0.707107	0.000000	0.000000	0.465421	-1.316812	2.092771
11 (OPDX)	OPDX		2	0.000000	0.000000	0.941965	0.000000	0.000000	0.290888	1.690400	2.155426
12 (OPDX)	OPDX		3	0.000000	0.000000	0.335711	0.000000	0.000000	0.290888	2.557669	4.934496
13 (OPDX)	OPDX		3	0.000000	0.000000	0.707107	0.000000	0.000000	0.465421	-1.174172	1.663941
14 (OPDX)	OPDX		3	0.000000	0.000000	0.941965	0.000000	0.000000	0.290888	-0.678993	0.347764

图14.17 默认设置的Merit Function Editor图

③ 优化

点击菜单栏中“Tools->Optimization…”或者点击快捷按钮“Opt”，会跳出对话框，如图14.18所示。

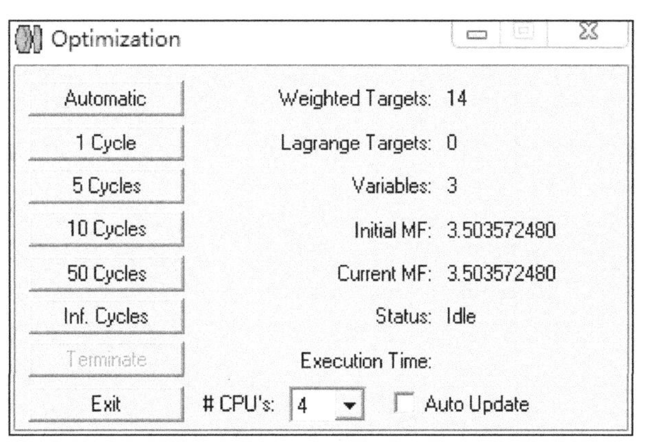

图 14.18 优化窗口

从图 14.18 中可以看到加权目标（Weighted Targets）有 14 个，这个和图 14.17 中有 14 行是对应的；设置了 3 个变量，也和图 14.16 存在对应关系。Initial MF 表示的是优化之前的评价函数，可以看到这个值为 3.5；Current MF 表示的是目前的评价函数，随着优化的进行这个数值会越来越小，理想的情况是这个值等于 0。因为我们还未开始优化，因此 Current MF 和 Initial MF 两个值在图上是相等的。一般我们直接点击“Automatic”就可以自动优化了。

点击“Automatic”进行自动优化，优化结束后 Current MF 的值约为 0.0013，然后点击“Exit”退出优化模式。那么既然优化后的评价函数已经非常接近于 0，是不是说明它的成像质量很好呢？我们用点列图来分析一下成像质量（图 14.19），黑色的圆圈表示的是艾里斑，可以看到所有的点都落在艾里斑内部，可见这是一个成像质量非常好的系统。

那么这个系统是我们所要的系统吗？我们看一下主窗口底部状态栏中的“EFFL”这一项，这里表示的是系统的有效焦距，可以看到这里的数据已经变成 202284，说明系统的焦距变成了 202284mm，这基本上可以认为是一个无穷远的系统。我们可以将其理解为光线聚焦到无穷远，所以系统引入的像差为零。而我们要求系统的焦距为 100mm。显然这样的优化结果是无效的。

因此，仅采用默认的评价函数来进行优化是不够的，我们必须对系统的其他参数做限制。其中有效焦距 EFFL（Effective Focal Length）就是在优化过程中常用的限制条件。在这个例子中，我们回到图 14.16 的状态，在默认评价函数的基础上，再加上 EFFL 作为评价函数，操作方法如下。

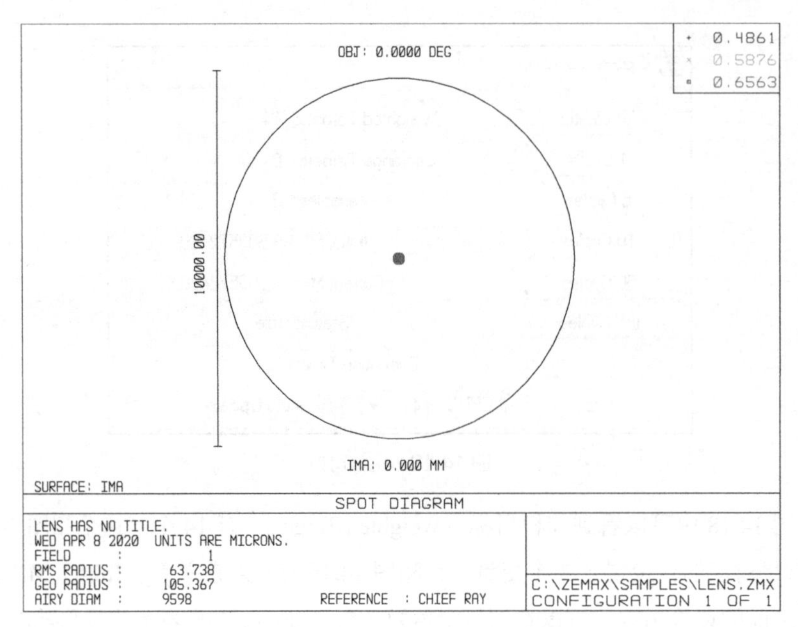

图 14.19 第一次优化后的系统点列图

在设置了 Default Merit Function 的 Merit Function Editor 的第一行之前插入一行(选中第一行,点击菜单栏“Edit->Insert Operand”;或者选中第一行,键盘上按下“Insert”按键),可以看到插入了一行空白行(Type 一列中显示为 BLNK)。

选中第一行的“BLNK”,直接键入 EFFL,表示现在对有效焦距进行限制。注意到一旦键入了 EFFL 后,选中改行后,表头上的标识会发生变化,出现了“Wav#”“Target”“Weight”“Value”和“%Contrib”这些项目。

注意到不同的波长对应的 EFFL 是不同的,因此我们用“Wav#”来指定有效焦距对应的波长。这里不必输入波长的具体数值,只需要输入 1、2、3,分别对应于系统设置中的第一、第二和第三波长。

“Target”指的是目标,这个例子中我们希望 EFFL=100mm,因此这里直接键入 100。

“Weight”表示的是 EFFL 这项在评价函数中的权重。在实际的优化过程中,评价函数由多个不同评价标准组成,最后的数值实际上是各项评价标准的加权结果。因此,如果某项评价标准的权重越大,Zemax 会牺牲别的评价指标以尽可能靠近这项评价标准;如果权重为 0,则表示优化的时候不考虑这项评价标准。注意到“Weight”的默认值为 0,这里我们可以将其设为 1。

“Value”表示目前系统的 EFFL 值。默认的值为 0,这个数据并不准确,需要我们刷新一下才能得到真实值。刷新方法：点击菜单栏“Tools->Update”。刷新后，可以看到目前系统的 EFFL 的值是 100。

“%Contrib”表示的是该项评价指标占目前系统中整个评价函数的百分比。由于这个例子中，EFFL 的当前值和目标值均为 100，因此贡献为 0。有兴趣的同学可以试一下将“Target”改成 95，再刷新一下，可以看到“%Contrib”的数值就不为 0 了。在其他条件不变的情况下，“Target”和“Value”的差异越大，则“%Contrib”的数值越大。

这时设置完毕的评价函数如图 14.20 所示。注意到在窗口名称一栏中有一串数字：3.051423E+00，表示的是现在的评价函数为 3.051423。

Merit Function Editor: 3.051423E+000

Edit Tools Help

Oper #	Type		Wav#					Target	Weight	Value	% Contrib
1 (EFFL)	EFFL		1					100.000000	1.000000	100.000000	0.000000
2 (DMFS)	DMFS										
3 (BLNK)	BLNK	Default merit function: RMS wavefront centroid GQ 3 rings 6 arms									
4 (BLNK)	BLNK	No default air thickness boundary constraints.									
5 (BLNK)	BLNK	No default glass thickness boundary constraints.									
6 (BLNK)	BLNK	Operands for field 1.									
7 (OPDX)	OPDX		1	0.000000	0.000000	0.335711	0.000000	0.000000	0.290888	-6.135661	28.397276
8 (OPDX)	OPDX		1	0.000000	0.000000	0.707107	0.000000	0.000000	0.465421	-1.606050	3.113092
9 (OPDX)	OPDX		1	0.000000	0.000000	0.941965	0.000000	0.000000	0.290888	8.705340	57.164384
10 (OPDX)	OPDX		2	0.000000	0.000000	0.335711	0.000000	0.000000	0.290888	0.416499	0.130853
11 (OPDX)	OPDX		2	0.000000	0.000000	0.707107	0.000000	0.000000	0.465421	-1.316812	2.092771
12 (OPDX)	OPDX		2	0.000000	0.000000	0.941965	0.000000	0.000000	0.290888	1.690400	2.155426
13 (OPDX)	OPDX		3	0.000000	0.000000	0.335711	0.000000	0.000000	0.290888	2.557669	4.934495
14 (OPDX)	OPDX		3	0.000000	0.000000	0.707107	0.000000	0.000000	0.465421	-1.174172	1.663941
15 (OPDX)	OPDX		3	0.000000	0.000000	0.941965	0.000000	0.000000	0.290888	-0.678993	0.347764

图 14.20 加入 EFFL 后的评价函数

接着再次进行优化，优化后 Lens Data Editor 里面的各项数据已经发生变化，如图 14.21 所示。

Lens Data Editor

Edit Solves Options Help

Surf:Type		Comment	Radius		Thickness		Glass		Semi-Diameter	
OBJ	Standard		Infinity		Infinity				0.000000	
STO	Standard		62.827220	V	4.000000		BK7		12.500000	
2	Standard		-308.384412	V	98.009932	V			12.328585	
IMA	Standard		Infinity						0.191504	

图 14.21 优化后的各项参数

现在让我们来分析一下优化后的系统的成像质量。打开 Ray Fan、Spot Diagram 和 OPD，分别得到如图 14.21 所示的分析数据。可以看到 Ray Fan 中的最大像差已降至约 200μm；Spot Diagram 中点列图的直径约为 400μm；OPD 中的波像差大约为 20 个波长。Zemax 另外提供一个决定第一阶色差（First Order Chromatic Abberation）的工具，即 Chromatic Focal Shift Plot。Zemax 先用主波长算出近轴的后焦面，并把这个后焦面作为参考面，即 Chromatic Focal Shift Plot 中横坐标的零点。然后把各种波长的后焦面和参考后焦面之间的相对距离算出来，得到 Chromatic Focal Shift Plot。从菜单栏“Analysis->Miscellaneous->Chromatic Focal Shift”即可调出，如图 14.22 所示。可以看到由于波长的变化造成的焦面漂移达到了 2000μm。

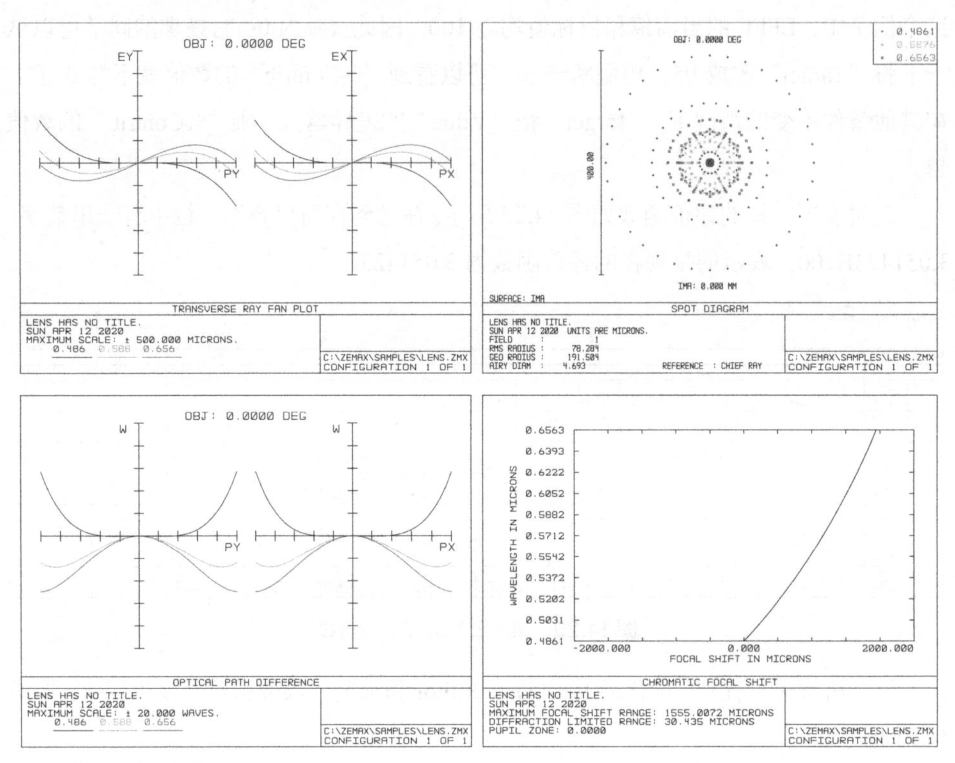

图 14.22 优化后的 Ray Fan、Spot Diagram、Optical Path Difference 和 Chromatic Focal Shift

可以看到，优化后的系统和优化前相比，系统的成像性能有了较大的提高，但是和一个好的成像系统还是有一定的差距。这是由于我们只采用了一个球面透镜，没有办法消除色差和球差等像差，因此我们会在下一个例子中引入双胶合系统，以获得更优秀的成像质量。

实验 15　双胶合透镜实验

一个双胶合镜片是由两片粘在一起的玻璃组成。因此在胶合面两片玻璃具有相同的曲率半径。

两片透镜采用不同的玻璃，不同玻璃具有不同的色散性质，因此系统的色差（Chromatic Aberration）可以得到很好的矫正，一般可以把一阶色差矫正为零，剩下的色差主要为二阶色差。通常二阶色差比一阶色差要小很多，差不多是一个数量级的差别，因此采用了双胶合透镜之后的系统，其色差将会得到极大的抑制。

双胶合透镜采用一个正透镜和一个负透镜粘在一起，有利于消除整个系统的球差。正透镜产生负球差，负透镜产生正球差，球差一正一负互相抵消，可以较好地抑制球差。

15.1　实验目的

① 画出 Layouts 和 Field Curvature Plots。

② 定义 Edge Thickness Solves, Field Angles 等。

15.2　实验内容

在单透镜实验的基础上，将单透镜改进成双胶合透镜，体会两种系统之间在成像质量之间的差别。要求波长为可见光，F#为 4，焦距为 100mm，光学材料使用 BK7 和 SF1。

15.3　实验步骤

① 调出实验 14 的例子，保持孔径 Aperture 不变。因为我们在这个实验中需要考虑色差的影响，因此主波长从短波段的 0.486μm 更改至中波段的 0.588μm。波长设置如图 15.1 所示。

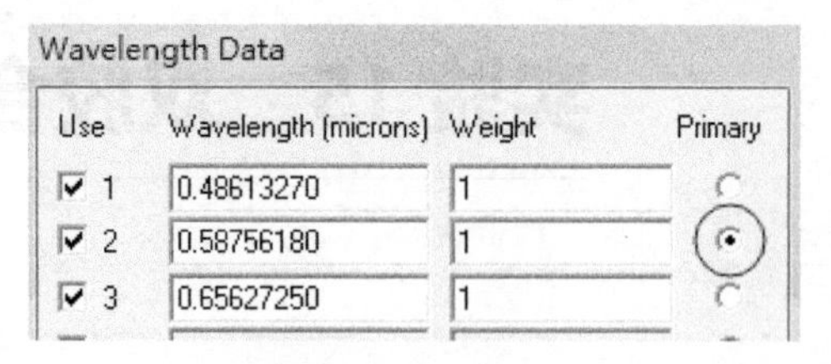

图 15.1 波长设置图

② 在 Lens Data Editor 中插入新的镜片。在第一个面（STO 面）的后面插入新的一个面，并将新镜片的材料设置为 SF1，厚度设为 3mm。注意到加入新面的曲率半径和原来单透镜的最后一个面的曲率半径是相同的。也就是新透镜的初始结构是前后两个曲率半径相同的透镜，这种透镜光焦度为 0（即焦距为无穷大），因此其有效焦距和原来系统几乎相同。同时将所有的面的曲率半径设置为变量，将后截距（最后一个面的厚度）也设置为变量。设置完的 Lens Data Editor 如图 15.2 所示。

Lens Data Editor
Edit Solves Options Help

	Surf:Type	Comment	Radius		Thickness		Glass		Semi-Diameter		Conic
OBJ	Standard		Infinity		Infinity				0.000000		0.000000
STO	Standard		62.827220	V	4.000000		BK7		12.500000		0.000000
2	Standard		-308.384412	V	3.000000		SF1		12.328585		0.000000
3	Standard		-308.384412	V	98.009932	V			12.159873		0.000000
IMA	Standard		Infinity						0.317797		0.000000

图 15.2 设置完的 Lens Data Editor

③ 调整评价函数 Merit Function。和实验 14 相比，评价函数几乎没有变化，唯一的变化为：将计算有效焦距 EFFL 的波长从第一波长改成第二波长。这是由于这个实验中的主波长已经发生变化。Merit Function Editor 的设置如图 15.3 所示。

Merit Function Editor: 4.291633E+000
Edit Tools Help

Oper #	Type		Wav#					Target	Weight	Value	% Contrib
1 (EFFL)	EFFL		2					100.000000	1.000000	101.684172	3.718438
2 (DMFS)	DMFS										
3 (BLNK)	BLNK	Default merit function: RMS wavefront centroid GQ 3 rings 6 arms									
4 (BLNK)	BLNK	No default air thickness boundary constraints.									
5 (BLNK)	BLNK	No default glass thickness boundary constraints.									
6 (BLNK)	BLNK	Operands for field 1.									
7 (OPDX)	OPDX		1	0.000000	0.000000	0.335711	0.000000	0.000000	0.290888	-9.685416	35.772567
8 (OPDX)	OPDX		1	0.000000	0.000000	0.707107	0.000000	0.000000	0.465421	-1.057314	0.682090
9 (OPDX)	OPDX		1	0.000000	0.000000	0.941965	0.000000	0.000000	0.290888	11.377119	49.360339
10 (OPDX)	OPDX		2	0.000000	0.000000	0.335711	0.000000	0.000000	0.290888	-2.647812	2.673546
11 (OPDX)	OPDX		2	0.000000	0.000000	0.707107	0.000000	0.000000	0.465421	-0.858123	0.449296
12 (OPDX)	OPDX		2	0.000000	0.000000	0.941965	0.000000	0.000000	0.290888	4.020808	6.165103
13 (OPDX)	OPDX		3	0.000000	0.000000	0.335711	0.000000	0.000000	0.290888	-0.233191	0.020737
14 (OPDX)	OPDX		3	0.000000	0.000000	0.707107	0.000000	0.000000	0.465421	-0.761701	0.364000
15 (OPDX)	OPDX		3	0.000000	0.000000	0.941966	0.000000	0.000000	0.290888	1.451912	0.803886

图 15.3 评价函数的设置

④ 进行自动优化。优化后的 Lens Data Editor 如图 15.4 所示。

Lens Data Editor

Edit Solves Options Help

	Surf:Type	Comment	Radius	Thickness	Glass	Semi-Diameter	Conic
OBJ	Standard		Infinity	Infinity		0.000000	0.000000
STO	Standard		61.746946 V	4.000000	BK7	12.500000	0.000000
2	Standard		-50.787873 V	3.000000	SF1	12.417538	0.000000
3	Standard		-126.711118 V	96.853031 V		12.296274	0.000000
IMA	Standard		Infinity			0.024025	0.000000

图 15.4 第一次优化后的光学结构数据

⑤ 进行优化后的系统成像质量分析。优化后的 Ray Fan 图和 Chromatic Focal Shift 图如图 15.5 所示。和图 14.22 相比，Ray Fan 显示的像差已经降低了一个数量级，可见系统成像质量得到了极大的提高。再来看 Chromatic Focal Shift 图，注意到最大的横坐标已经从±2000μm 降低到±100μm，最大漂移量从 1555μm 降低到 74μm，可见波长变化引起的像面漂移也得到了极大的抑制。同时注意到图 14.22 中的曲线近似直线，而图 15.5 中的曲线为二次曲线。这是因为一阶色差（主要表现为直线）已经被消除，只剩下小得多的二阶色差（主要表现为二次曲线）。

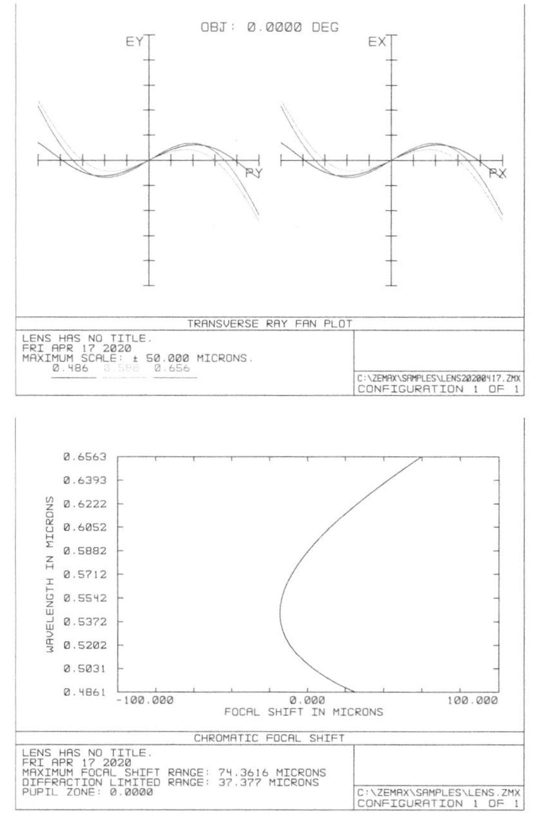

图 15.5 第一次优化后的 Ray Fan 和 Chromatic Focal Shift 图

⑥ 下面让我们来看一下这个系统的二维结构图（“Analysis->Layout->2D Layout”），如图 15.6 所示。目前并没有将透镜的厚度作为变量参与优化，这主要是由于在优化的过程中，透镜的厚度一般被认为是弱变量，即厚度的变化，虽然会改善系统的成像质量，但改善程度有限。但通过指定厚度的方式来进行系统的整体优化，有可能会出现透镜过厚或过薄的情况。透镜过厚，会造成质量和外形尺寸增加，生产成本增加；透镜过薄，尤其是凸透镜，会造成崩边的现象。因此，我们必须控制一下透镜的厚度。考虑到实际加工的时候存在隔片和压圈等机械装置，因此实际加工的透镜直径肯定是要略大于通光孔径。因此，将 Lens Data Editor 中的所有的面所对应的“Semi-Diameter”的单元格中的数据全部改成 14。此时在右侧会有一个“U”字出现代表自定义（User Define）。现在为了防止崩边，我们希望透镜的边缘厚度为 3mm。Lens Data Editor 里面的厚度指的是透镜中心厚度，怎么设置边缘厚度呢？在 Lens Data Editor 中，选中薄透镜的厚度，即 STO 对应的“Thickness”，右键即跳出“Thickness solve on surface 1”的对话框，在“Solve Type”的下拉菜单中选择“Edge Thickness”，并在“Thickness”一栏中填上 3，Radial height 则默认为 0（若 Radial height 为 0，则 Zemax 就按用户自定义的透镜直径作为透镜边缘厚度来计算）单击“OK”。这表示的是根据 3mm 的边缘厚度计算出透镜的中心厚度。回到 Lens Data Editor，可以看到 STO 对应的厚度已经变成了 6.575773，旁边出现了一个“E”，表示的是这个中心厚度是由边缘厚度计算出来的。如果透镜前后表面的曲率半径发生变化，那么中心厚度也会随之发生变化，以保证边缘厚度保持在 3mm 不变。

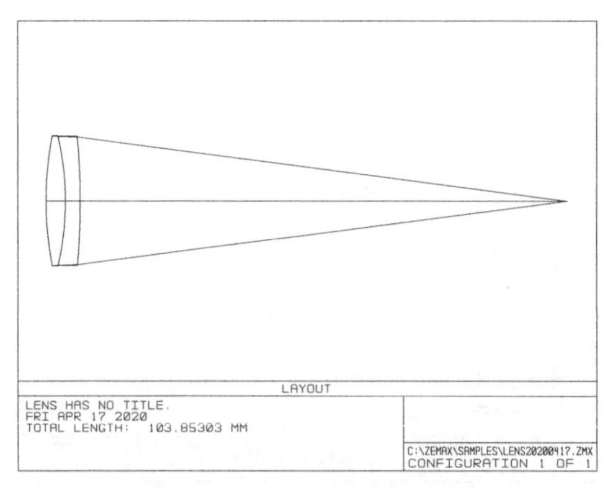

图 15.6 第一次优化后的光学结构图

由于厚度的变化，会造成像面的漂移，因此重新执行一次优化，评价函数和变量的设置都不需要改变。再调出二维图，如图 15.7 所示。

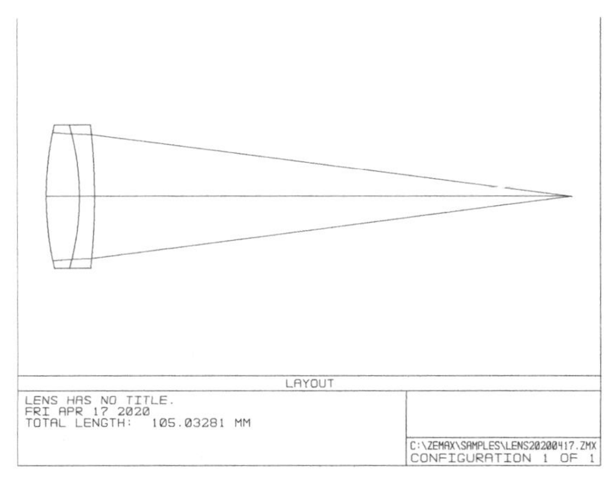

图 15.7 第二次优化后的光学结构图

⑦ 一个实际的光学系统的成像面不会是一个点，它一般是一个矩形的平面。因此，除了轴上视场外，我们必须要考虑轴外视场。轴外视场的表示方式有三种：物高、物方入射角和像高，如图 15.8 所示。这三种方式从本质上来说是一致的，只要知道了其中的一个量，那么可以推算出其他的两个量。因此，Zemax 可以让用户任选其中的一个量来表示。必须注意到，对于一个物距为无穷远的系统，轴外视场的物高为无穷大，因此无法用物高来表示轴外视场，通常用物方视场角或像高来表示。同样的道理，如果像位于无穷远，我们也无法用像高来表示轴外视场。此外像高根据计算方式的不同，再细分为近轴像高和实际像高。近轴像高顾名思义采用近轴光线来计算像高，具有速度快的优点，在小角度小畸变系统中近轴像高和实际像高差别不大；实际像高采用实际光线来计算像高，速度慢，但和实际情况完全相符，一般用于大角度大畸变光学系统中。综上，Zemax 的视场设置有以下四种。

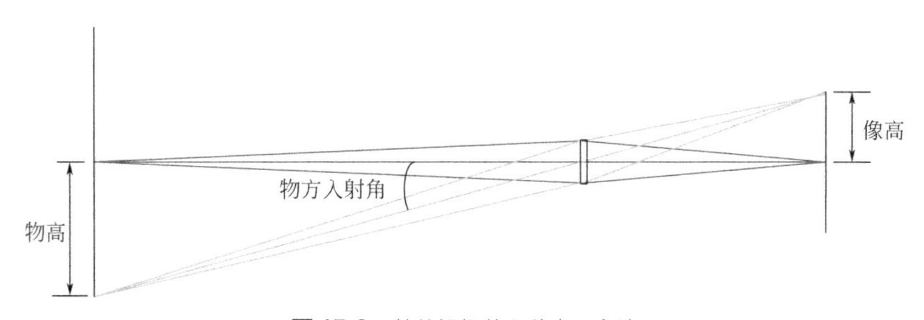

图 15.8 轴外视场的几种表示方法

a．Angle（Deg）：物方入射角度（单位为度）。

b．Paraxial Image Height：近轴像高，不适用于像在无穷远的系统，适用于小角度小畸变系统。

c．Object Height：物高，不适用于物体在无穷远的系统。

d．Real Image Height：实际像高，不适用于像在无穷远的系统。适用于大角度大畸变系统。

点击主窗口的“System->Fields…”，打开“Field Data”对话框，选择“Angle (Deg)”，添加两个轴外视场（保证“1”“2”“3”前的“Use”复选框都选中）。考虑到目前这个系统是旋转对称，因此将轴外视场设置在 *X-Z* 平面和 *Y-Z* 平面，最终结果都一样。但考虑到 Zemax 默认的 2D Layout 等图默认是分析 *Y-Z* 面，因此，我们将轴外视场设置在“Y-Field”中。这里我们假定物方视场角为 0°、7°、10°，设置如图 15.9 所示，点击“OK”退出。其他参数我们不涉及，这里不展开讨论。有兴趣的同学可以参考 Zemax 的用户操作手册。

Field Data

◉ Angle (Deg)　　○ Paraxial Image Height
○ Object Height　　○ Real Image Height

Use		X-Field	Y-Field	Weight	VDX	VDY	VCX	VCY	VAN
☑	1	0	0	1.0000	0.00000	0.00000	0.00000	0.00000	0.00000
☑	2	0	7	1.0000	0.00000	0.00000	0.00000	0.00000	0.00000
☑	3	0	10	1.0000	0.00000	0.00000	0.00000	0.00000	0.00000

图 15.9　轴外视场的设置

⑧ 设置轴外视场后，分析光学系统的性能。

图 15.10 所示的是设置轴外视场后的二维光学结构图，可以看到不同于图 15.7，Zemax 用三种不同的颜色表示了三个不同视场。我们把图 15.10（a）的虚线框中的部分进行放大，如图 15.10（b）所示。可以看到轴上视场的光线会聚成像面上，而随着视场的变大，轴外视场的光线会聚在像面之前。那么，显然轴外光线在像面上会形成弥散斑，即轴外视场的成像效果较差。

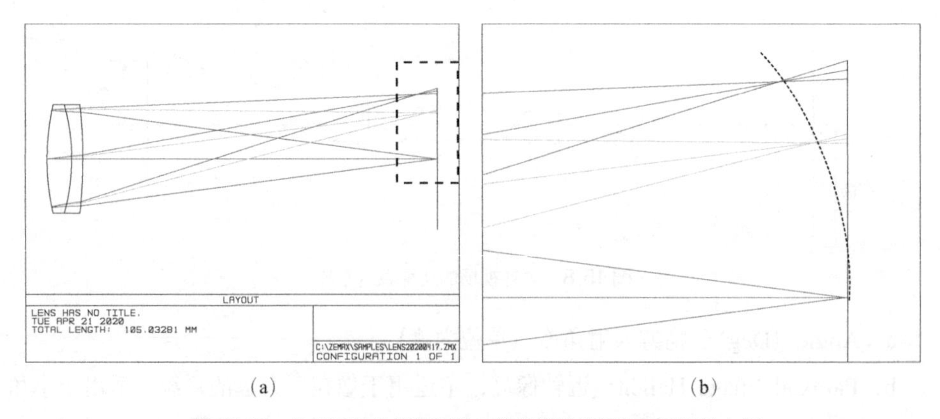

图 15.10　设置了轴外视场后的二维光学结构图及其局部放大图

如果我们把不同视场的聚焦点连起来，如图 15.10（b）中的点线所示，我们可以得到场曲曲线。场曲曲线可以在 Zemax 主窗口“Analysis->Miscellaneous->Field Curv/Dist”中得到，如图 15.11 所示。图 15.11（a）表示的是场曲曲线：纵坐标表示的是视场，纵坐标为 0 处即表示轴上视场，纵坐标最高处即表示最大视场处；横坐标表示是不同视场的会聚点和像面之间的偏移量，横坐标有正有负。仔细观察可以看到场曲曲线的靠近轴上视场这一段位于横坐标为正的区域，说明靠近轴上视场的光线会聚点落在像面后方；场曲曲线的轴外视场这一段位于横坐标为负的区域，说明轴外视场的会聚点落在像面前方。这个结果和图 15.10（b）相吻合。此外，图 15.10（b）中可以看到视场角角度越大，则偏移像面越远，这也和图 15.11 的场曲曲线相符合。还需要注意到有六条曲线存在于场曲图上：三种不同的颜色对应于本系统中的三种不同波长；光学系统不是一个二维的平面，因此同一个视场光线既会在子午面体现场曲，也会在弧矢面产生场曲。因此总共有 6 种曲线。

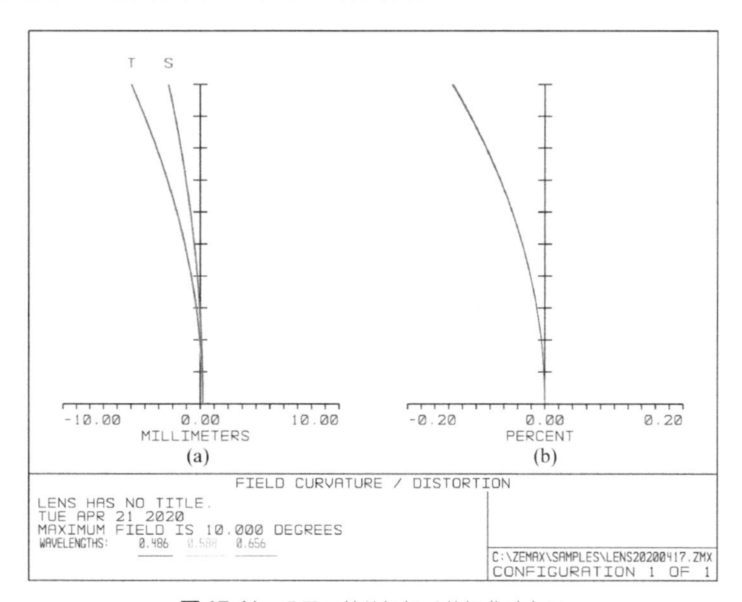

图 15.11 设置了轴外视场后的场曲畸变图

下面我们来看一下畸变。畸变只改变轴外物点在理想像面上的成像位置，使像的形状发生失真，但不影响像的清晰度。畸变可以分为正畸变（枕形畸变）和负畸变（桶形畸变），如图 15.12 所示。通常畸变率如果在 4%以下，眼睛就感觉不到明显的图像变形。本实验中，如图 15.11（b）所示，畸变控制在−0.2%以下，我们认为畸变产生的影响可以忽略不计。

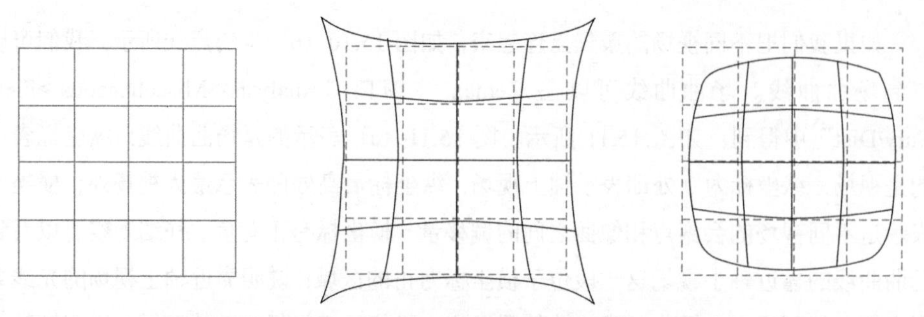

图 15.12 零畸变，正畸变（枕形畸变）和负畸变（桶形畸变）

从以上的分析中，我们可以知道，这个系统的轴上视场成像效果较好，但轴外视场成像较为糟糕。我们还可以通过 Ray Fan 来证实一下，如图 15.13 所示。

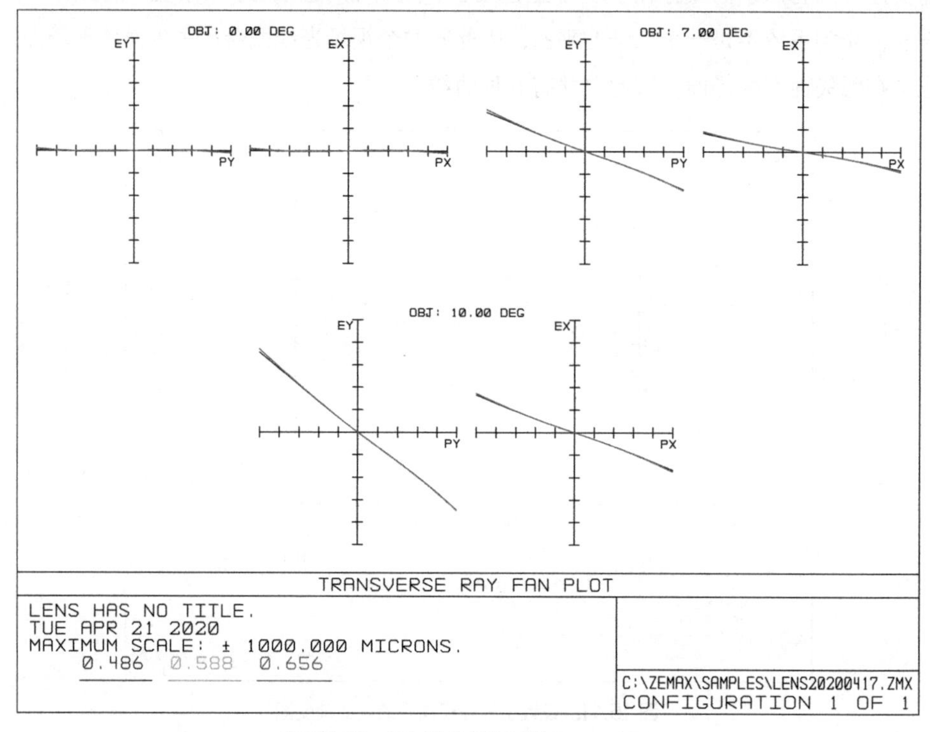

图 15.13 设置轴外视场后的 Ray Fan 图

思考题

① 轴外视场成像质量很差，是什么原因造成的?

② 我们有什么方法可以改善轴外视场的成像质量吗?

实验 16　牛顿望远镜的设计和优化

牛顿望远镜是英国天文学家艾萨克·牛顿发明的反射望远镜，第一反射镜（主镜）使用抛物面镜，第二反射镜是平面的对角反射镜。它的原理是使用第一反射镜将光线反射到一个焦点上。由于反射光线和物体在同一方向上，互相干扰，因此使用第二反射镜将光线偏折，从而分离物面和像面。从上面的分析可以看出，第一反射镜承担了成像功能，第二反射镜只承担光路偏折功能，对成像不起作用。因此，我们可以设计好第一反射镜后，再添加第二反射镜。

16.1　实验目的

① 掌握 Mirrors（反射镜）的用法。

② 理解 Conic Constants（圆锥常数）。

③ 掌握 Coordinate Breaks（坐标断点）的设置。

④ 了解 Obscurations（遮挡）。

16.2　实验内容

设计一个 1200mm F/6 的牛顿望远镜，工作波长为 0.55μm，仅考虑轴上视场。

16.3　实验步骤

① 新建一个 Zemax 文件，设置好孔径、波长和视场。因为孔径=焦距/(F/#)=1200/6=200mm，设置通光孔径为 200mm；波长为 0.55μm；物方视场角为 0°。

② 暂不考虑第二反射镜，先设计第一反射镜。我们可以先设第一反射镜为球面镜。

a．在 STO 所对应的玻璃 Glass 栏，直接输入“MIRROR”，表示这一面为玻璃。

b. 在 STO 所对应的曲率半径 Radius 栏点击右键，跳出“Curvature solve on surface 1”窗口。在“Solve Type”下拉菜单中选择“F Number”，并在“F/#”中键入“6”。表示根据“F/#”计算这一面的曲率半径，计算结果为-2400mm。负号表示反射镜为凹面镜。

c．在 STO 所对应的厚度 Thickness 栏右键，跳出“Thickness solve on surface 1”窗口。在“Solve Type”下拉菜单中选择“Marginal Ray Height”，并在“Height”中键入“0”。表示根据边缘光线的高度来计算像面的位置，计算结果为-1200mm。负号表示光线没有透过反射镜而是反射回物空间。

d．设置好的 Lens Data Editor 如图 16.1 所示，这将作为第一反射镜的初始结构数据。

Lens Data Editor

Edit Solves Options Help

	Surf:Type	Comment	Radius		Thickness		Glass		Semi-Diameter		Conic
OBJ	Standard		Infinity		Infinity				0.000000		0.000000
STO	Standard		-2400.000000	F	-1200.000000	M	MIRROR		100.000000		0.000000
IMA	Standard		Infinity						0.087146		0.000000

图 16.1 第一反射镜的初始结构数据

③ 分析第一反射镜初始结构的成像质量。采用点列图（Spot Diagram）来进行分析，可以看到点列图的几何半径（Geo Radius）达到了 87μm，而艾里直径（Airy Diam）仅为 8μm 左右。因为这两者相差比较悬殊，所以在图 16.2 所示的点列图上基本看不到艾里斑。可见，这不是一个好的成像系统。

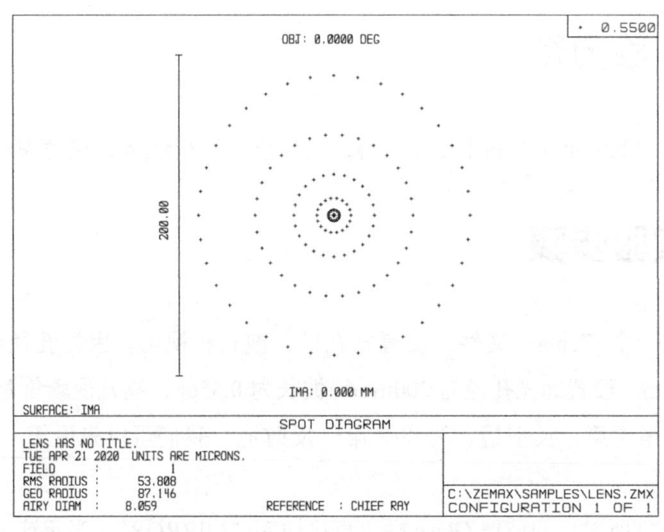

图 16.2 第一反射镜（初始结构）的点列图

④ 设置Conic Constant（圆锥常量）。由费马原理可知，对于一个抛物面镜来说，平行光和焦点是一对完美的共轭物像。因此，我们只需要把如图 16.1 所示的球面改成抛物面，就可以完美成像。抛物面的圆锥常量为-1，因此在 STO 的“Conic”项中键入“-1”。更新点列图，可得图 16.3，图中黑色的圆圈为艾里斑，可见系统已经完美成像。

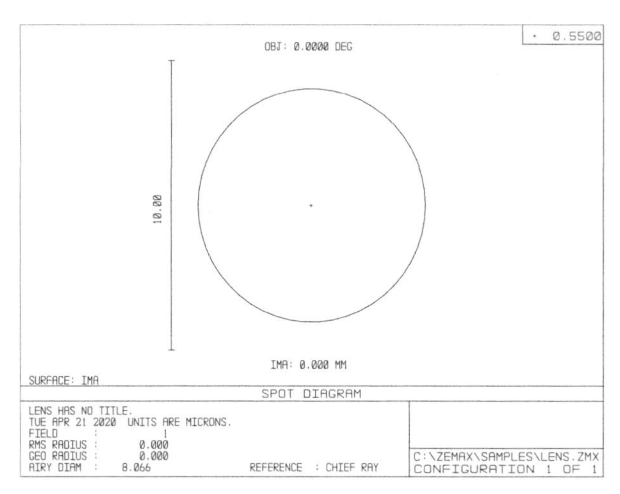

图 16.3 第一反射镜（抛物面）的点列图

⑤ 设置第二反射镜。我们先来看图 16.4 第一反射镜（抛物面）二维光学结构图，可见光线没有穿过反射镜，而是反射回物方空间。即像面也将位于在入射光的路径上，从而刚好挡住入射光。因此我们需要在反射光路上放置一个第二反射镜，从而将光路 90° 偏折，使得像面和入射光线分离开来。光路可以向上、向下、向前和向后偏折。这里我们以光路向上偏折为例进行操作。

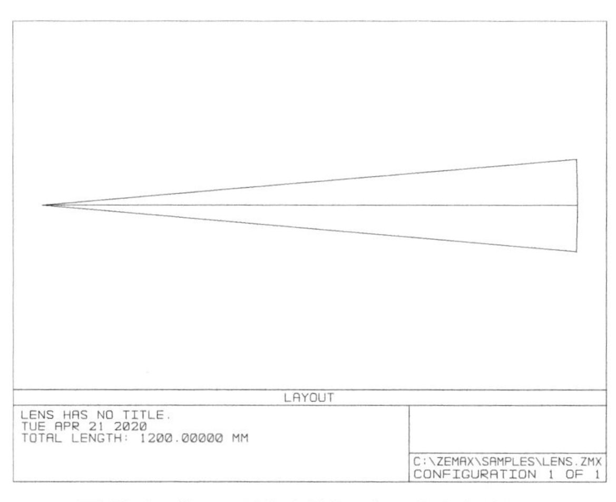

图 16.4 第一反射镜（抛物面）二维光学结构图

因为系统的通光孔径为 200mm，所以像面应该位于光轴上方至少 100mm 处，否则会挡住入射光。另外，我们希望第二反射镜尽可能小，以保证更多的入射光能打到第一反射镜上。综上考虑我们决定将第二反射镜的位置定在距离像面 200mm 处。在 Lens Data Editor 里，插入一个位于 STO 和 IMA 之间的厚度为-200mm 的新面，并将 STO 的厚度从“-1200”改为“-1000”。需要注意的是，我们不需要指定玻璃的材料是 Mirror，后面的坐标轴偏折时 Zemax 会自动指定其材料为 Mirror。但如果我们指定了其材料为 Mirror，也不影响后面的结果。此时的 Lens Data Editor 的设置如图 16.5 所示。如图 16.6 所示，第二个面在实际光路中没有起到任何作用，只是帮助我们把第二反射面的位置标注出来，因此我们把这个面称为虚构面（Dummy surface）。

Lens Data Editor

Edit Solves Options Help

	Surf:Type	Comment	Radius		Thickness		Glass		Semi-Diameter		Conic
OBJ	Standard		Infinity		Infinity				0.000000		0.000000
STO	Standard		-2400.000000	F	-1000.000000		MIRROR		100.000000		-1.000000
2	Standard		Infinity		-200.000000				16.695652		0.000000
IMA	Standard		Infinity						1.421085E-014		0.000000

图 16.5 Lens Data Editor 设置

现在我们要对 Zemax 的光路进行偏折。运用 Zemax 自带的反射镜偏折功能，而不是自己手动偏折光路，否则容易出错。点击主窗口“Tool->Add Fold Mirror”，在跳出来的窗口中按图 16.7 设置，点击“OK”后退出。因为我们要在第二面（虚构面）上设置第二反射镜，因此“Fold Surface”选择“2”；我们希望光路向上偏折，注意到图 16.6 显示的平面是 *Y-Z* 平面，因此欲使光路向上偏折，则必绕 *X* 轴旋转，故“Tilt Type”

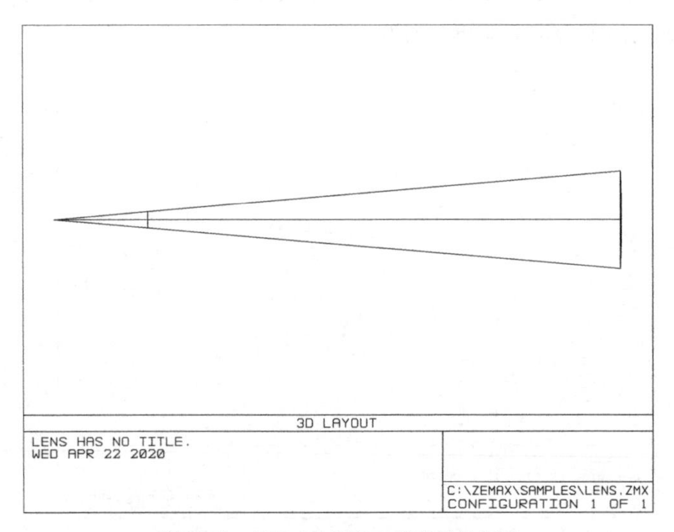

图 16.6 加了虚构面的二维光学结构图

一栏中选择“X Tilt”；我们欲使光路从向左转为向上，为顺时针 90° 偏折，故 Reflect Angle 设置为“−90”。设置完毕后 Lens Data Editor 如图 16.8 所示。由于系统发生了偏折，此时系统已不是旋转对称，因此无法用 2D Layout 来展示（强行使用会报错），需要用三维结构图（3D Layout）显示（主窗口“Analysis->Layout->3D Layout”），最后的结果如图 16.9 所示。可通过上下左右四个方向键对图像进行不同视角的观察。

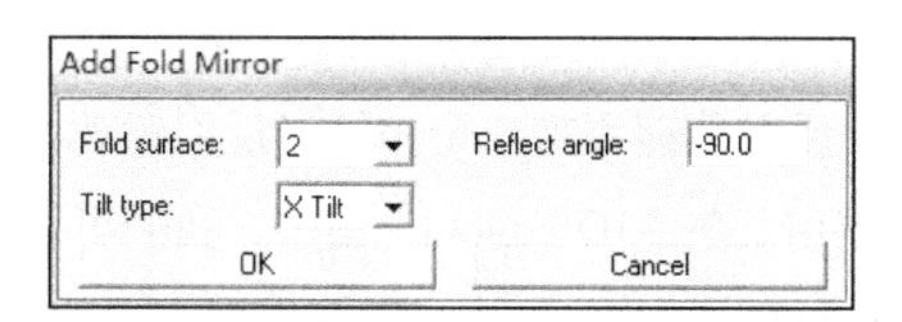

图 16.7 Add Fold Mirror 窗口的设置

Lens Data Editor

Edit Solves Options Help

	Surf:Type	Comment	Radius		Thickness		Glass		Semi-Diameter		Conic	
OBJ	Standard		Infinity		Infinity				0.000000		0.000000	
STO	Standard		-2400.000000	F	-1000.000000		MIRROR		100.000000		-1.000000	
2	Coord Break				0.000000		-		0.000000			
3	Standard		Infinity		0.000000		MIRROR		25.761765		0.000000	
4	Coord Break				200.000000		-		0.000000			
IMA	Standard		Infinity						7.105427E-015		0.000000	

Lens Data Editor

Edit Solves Options Help

	Surf:Type	Decenter X		Decenter Y		Tilt About X		Tilt About Y		Tilt About Z	
OBJ	Standard										
STO	Standard										
2	Coord Break	0.000000		0.000000		-45.000000		0.000000		0.000000	
3	Standard										
4	Coord Break	0.000000		0.000000		-45.000000	P	0.000000		0.000000	
IMA	Standard										

图 16.8 设置了第二反射镜后的 Lens Data Editor

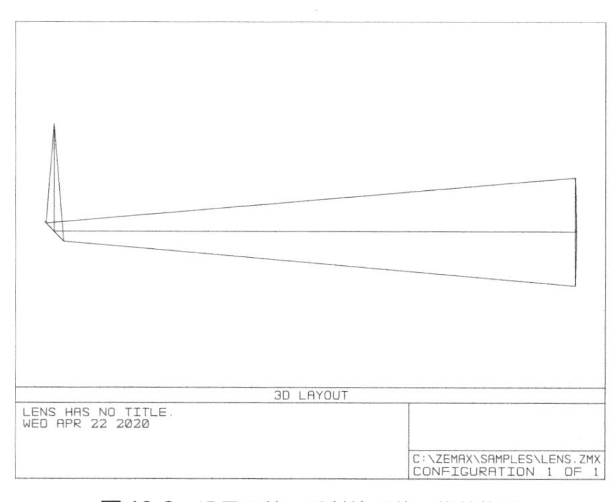

图 16.9 设置了第二反射镜后的三维结构图

⑥ 设置遮挡。由于 Zemax 的序列光线追击模式中，是按照 Lens Data Editor 中面的顺序来进行追击的。以图 16.8 为例，Zemax 的追击过程为：通光孔径为 200mm 的平行光从无穷远照射到第一反射镜上，经第二反射镜反射，最后达到像面上。也就是说，所有的光线都能达到第一反射面上。可是实际情况是，第二反射镜并不是透明的，通光孔径 200mm 的平行光中间部分将先打到第二反射镜上，被第二反射镜吸收（我们考虑理想情况，不涉及散射、漫反射等模型），并不能到达第一反射镜上。鉴于这种情况，我们必须在第一反射镜前添加一个和第二反射镜遮光面积一样的遮光面，以模拟第二反射镜的挡光作用。在“3D Layout”图中，我们可以将鼠标移至第二反射镜的左上角，这时“3D Layout”最上方的状态栏会出现该点的 Z 和 Y 坐标（如图 16.10 所示）。（鼠标移动精确度不高，同学们的数值和书上略微有差别也是正常的）取整，我们决定在离第一反射镜 1050mm 处设置一个半径为 20mm 的遮光圆形。

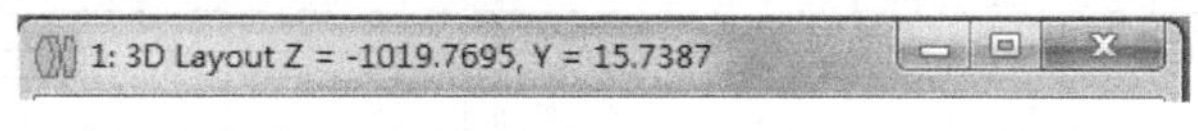

图 16.10 *Z* 和 *Y* 坐标显示

在 Lens Data Editor 的 STO 面前新插入一行。将“Thickness”设置为 1050mm（注意这里为正号，因为从第一面到 STO 面光路是从左到右，沿着光轴正向）。双击第一面的“Surf: Type”栏，调出“Surface 1 Properties”窗口，选择“Aperture”，在“Aperture Type”下拉菜单中选择“Circular Obscuration”，表示采用圆形遮挡。Zemax 可以设置环形的遮挡，我们这个实验中不需要，因此“Min Radius”设为 0，“Max Radius”设为 20。因为我们的圆形遮挡以光轴为中心，不需要发生偏移，因此“Aper X-Decenter”和“Aper Y-Decenter”均为零。

改动一下“3D Layout”中的设置：在“3D Layout”的窗口中右键，调出“3D Layout Diagram Settings”窗口，将“First Surface”从“2”调整到“1”。为了更明显地看到遮挡效果，我们将在图上的画出的光线数目（Number of Rays）由 3 条改为 11 条。点击“OK”后退出。最终“3D Layout”图显示如图 16.11 所示，可以看到中间的光线被遮挡圆吸收了，这和实际的情况相符。

⑦ 分析遮挡前后的系统变化。从几何光学的角度来看，虽然系统光线被遮挡了一部分，但剩余的光线依然是满足费马原理的，依然可以完美成像，因此类似于点列图这种纯粹依赖几何光学的分析结果不会发生变化。

从物理光学的角度分析，部分光线遭到了遮挡，显然就是光瞳函数发生了变化，从本来的圆形光瞳变成了环形光瞳。根据傅里叶光学的理论，光学传递函数是光瞳函数的自相关。既然光瞳函数发生变化，那么光学函数也要相应发生变化，则调制传递函数（光学函数的模）也会发生变化。我们把遮挡前后的调制传递函数（主窗口“Analysis->MTF->FFT MTF”）如图 16.12 所示。可以看到两个 MTF 曲线非常的相似，但遮挡后的 MTF 曲线中部有所下降，这正是遮挡引起的。

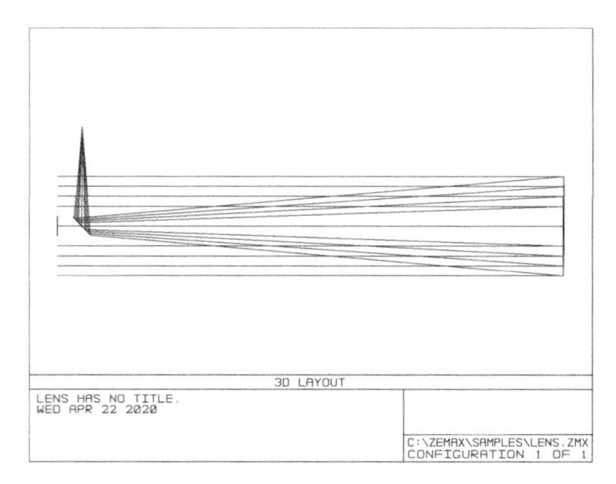

图 16.11 设置了遮挡的三维结构图

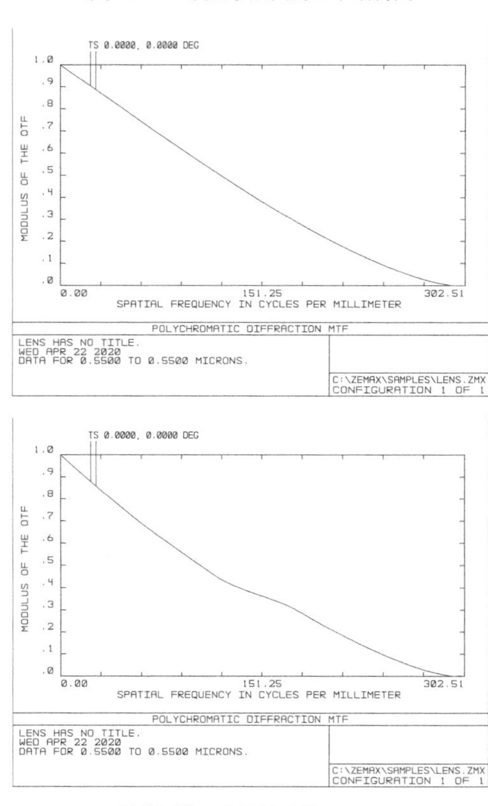

图 16.12 遮挡前后的 MTF 图

思考题

① 如何改变光路的旋转方向？请尝试将光路转向 X 方向。

② 尝试将遮挡圆的半径增大，看一看 MTF 的变化，想一想为什么。

实验 17　库克三片式照相镜头实验

库克三片式镜头很可能是历史上最重要的设计——不仅是因为它在 20 世纪上半叶衍生出了大量其他镜头，还因为在我们今天使用的多数镜头中都能发现它的身影。虽然这种结构未经修改时光圈难以超过 f/2.8，视角也难以超过 60°，但是它易于制造且廉价，是能够校正 7 种主要像差的最简单的设计。

据统计，历年来超过 80 项镜头专利中都引用了镜头设计的变种，比如蔡司 Sonnar 和徕兹 Elmar 镜头群。大多数原始的徕卡镜头都是从库克三片式镜头演化而来的。这种结构在家用摄像机和多数小型定焦镜头相机上都有广泛应用。尽管今天高档的单反相机已经基本淘汰了库克三片式镜头，但有些 50～150mm 的中低端镜头仍然保留着经过改造的库克三片式镜头的基本设计。

17.1　实验目的

从零开始设计一款具有实用价值的照相镜头。

17.2　实验内容

针对可见光波段，以三面平透镜（材料分别为 SK16、F2、SK16，光瞳面 STOP 在第二面透镜的第二面）为初始结构，设计一个三片分离式的照相镜头，焦距为 50mm，F/#为 5，最大视场角为 20°。

17.3　实验步骤

① 设置光瞳、波长、视场

系统的焦距为 50mm，F/#=5，所以通光孔径为 10mm。由于工作波段是可见光，波长采用 F、d、C（Visible），主波长采用 d。最大视场角为 20°，因此最大半视场角为 10°。新建一个 Zemax 文档，光瞳、波长、视场的设置如图 17.1 所示。

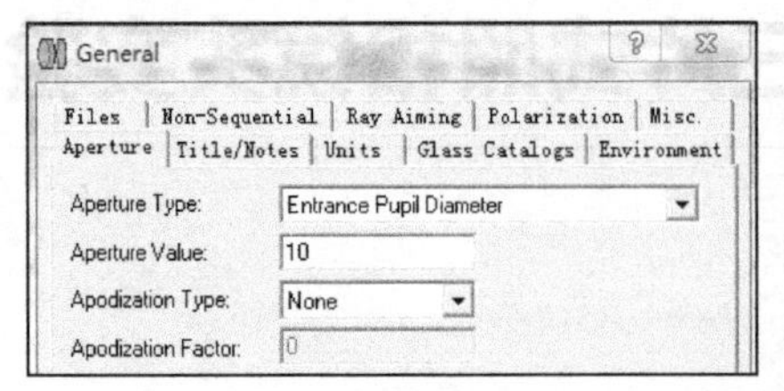

Wavelength Data

Use	Wavelength (microns)	Weight	Primary
☑ 1	0.48613270	1	○
☑ 2	0.58756180	1	◉
☑ 3	0.65627250	1	○

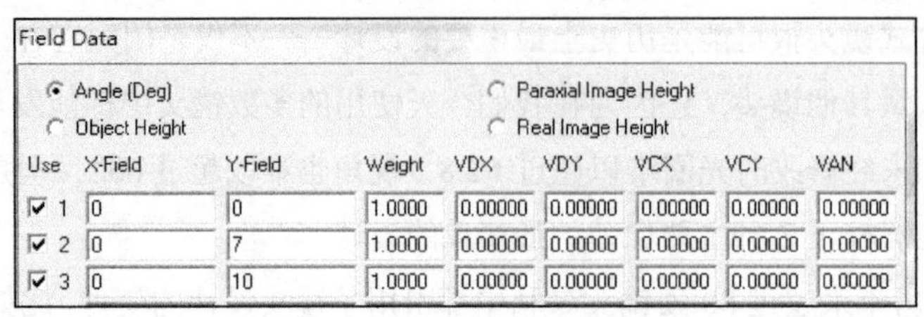

图 17.1 光瞳、波长、视场的设置

② 初始结构的设置

由于这个实验是从零开始的,因此我们计划用 3 片分离的平行平板作为初始结构。我们假定每片平行平板的厚度为 5mm，平板和平板之间的空气间隔为 5mm。这里要指出的是这两个数据是可以自行指定的，因为后期这些数据会得到优化，因此这个数据的初始值是 5mm 还是 4mm 并不重要。也可以改用其他数据来进行尝试。三片平行平板的结构如图 17.2 所示。

Lens Data Editor

Edit Solves Options Help

	Surf:Type	Comment	Radius	Thickness	Glass	Semi-Diameter	Conic
OBJ	Standard		Infinity	Infinity		Infinity	0.000000
1	Standard	FIRST	Infinity	5.000000	SK16	6.969922	0.000000
2	Standard		Infinity	5.000000		6.433397	0.000000
3	Standard	SECOND	Infinity	5.000000	F2	5.551762	0.000000
STO	Standard		Infinity	5.000000		5.016741	0.000000
5	Standard	THIRD	Infinity	5.000000	SK16	5.874059	0.000000
6	Standard		Infinity	5.000000		6.414036	0.000000
IMA	Standard		Infinity			7.295671	0.000000

图 17.2 三片平行板的结构

③ 初始结构的初步设计

我们知道平行平板没有光焦度的，因此图 17.2 所示的结构的焦距应该为无穷大。这和设计指标中的 50mm 相去甚远。我们可以采用“F Number Solve”的功能来实现。右键单击第 6 面的“Radius”单元格，调出“Curvature solve on surface 6”窗口，按照图 17.3（a）进行设置，单击“OK”退出。

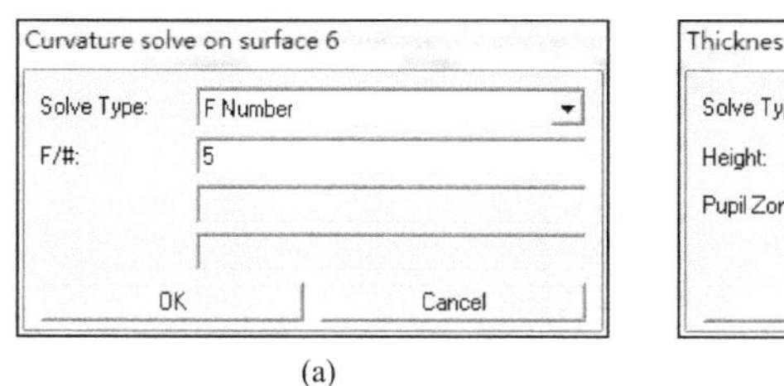

(a)

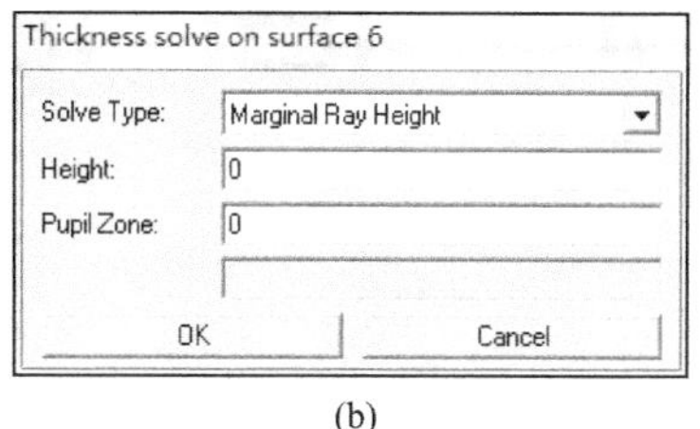

(b)

图 17.3 利用 Solve 功能自动计算最后一个面的曲率半径和后焦距

采用边缘光线 Solve 的功能来实现后焦距（最后一面到像面的距离）的计算。右键单击第 6 面的“Thickness”单元格，调出“Thickness solve on surface 6”窗口，按照图 17.3（b）进行设置，单击“OK”退出。初步设计后的三片分离式透镜的数据如图 17.4 所示。

Lens Data Editor

Edit Solves Options Help

Surf	Type	Comment	Radius	Thickness	Glass	Semi-Diameter	Conic
OBJ	Standard		Infinity	Infinity		Infinity	0.000000
1	Standard	FIRST	Infinity	5.000000	SK16	6.969922	0.000000
2	Standard		Infinity	5.000000		6.433397	0.000000
3	Standard	SECOND	Infinity	5.000000	F2	5.551762	0.000000
STO	Standard		Infinity	5.000000		5.016741	0.000000
5	Standard	THIRD	Infinity	5.000000	SK16	5.874059	0.000000
6	Standard		-31.020498 F	50.000000 M		6.343248	0.000000
IMA	Standard		Infinity			9.346468	0.000000

图 17.4 初步设计后的三片分离式透镜的数据

④ 初步设计后的三片分离式透镜的性能分析

我们将初步设计后的三片分离式透镜的分析结果罗列于图 17.5。可以看到这个系统不是一个好的成像系统，轴上和轴外视场的成像质量均不理想，因此我们需要做进一步的优化。

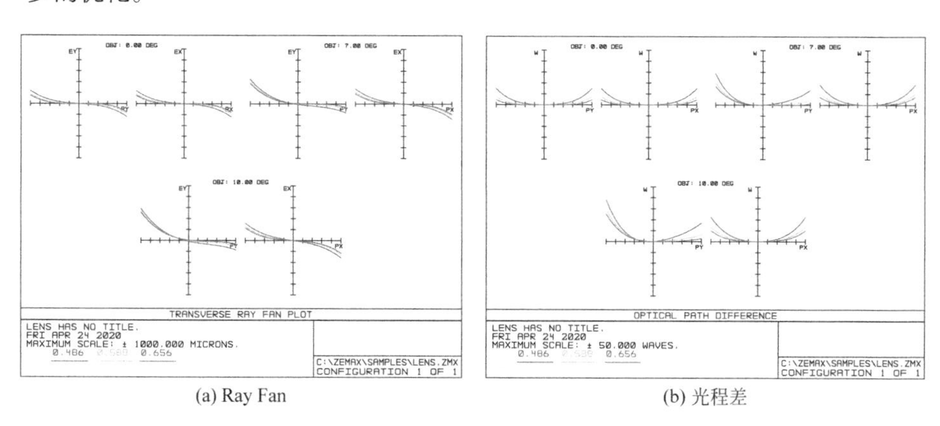

(a) Ray Fan (b) 光程差

图 17.5

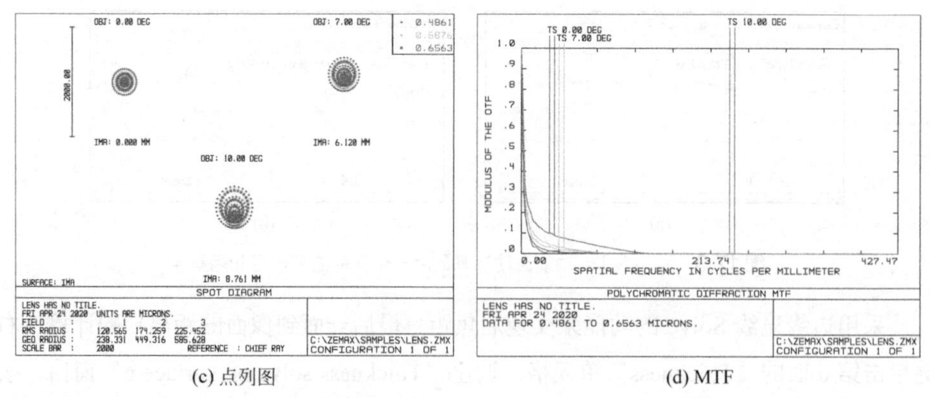

(c) 点列图　　(d) MTF

图 17.5　初步设计后的三片分离式透镜的分析结果

⑤ 优化

a．设置变量。这个实验中，所有面的曲率半径都是可以设置为变量的；镜片之间的空气间隔也可以设置变量。考虑到透镜的厚度属于弱变量，我们可以暂时先保持不变。变量设置完毕之后的 Lens Data Editor 显示如图 17.6 所示。

Lens Data Editor

Edit　Solves　Options　Help

	Surf:Type	Comment	Radius		Thickness		Glass		Semi-Diameter		Conic
OBJ	Standard		Infinity		Infinity				Infinity		0.000000
1	Standard	FIRST	Infinity	V	5.000000		SK16		6.969922		0.000000
2	Standard		Infinity	V	5.000000	V			6.433397		0.000000
3	Standard	SECOND	Infinity	V	5.000000		F2		5.551762		0.000000
STO	Standard		Infinity	V	5.000000	V			5.016741		0.000000
5	Standard	THIRD	Infinity	V	5.000000		SK16		5.874059		0.000000
6	Standard		-31.020498	V	50.000000	V			6.343248		0.000000
IMA	Standard		Infinity						9.346458		0.000000

图 17.6　初步设计后的三片分离式透镜的变量设置

b．设置评价函数。欲得到好的成像质量，我们可以选择默认的评价函数，为了防止出现空气厚度为负的情况，和实际情况不符，我们保证玻璃和空气的中心厚度和边缘厚度都大于 0。具体的设置如图 17.7 所示。

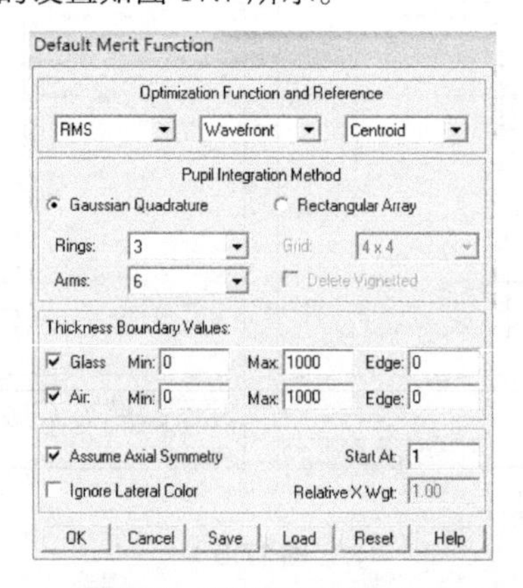

图 17.7　默认评价函数的设置

另外，在默认评价函数的基础上，限制这个系统的焦距在 50mm，操作的波长就默认为主波长，注意将其权重（Weight）设置为 1。部分评价函数如图 17.8 所示。

Merit Function Editor: 2.431922E+000

Edit Tools Help

Oper #	Type	Srf1	Srf2					Target	Weight	Value	% Contrib
1 (EFFL)	EFFL		2					50.000000	1.000000	50.000000	8.417343E-029
2 (DMFS)	DMFS										
3 (BLNK)	BLNK	Default merit function: RMS wavefront centroid GQ 3 rings 6 arms									
4 (BLNK)	BLNK	Default air thickness boundary constraints.									
5 (MNCA)	MNCA	1	6					0.000000	1.000000	0.000000	0.000000
6 (MXCA)	MXCA	1	6					1000.000000	1.000000	1000.000000	0.000000
7 (MNEA)	MNEA	1	6					0.000000	1.000000	0.000000	0.000000
8 (BLNK)	BLNK	Default glass thickness boundary constraints.									
9 (MNCG)	MNCG	1	6					0.000000	1.000000	0.000000	0.000000
10 (MXCG)	MXCG	1	6					1000.000000	1.000000	1000.000000	0.000000
11 (MNEG)	MNEG	1	6					0.000000	1.000000	0.000000	0.000000
12 (BLNK)	BLNK	Operands for field 1.									
13 (OPDX)	OPDX		1	0.000000	0.000000	0.335711	0.000000	0.000000	0.096963	-5.169053	4.319381
14 (OPDX)	OPDX		1	0.000000	0.000000	0.707107	0.000000	0.000000	0.155140	-0.752265	0.146373
15 (OPDX)	OPDX		1	0.000000	0.000000	0.941965	0.000000	0.000000	0.096963	6.372678	6.565131

图 17.8 评价函数的设置（部分）

c. 进行优化操作。点击“Opt”按钮，Zemax 进行自动优化。

⑥ 系统分析

优化后的数据如图 17.9 所示，二维光路图如图 17.10 所示，这个就是典型的库克三片式透镜的结构：第一片和第三片为凸透镜，第二片为凹透镜，且 STO 面位于第二片的第二面。这种结构能很好地消除 7 种像差，因此也是 Zemax 得到的最优结果。优化好的二维光学结构图如图 17.10 所示。

Lens Data Editor

Edit Solves Options Help

Surf:Type		Comment	Radius		Thickness		Glass		Semi-Diameter	Conic
OBJ	Standard		Infinity		Infinity				Infinity	0.000000
1	Standard	FIRST	14.182157	V	5.000000		SK16		6.992304	0.000000
2	Standard		-101.108985	V	2.181653	V			6.048182	0.000000
3	Standard	SECOND	-32.178558	V	5.000000		F2		4.793480	0.000000
STO	Standard		11.128057	V	7.664753	V			3.268333	0.000000
5	Standard	THIRD	26.636241	V	5.000000		SK16		5.605639	0.000000
6	Standard		-60.945784	V	31.102826	V			5.983005	0.000000
IMA	Standard		Infinity						8.739053	0.000000

图 17.9 优化好的 Lens Data Editor

我们在这个实验中还没有控制透镜的厚度，导致第二片凹透镜过厚，这会增加材料的成本，造成系统笨重以及增大尺寸。请同学们自行对玻璃厚度进行进一步的优化。

优化好的分析结果罗列于图 17.11。我们可以和图 17.5 做一下比较，发现优化过的系统在成像质量上获得了很大的提高。尤其是轴上视场，其 OPD 已控制在 0.4 个波长以内，已具有较高的成像效果。

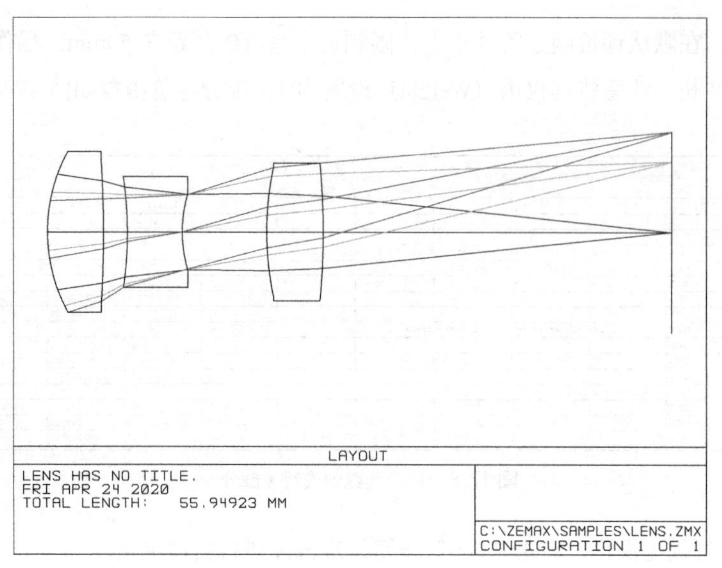

图 17.10 优化好的二维光路图

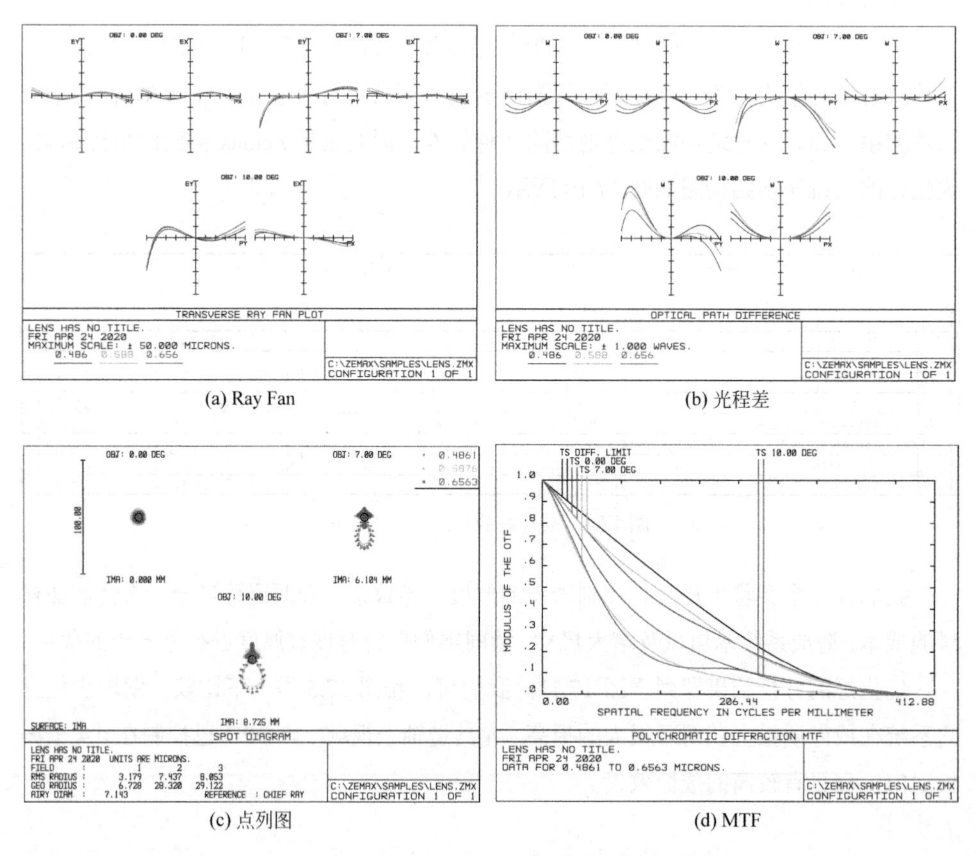

(a) Ray Fan　(b) 光程差

(c) 点列图　(d) MTF

图 17.11 优化好的三片分离式透镜的分析结果

思考题

对于这个系统，我们在成像质量上还有提高的空间吗？如果有，怎么提高？请同学们试一试。

实验 18　变焦照相镜头的设计实验

18.1　实验目的

① 学习 Zemax 中多重结构的使用。

② 学会在已有的初始结构基础上，优化设计一个符合自己要求的光学系统。

18.2　实验内容

用 Zemax 自带的例子（Zemax 安装目录:\ZEMAX\Samples\Tutorial\Tutorial zoom.zmx）为初始结构，设计一个变焦透镜，满足以下要求。

① 有效焦距：75mm、100mm 和 125mm。

② 通光孔径：25mm。

③ 玻璃材料：BK7 和 F2（保持原结构的玻璃材料不变）。

④ 视场：35mm 胶片（24mm×36mm）。

⑤ 使用波段：可见光。

18.3　实验步骤

① 确定系统的各项参数

F/#的确定：F/#=有效焦距/通光孔径，因此 3 种焦距下，F/#分别为 3（焦距 75mm）、4（焦距 100mm）和 5（焦距 125mm）。

视场的确定：对于变焦系统，不同焦距对应的最大视场角是不一样的，但注意到底片的大小保持不变，因此不同的焦距对应的最大像高是一致的。下面来计算最大像高，显然最大像高是底片对角线的一半：$\sqrt{12^2+18^2}=21.6\ \text{mm}$。取第二视场为最大视场的 0.7 倍，得第二视场的像高为 15.1mm。综上，视场取近轴像高，分别为 0mm、15.1mm 和 21.6mm。

波长的确定：因为在可见光波长内使用，所以波长采用 F、d、C 即可。主波长取默认的 d 波长。

② 调出（输入）初始结构

调出 Zemax 自带的初始结构（Zemax 安装目录:\ZEMAX\Samples\Tutorial\Tutorial zoom.zmx）。也可以新建一个 Zemax 文档，并按照图 18.1 自行输入相应的数据。

我们可以调出“2D Layout”来看一下这个初始结构，如图 18.2 所示。可以看到这个镜头是由三组双胶合透镜所组成。

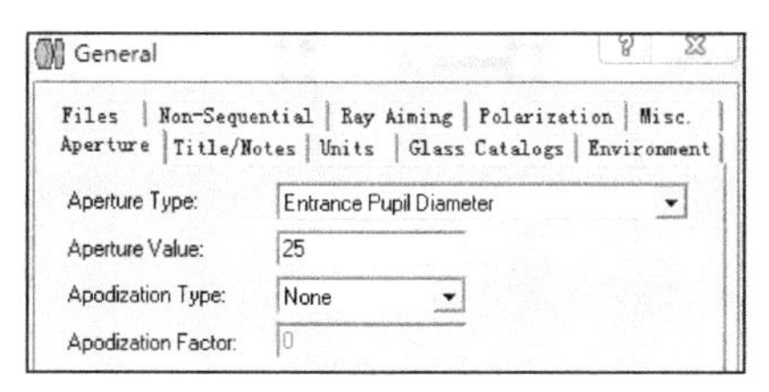

Wavelength Data

Use		Wavelength (microns)	Weight	Primary
☑	1	0.48613270	1	○
☑	2	0.58756180	1	◉
☑	3	0.65627250	1	○

Field Data

○ Angle (Deg)　　◉ Paraxial Image Height
○ Object Height　　○ Real Image Height

Use		X-Field	Y-Field	Weight	VDX	VDY	VCX	VCY	VAN
☑	1	0	0	1.0000	0.00000	0.00000	0.00000	0.00000	0.00000
☑	2	0	15.1	1.0000	0.00000	0.00000	0.00000	0.00000	0.00000
☑	3	0	21.6	1.0000	0.00000	0.00000	0.00000	0.00000	0.00000

Lens Data Editor

Edit　Solves　Options　Help

Surf:Type		Comment	Radius	Thickness	Glass	Semi-Diameter	Conic
OBJ	Standard		Infinity	Infinity		Infinity	0.000000
1	Standard		-200.000000	8.000000	BK7	15.718705	0.000000
2	Standard		-100.000000	5.000000	F2	14.984290	0.000000
3	Standard		-100.000000	8.000000		14.574710	0.000000
STO	Standard		Infinity	8.000000		12.523394	0.000000
5	Standard		-150.000000	5.000000	BK7	13.691666	0.000000
6	Standard		75.000000	5.000000	F2	14.651958	0.000000
7	Standard		75.000000	8.000000		15.235868	0.000000
8	Standard		100.000000	8.000000	BK7	17.952328	0.000000
9	Standard		-50.000000	5.000000	F2	18.372575	0.000000
10	Standard		-50.000000	105.000000		19.128566	0.000000
IMA	Standard		Infinity			20.282778	0.000000

图 18.1　变焦镜头的初始结构

③ 设置多重结构

和我们前面学过的例子一样，这个初始结构只是一个定焦镜头（即一个光学系统只有 1 个焦距），焦距为 111.235mm（主窗口底下第二个状态栏），并不能变焦。因此我们必须利用 Zemax 的多重结构（Multi-Configuration）功能把它改为一个变焦结构。因我们需要设计 3 个结构，分别对应于 3 个焦距。操作步骤如下：

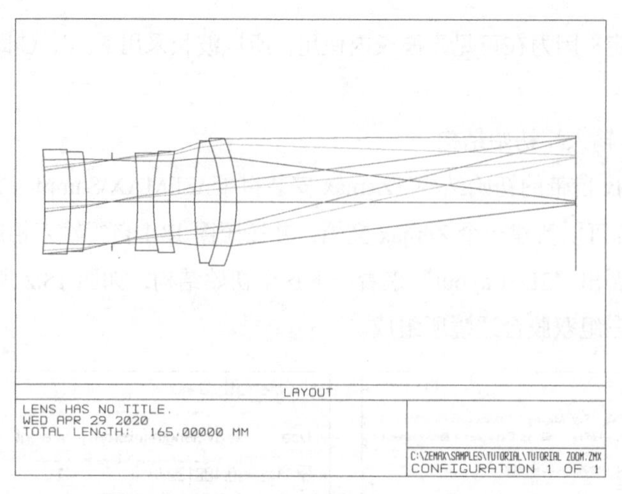

图 18.2 变焦镜头（初始结构）的二维光路图

a．调出的多重结构窗口（Multi-Configuration Editor）：点击主菜单“Editors 菜单-> Multi-Configuration。”

b．在 Multi-Configuration Editor 的 Edit 菜单中，点击“Insert Config”，插入第二个结构，即“Config 2”。

c．重复步骤 b，插入第三个结构，即“Config 3”。

我们注意到，对于图 18.2 所示的三组镜头而言，只能通过移动镜组来改变其焦距。即只能通过改变镜组和镜组之间、镜组和像面之间的空气间隔，而不能通过改变玻璃的厚度、材料来实现变焦的目的。综上，我们可以通过改变第 3、4、7、10 个面的厚度（空气间隔）来设置多重结构。在 Multi-Configuration Editor 进行操作，步骤如下：

a．双击操作数“MOFF”，跳出“Multi-Config Operand 1”，在操作数类型（Operand Type）的下拉菜单中，选择“THIC”（厚度），指定其为第 3 个面的厚度，即将“Surface”下拉菜单中的“0”改为“3”。

b．在“Edit”下拉菜单中，点击“Insert Operand”，插入第 2 个操作数，默认的为“2：MOFF”。按照步骤 a 的操作，将其设置为第 4 个面的厚度。

c．同样的，新插入第 3、4 个操作数，并设置其为第 7 和第 8 个面的厚度。

设置完毕的在 Multi-Configuration Editor 如图 18.3 所示。注意到图中“Config 1”旁边有一个“*”，这表示的是目前所有的窗口（包括 Lens Data Editor 和各种分析图表）显示的数据都是第 1 个结构所对应的数据。如果我们要显示第 2 个结构，只需要在“Config 2”上进行双击，这时“*”就加在“Config 2”旁边了，说明此时表示的是目前所有的窗口显示的数据都是第 2 个结构所对应的数据。

Multi-Configuration Editor

Edit Solves Tools Help

Active : 1/3		Config 1*	Config 2	Config 3
1: THIC	3	8.000000	8.000000	8.000000
2: THIC	4	8.000000	8.000000	8.000000
3: THIC	7	8.000000	8.000000	8.000000
4: THIC	10	105.000000	105.000000	105.000000

图 18.3 多重结构的设置

④ 设置变量

在不同的焦距下，第 3、4、7、10 面的厚度是不同的，这也是变焦镜头和定焦镜头的最大不同。因此我们必须对不同结构下的第 3、4、7、10 面分别设置变量。而 Lens Data Editor 中每次只能显示某一个结构的第 3、4、7、10 面的厚度（这些数据是由当前显示的结构决定的）。因此对于这种随着结构在发生变化的量，需要在 Multi-Configuration Editor 中进行变量设置。我们将不同结构下的第 3、4、7、10 面的厚度均设为变量，结果如图 18.4 所示。

Multi-Configuration Editor

Edit Solves Tools Help

Active : 1/3		Config 1*	Config 2	Config 3
1: THIC	3	8.000000 V	8.000000 V	8.000000 V
2: THIC	4	8.000000 V	8.000000 V	8.000000 V
3: THIC	7	8.000000 V	8.000000 V	8.000000 V
4: THIC	10	105.000000 V	105.000000 V	105.000000 V

图 18.4 多重结构的变量设置

让我们回到 Lens Data Editor 中，此时我们可以看到出现了两个明显的变化：第一，在“Lens Data Editor”的右边出现“Config 1/3”：说明我们这个系统总共有 3 个结构，目前 Lens Data Editor 显示的是第 1 个结构。当然如果同学们在 Multi-Configuration Editor 中双击了“Config 2”或“Config 3”，那么显示的就是第 2 个或第 3 个结构了，此时出现的是“Lens Editor: Config 2/3”或是“Lens Editor: Config 3/3”。第二，第 3、4、7、10 面的厚度（Thickness）后面都出现了“V”，说明这些量已经被设置为变量了。这是图 18.4 的结果，我们不需要在 Lens Data Editor 中进行重复设置了。

下面我们对透镜的曲率半径进行变量的设置，注意到 STO 面只是一个光阑面，并没有玻璃的参与，因此它的曲率半径没有意义，我们仍然保留其为平面（曲率半径为 Infinity）。另外玻璃的厚度为弱变量，我们在优化的过程中不予考虑，最终设置好变量的 Lens Data Editor 如图 18.5 所示。

Lens Data Editor: Config 1/3

Edit Solves Options Help

	Surf:Type	Comment	Radius	Thickness	Glass	Semi-Diameter	Conic
OBJ	Standard		Infinity	Infinity		Infinity	0.000000
1	Standard		-200.000000 V	8.000000	BK7	15.718705	0.000000
2	Standard		-100.000000 V	5.000000	F2	14.984290	0.000000
3	Standard		-100.000000 V	8.000000 V		14.574710	0.000000
STO	Standard		Infinity	8.000000 V		12.523394	0.000000
5	Standard		-150.000000 V	5.000000	BK7	13.691666	0.000000
6	Standard		75.000000 V	5.000000	F2	14.651958	0.000000
7	Standard		75.000000 V	8.000000 V		15.235868	0.000000
8	Standard		100.000000 V	8.000000	BK7	17.962328	0.000000
9	Standard		-50.000000 V	5.000000	F2	18.372575	0.000000
10	Standard		-50.000000 V	105.000000 V		19.128566	0.000000
IMA	Standard		Infinity			20.282778	0.000000

图 18.5 Lens Data Editor 的变量设置

⑤ 设置评价函数

评价函数我们采用默认的评价函数（Default Merit Function）。对玻璃和空气间隔进行限定，以免出现间隔为负的情况。Default Merit Function 的设置如图 18.6 所示。

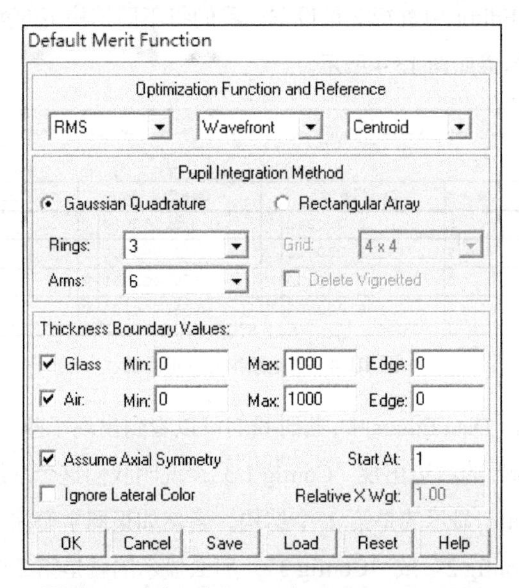

图 18.6 评价函数的 Default Merit Function 设置

下面控制三个结构对应的焦距，操作步骤如下：

a．在 Merit Function Editor 中第一行前插入 6 个空白行（点击“Edit->Insert Operand”，重复 6 遍）。

b．在第 1 行的“Type”列中，单击选中“BLNK”，键盘输入“CONF”，在“Cfg#”一栏中输入“1”，表示这一行以后的操作数是针对第 1 个结构的。

c．在第 2 行的“Type”列中，单击选中“BLNK”，键盘输入“EFFL”，在“Target”

一栏中输入“75”，“Weight”一栏中输入“1”。表示控制第 1 个结构的有效焦距为 75mm，权重为 1。

d. 类似的，对第 3～6 个空白行进行操作，控制第 2 个结构的有效焦距为 100mm，第 3 个结构的有效焦距为 125mm，权重均为 1。注意到第 3 和第 5 行的“Cfg#”一栏中的数据分别为“2”和“3”，表示这一行以后的操作数是针对第 2 和第 3 个结构。

e. 点击“Tools->Update”，将数据更新，看一下目前系统各个结构的有效焦距。

最终，设置好的 Merit Function Editor 窗口如图 18.7 所示。因本书篇幅问题，部分默认的评价函数没有全部显示。可以看到，所有结构的有效焦距都是 111.234636mm。图 18.8 给出了优化前三个结构的三维图。

Merit Function Editor: 1.732378E+001

Edit Tools Help

Oper #	Type	Cfg#						Target	Weight	Value	% Contrib
1 (CONF)	CONF	1									
2 (EFFL)	EFFL		2					75.000000	1.000000	111.234636	14.379205
3 (CONF)	CONF	2									
4 (EFFL)	EFFL		2					100.000000	1.000000	111.234636	1.382309
5 (CONF)	CONF	3									
6 (EFFL)	EFFL		2					125.000000	1.000000	111.234636	2.075212
7 (DMFS)	DMFS										

图 18.7 评价函数的设置

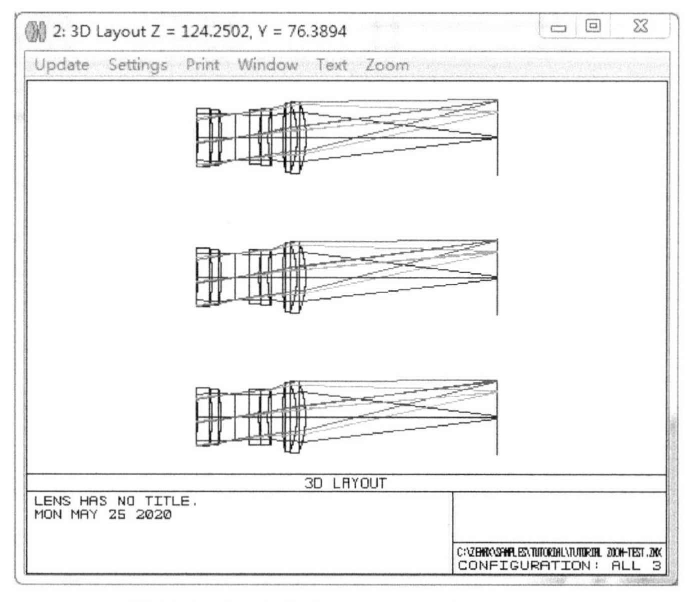

图 18.8 多重结构的 3D Layout 图（初始结构）

⑥ 优化

点击“Opt”按钮进行优化，优化完毕后，其 Lens Data Editor 和 Multi-Configuration Editor 分别为图 18.9 和图 18.10 所示。优化后的三重结构如图 18.11 所示。

Lens Data Editor: Config 1/3

Edit Solves Options Help

Surf:Type		Comment	Radius		Thickness		Glass		Semi-Diameter		Conic
OBJ	Standard		Infinity		Infinity				Infinity		0.000000
1	Standard		259.599565	V	8.000000		BK7		27.873791	M	0.000000
2	Standard		-63.021981	V	5.000000		F2		27.873791	M	0.000000
3	Standard		-150.148019	V	-0.547373	V			26.929844	M	0.000000
STO	Standard		Infinity		18.438782	V			12.400123	M	0.000000
5	Standard		125.037499	V	5.000000		BK7		20.690376	M	0.000000
6	Standard		108.497353	V	5.000000		F2		21.014933	M	0.000000
7	Standard		49.002698	V	7.915262	V			21.364690	M	0.000000
8	Standard		74.923109	V	8.000000		BK7		20.629448	M	0.000000
9	Standard		-30.734603	V	5.000000		F2		20.221775	M	0.000000
10	Standard		-47.261718	V	65.606362	V			21.709574	M	0.000000
IMA	Standard		Infinity						21.444792		0.000000

图 18.9 优化后的 Lens Data Editor

Multi-Configuration Editor

Edit Solves Tools Help

Active : 1/3		Config 1*		Config 2		Config 3	
1: THIC	3	-0.547373	V	42.399531	V	58.634894	V
2: THIC	4	18.438782	V	31.229538	V	61.293499	V
3: THIC	7	7.915262	V	4.384970	V	0.381233	V
4: THIC	10	65.606362	V	57.389253	V	45.836475	V

图 18.10 优化后的 Multi-Configuration Editor

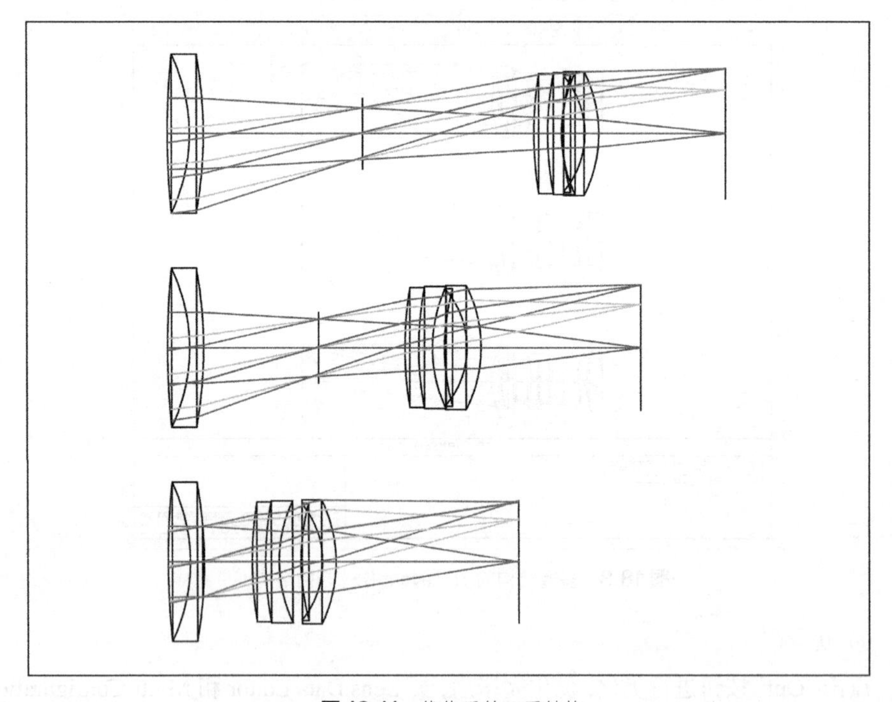

图 18.11 优化后的三重结构

⑦ 系统成像质量评价

三个结构对应的 Ray Fan 图如图 18.12 所示。

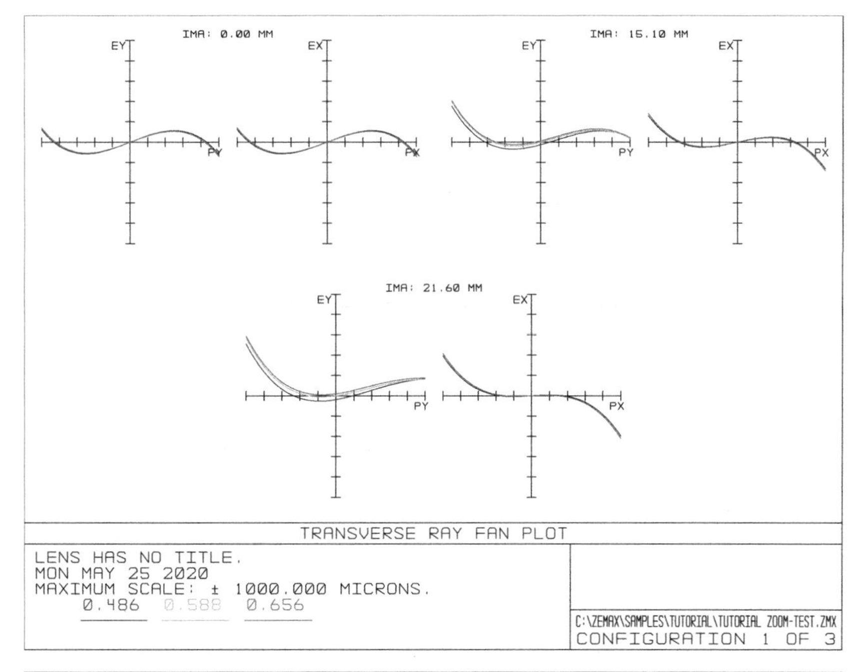

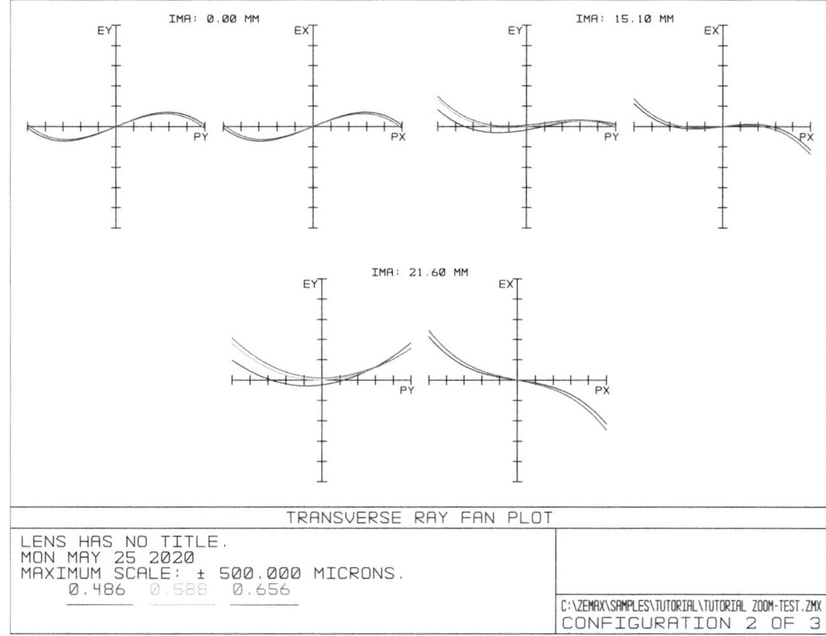

图 18.12

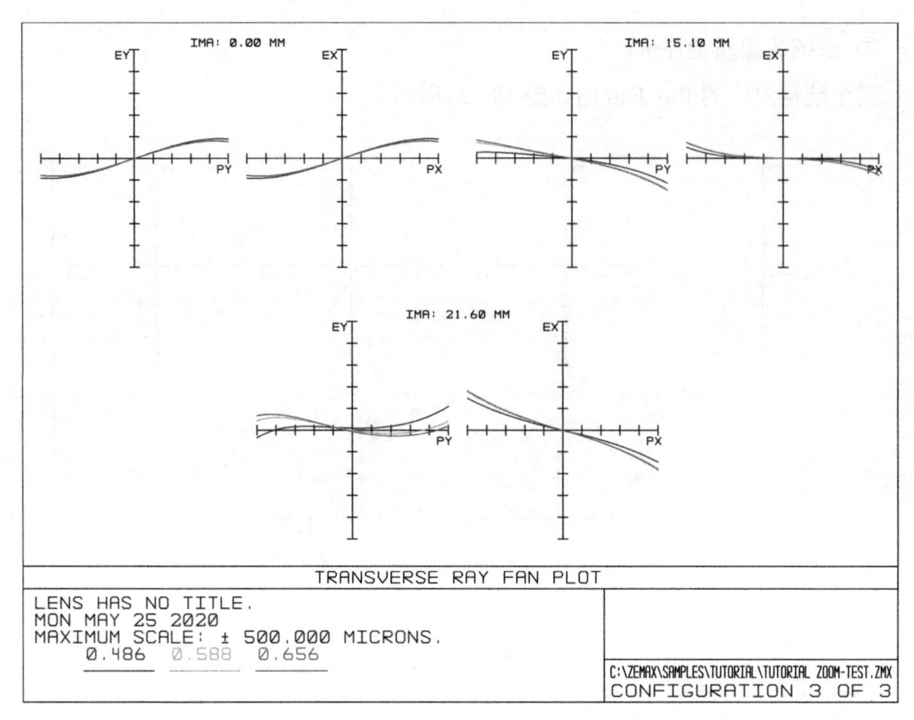

图 18.12 优化后的三重结构对应的 Ray Fan 图

思考题

① 什么是多重结构?

② 哪些变量可以在多重结构中设置变量?

实验 19 双透镜的公差分析

光学系统在进行优化后虽然已经得到了较好的成像结果，但并不能直接出图纸进行加工。在加工之前必须进行公差分析。公差分析可以预测设计的光学系统在组装后的性能极限。公差的分类和原因如图 19.1 所示。

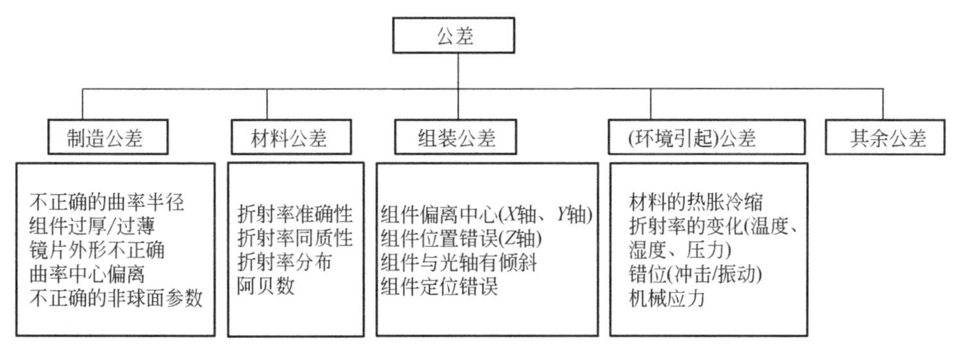

图 19.1 公差的分类和原因

19.1 实验目的

① 了解公差及其分类。

② 掌握对光学系统公差分析的技巧。

19.2 实验内容

对 Zemax 自带的双透镜（Zemax 安装目录:\ZEMAX\Samples\Tutorial\Tutorial tolerance.zmx）进行公差分析。

19.3 实验步骤

① 打开原始文件（Zemax 安装目录:\ZEMAX\Samples\Tutorial\Tutorial tolerance.

zmx）

图19.2所示的是双透镜的Lens Data Editor数据。注意到第2面的厚度为0，所以这实际上是一个由BAK1和SF5两种材料组成的双胶合透镜。这个双透镜的焦距为100mm，F/#为3.5，工作波段为可见光，只考虑轴上视场。

Lens Data Editor

Edit Solves Options Help

Surf:Type		Comment	Radius	Thickness	Glass	Semi-Diameter	Conic
OBJ	Standard		Infinity	Infinity		0.000000	0.000000
STO	Standard		58.750000	8.000000	BAK1	14.300000	0.000000
2	Standard		-45.700000	0.000000		13.933199	0.000000
3	Standard		-45.720000	3.500000	SF5	13.932789	0.000000
4	Standard		-270.577775	93.452786		13.585637	0.000000
IMA	Standard		Infinity			0.011790	0.000000

图19.2 双透镜的Lens Data Editor

② 对原始结构进行成像质量的分析

我们可以把几个分析结果在一个Report中展示出来。Zemax给我们提供了四联图和六联图两种选择。下面以四联图为例，在Lens Data Editor窗口的菜单栏中选择“Reports-> Report Graphics 4”。我们希望在四联图中，看到二维结构图、点列图、Ray Fan和MTF图，在跳出的四联图中，左键单击“Settings”调出设置图，如图19.3所示。四联图中的每一幅都可以进行设置，只需要在欲设置的图上右键即可跳出设置窗口，设置的方法和单独的分析结果一样，这里不再重复。最后的四联图如图19.4所示。

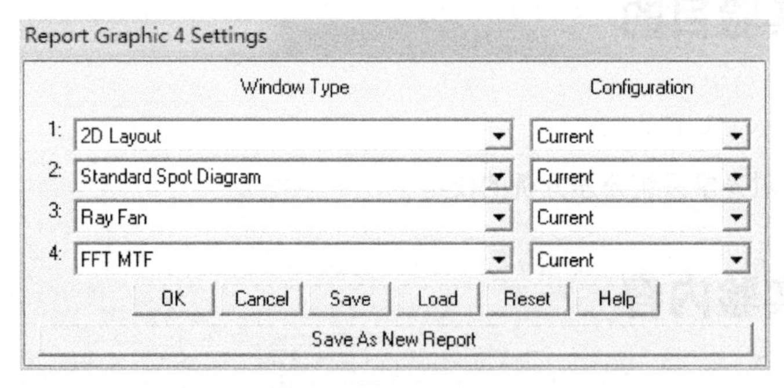

图19.3 四联图的设置

③ 定义误差

我们已经知道误差的类型有很多，我们应定义所有可能的误差来源，这样才能使得误差分析的结果贴近实际情况。好在Zemax的默认误差设置已经将所有常见的像差准备完毕，并且给出了每种误差在一般要求下的区间。在Zemax主窗口中选择“Editors->Tolerance Data”，即可调出误差分析的对话框“Tolerance Data Editor (TDE)”。

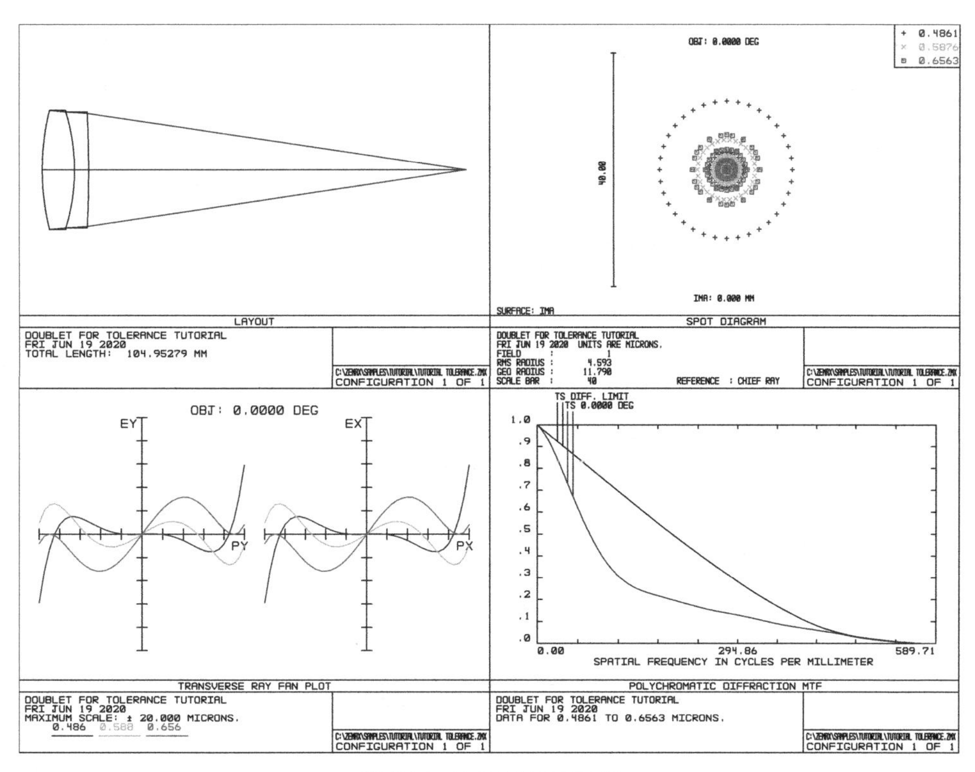

图19.4 双透镜的分析结果

在 TDE 视窗中的菜单栏，选择“Tools-> Default Tolerance…”，则跳出如图 19.5 所示的默认公差设置。从图中可以看到公差分成“Surface Tolerances”和“Element Tolerances”两种。从公差名称中就可以看出公差类型，比如 Radius 对应的是曲率半径带来的公差，这种公差有两种表示方法，一种是用毫米（Millimeters）表示，默认误差设置为 0.2。我们以一个曲率半径为 100mm 的球面镜为例，按照默认的公差设置 0.2，那么允许的加工范围为 99.8～100.2mm。另一种表示方法为牛顿环（Fringes），默认的公差设置为 1，意思是拿加工的球面镜和标准面去做比较，如果检测出来的牛顿环少于等于 1 个，说明是符合生产标准的。其余的公差也可以根据字面的意思方便地理解其含义。注意到在图 19.5 右下方有一个“Use Focus Comp”，如果选中，则表明可以通过改变最后一个光学面到像面之间的距离（即后截距）来弥补公差引起的成像质量下降。点击“OK”，在 TDE 中会显示所有的公差和补偿量，如图 19.6 所示。由于篇幅所限，这里并未列出所有的公差。注意到第一行“COMP”，表示的是后截距的补偿量最大范围为前后移动 5mm。第二行“TWAV”表示的是测试波长，比如用干涉的方法（牛顿环）来测试的时候，需要用到激光，我们假定使用的测试激光波长为

632.8nm。除此之外的 39 项，表示的是各种像差，包括每个面的曲率半径公差，每个面的不平整度公差，厚度公差（组件厚度和空气间隙），玻璃的折射率公差和阿贝数公差，离轴公差和倾斜公差（包括表面和组件）等。

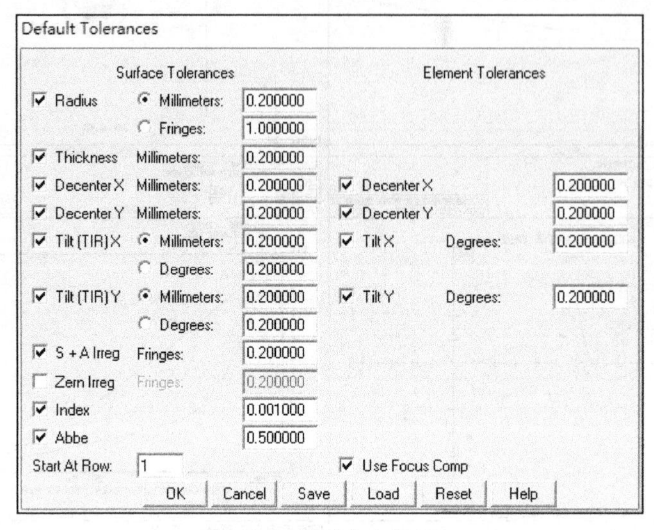

图 19.5 默认的公差设置

Zemax 同时提供了将默认公差放大 2 倍（TDE：Tools ->Loosen 2X）和缩小 2 倍（TDE：Tools ->Tighten 2X）的功能供用户使用，有兴趣的同学可以自己去尝试一下。

④ 公差分析

打开主界面中的“Tools -> Tolerancing…”，如图 19.6 所示，即可进行公差设置。下面来具体介绍几个选项：

Tolerance Data Editor

Edit Tools Help

Oper #	Type	Surf	-	-	Nominal	Min	Max	Comment
1 (COMP)	COMP	4	0	-	-	-5.000000	5.000000	Default compensator on back focus.
2 (TWAV)	TWAV	-	-	-	-	0.632800	-	Default test wavelength.
3 (TRAD)	TRAD	1	-	-	58.750000	-0.200000	0.200000	Default radius tolerances.
4 (TRAD)	TRAD	2	-	-	-45.700000	-0.200000	0.200000	
5 (TRAD)	TRAD	3	-	-	-45.720000	-0.200000	0.200000	
6 (TRAD)	TRAD	4	-	-	-270.577775	-0.200000	0.200000	
7 (TTHI)	TTHI	1	2	-	8.000000	-0.200000	0.200000	Default thickness tolerances.
8 (TTHI)	TTHI	2	4	-	0.000000	-0.200000	0.200000	

图 19.6 公差设置一览表（部分）

a．Fast Tolerance Mode (focus error compensation only)：本例中存在后截距补偿的情况，则需要选中。

b．Merit：即 Merit Function，后面简称 MF。在 Merit 的下拉菜单中有很多选项，包括 RMS Spot 系列，RMS Wavefront，MTF 系列，也给出了用户自定义的界面接口。我们这里选用 RMS Spot Radius（如图 19.7 所示）。

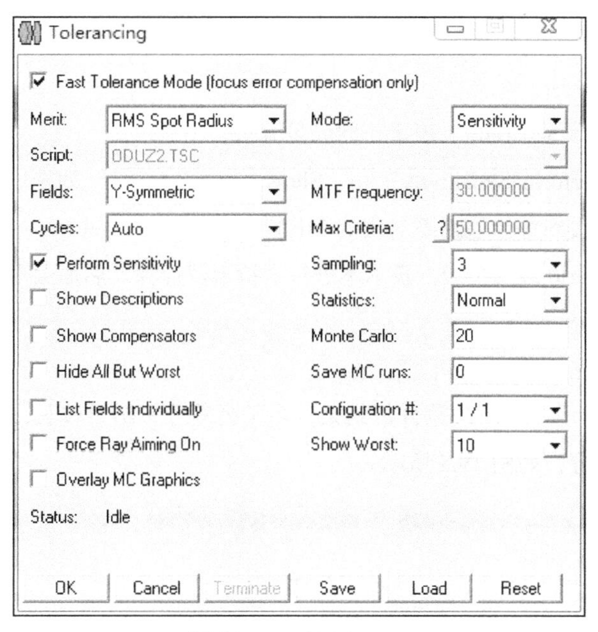

图 19.7 公差分析设置

c．Mode：有两种 Sensivity 和 Inverse。Sensivity 表示正向公差分析，即先定义公差范围，然后计算出评价函数（MF），即公差引起的评价函数的变化；Inverse 表示的是逆向公差分析，即先确定一个 MF（通常公差会带来 MF 的下降，因此只能指定比优化设计结果更差的 MF），然后反推出每项的公差。

d．Fields：是否具有对称性。这个可以增快分析的速度，减少计算量。

e．MTF Frequencey：表示的是公差分析时，MTF 计算的频率（单位为线对/毫米）。如果没有在 Merit 中选择 MTF 系列，则这一项是灰色的，不起作用。

f．Max Criteria：只有在 Mode 选择 Inverse 才起作用，表示的是 MF 最差达到多少。问号按钮点击后，在旁边的数据框里显示的是优化设计值，实际的赋值应差于优化设计值。

下面分别用正向公差分析和逆向公差分析对本例进行分析。

① 正向公差分析

采用默认的公差设置（“Editors->Tolerancing Data”，打开“TDE”，菜单栏“Tools->Default Tolerances…”，点击“OK”），主菜单中点击“Tools -> Tolerancing…”设置如下：

a．确保“Fast Tolerance Mode (focus error compensation only)”已选中，表示这里仅使用调节后截距（调焦）作为补偿量。

b. Merit 选择 RMS Spot Radius。表示选择点列图的均方根半径作为公差分析的评价标准。

c. Mode 选择 Sensivity。表示正向公差分析。

d. 确保“Perform Sensitivity”和“Show Compensators”为选中。这样，可在公差分析报告里面看到每一项公差对应的 MF 以及需要的调焦量。

e. Monte Carlo 设置为 0，表示不进行蒙特卡罗计算。后面会专门介绍蒙特卡罗计算。

f. 其余设置按照默认即可。

点击“OK”后，出来公差分析结果，由于公差分析结果较长，本书仅显示结果的开头和结束部分，如图 19.8 所示。

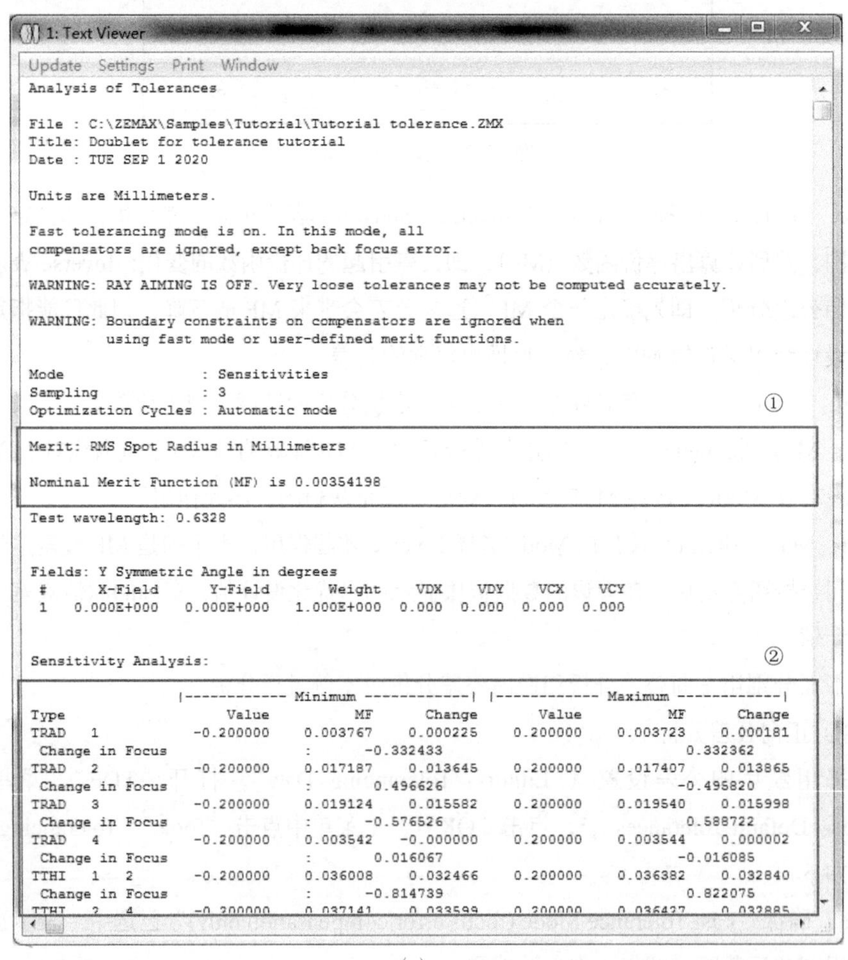

```
1: Text Viewer
Update  Settings  Print  Window
Analysis of Tolerances

File : C:\ZEMAX\Samples\Tutorial\Tutorial tolerance.ZMX
Title: Doublet for tolerance tutorial
Date : TUE SEP 1 2020

Units are Millimeters.

Fast tolerancing mode is on. In this mode, all
compensators are ignored, except back focus error.

WARNING: RAY AIMING IS OFF. Very loose tolerances may not be computed accurately.

WARNING: Boundary constraints on compensators are ignored when
         using fast mode or user-defined merit functions.

Mode                  : Sensitivities
Sampling              : 3
Optimization Cycles   : Automatic mode                                   ①
Merit: RMS Spot Radius in Millimeters

Nominal Merit Function (MF) is 0.00354198
Test wavelength: 0.6328


Fields: Y Symmetric Angle in degrees
 #     X-Field      Y-Field       Weight     VDX    VDY    VCX    VCY
 1   0.000E+000   0.000E+000   1.000E+000   0.000  0.000  0.000  0.000


Sensitivity Analysis:                                                    ②
                      |------------ Minimum ------------| |------------ Maximum ------------|
Type                       Value        MF       Change        Value        MF       Change
TRAD   1               -0.200000   0.003767   0.000225     0.200000   0.003723   0.000181
 Change in Focus                 :      -0.332433                           0.332362
TRAD   2               -0.200000   0.017187   0.013645     0.200000   0.017407   0.013865
 Change in Focus                 :       0.496626                          -0.495820
TRAD   3               -0.200000   0.019124   0.015582     0.200000   0.019540   0.015998
 Change in Focus                 :      -0.576526                           0.588722
TRAD   4               -0.200000   0.003542  -0.000000     0.200000   0.003544   0.000002
 Change in Focus                 :       0.016067                          -0.016085
TTHI   1   2           -0.200000   0.036008   0.032466     0.200000   0.036382   0.032840
 Change in Focus                 :      -0.814739                           0.822075
TTHI   2   4           -0.200000   0.037141   0.033599     0.200000   0.036427   0.032885
```

(a)

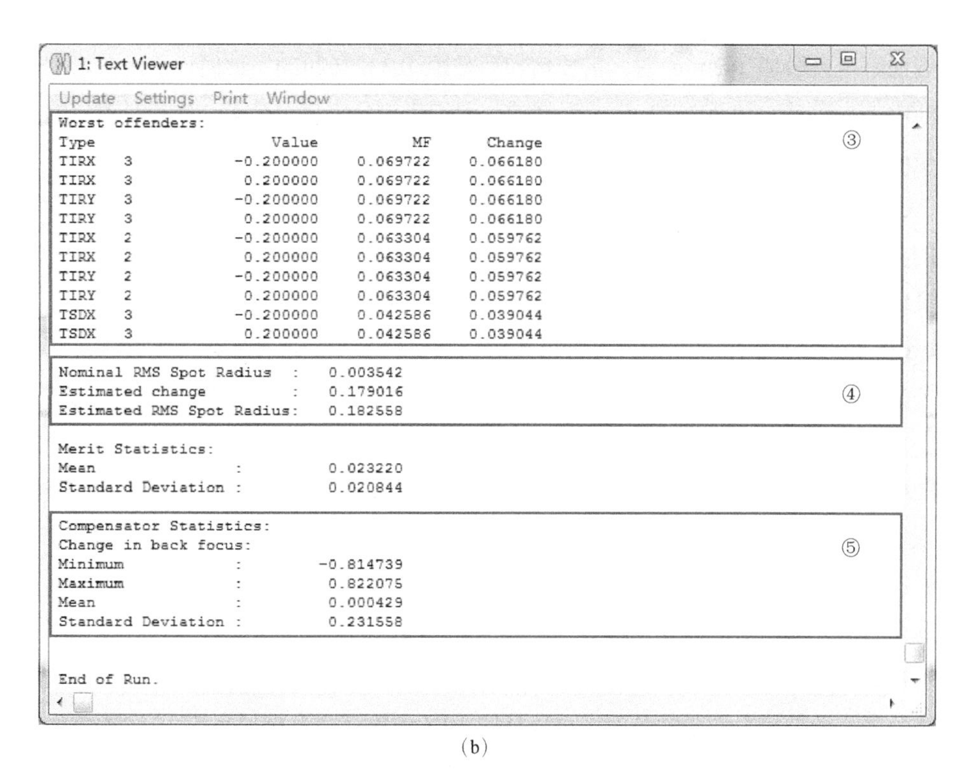

(b)

图 19.8 默认公差分析结果

下面具体分析公差结果。为了清楚起见，我们把重要的结果在图 19.8 中用方框标注出来了，下面进行逐一分析。

a. 第一个方框表示设计的评价函数为 0.00354198，单位是毫米。注意到我们采用的是点列图半径的方均值。

b. 第二个方框表示的是每种公差对评价函数带来的误差。我们以第一行 TRAD 1 为例，进行具体分析。TRAD 表示的曲率半径公差分析，1 表示的是第一个面，故 TRAD 1 表示的是第一面的曲率半径公差的影响。注意到在方框的最上方有 Minimum 和 Maximum 两个标注，分别表示最小负公差及其影响和最大正公差及其影响。考虑到默认的曲率公差是±0.2mm，因此 Minimum 和 Maximum 分别对应-0.2mm（Value）和 0.2mm（Value）。我们再以 Minimum 这列为例，此时第一个面的曲率半径在原来的基础上减小了 0.02mm，这导致了 MF（这里指的是点列图方均根半径）变成了 0.003767mm，和原来的设计值 0.00354198mm 相比，增加了 0.000225mm（Change 列的数据）。而这些数据是在调焦补偿的情况下完成的，此时的调焦补偿量为 -0.332433mm，即后截距需要缩小-0.332433mm。同样的方法，我们可以分析第一个面的曲率半径增加 0.2mm 时，需要增加后截距 0.332362mm，此时评价函数增加了 0.000181mm，变为 0.003723mm。同样的，我们可以分析每个公差，知道其对应的补偿量和评价函数。

c．考虑到公差的数量很多，逐个看比较费力，Zemax 给出了对评价结果影响最大的 10 个公差结果，如第三个方框所示。这告诉我们：如果要降低公差的影响，可以紧缩这些影响最大的公差，从而达到事半功倍的效果。

d．以上分析结果给出的是每种公差对应的评价函数。但在实际的系统中，所有的公差同时作用于评价函数，因此 Zemax 给出了所有误差对评价函数总体影响的估计值，见第四个方框。在这个例子中可以看到 Zemax 预估评价函数变化量为 0.179016mm，预估的点列图方均根半径为 0.182558mm，是设计值 0.003542mm 的 50 倍以上。这样的结果显然无法接受，说明默认的公差设置对于此例来说太宽松了。

e．第五个方框给出了后截距的调节范围为-0.814739～0.822075mm，如果实际采用这个公差设置的话，需要预留这些距离作为组装时的调节范围。

当我们发现默认的公差太宽松了，以至于无法保证成像质量，我们有两种方法来紧缩公差。一种是手动紧缩公差：可以从图 19.8 中第三个方框显示的 10 个影响最大的公差入手，手动进行在 TDE 表格中进行调整，然后重新进行公差分析；如此反复，直至找到符合评价函数要求的公差为止。另一种是利用逆向公差分析来找到符合评价函数要求的公差，这种方法利用 Zemax 的自动算法，能迅速地找到合适的公差，是我们推荐的方法。

② 逆向公差分析

虽然逆向公差分析是根据给定的评价函数反推每一项公差，但是 Zemax 必须在有一个初始的公差范围，逆向公差分析在初始的公差上进行修改，从而得到优化的公差。因此默认的公差设置就是一个很好的初始公差结构。采用默认的公差设置（“Editors->Tolerancing Data”，打开“TDE”，菜单栏“Tools->Default Tolerances…”，点击“OK”）。

点击主菜单中点击“Tools -> Tolerancing…”，其余设置如正向公差分析，除了以下几项：

a．Mode 选项选择“Inverse”，表示逆向公差分析。

b．点击“Max Criteria”后面的“？”按钮，可以看到后面的数字显示为 0.003542，意思是优化设计的评价函数为 0.003542mm。如果我们假设每一项公差带来的评价函数不超过原来“RMS Spot Radius”的 150%，那么“Max Criteria”设置为 0.003542×

150%=0.005313，将这个数据填入“Max Criteria”中，如图 19.9 所示。一般来说，公差的引入只会让系统的评价函数变得更差，因此评价函数不能由于优化设计值。在此例中，“Max Criteria”不能小于 0.003542，否则 Zemax 会报错。

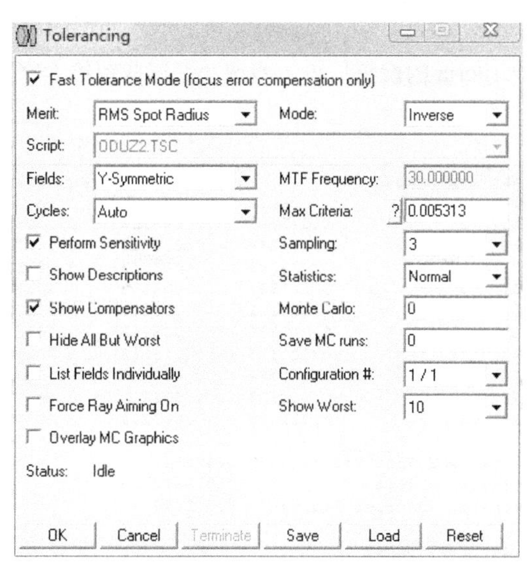

图 19.9 逆向公差分析设置

Zemax 会给出逆向公差分析的结果，由于篇幅有限，我们这里仅截取了部分公差的逆向分析结果，如图 19.10 所示。可以看到 TRAD 1 在去到默认公差设置的最小负公差-0.2mm 时，其评价函数 MF 为 0.003767mm，并没有达到我们设置的上限 0.005313mm，因此保持默认公差即可；TRAD 2 在最小负公差达到-0.047069mm 时即达到设置的上限 0.005313mm 了，因此默认的公差-0.2mm 对于 TRAD 2 来说过于宽松了，Zemax 将其调整为-0.047069mm。同理，其他公差也是这样处理。只要默认公差产生的 MF 没有达到我们设置的“Max Criteria”，就保持默认公差不变；如果默认公差产生的 MF 已经超过了我们设置的“Max Criteria”，则将公差的上下限进行调整，使其产生的最大 MF 为我们设置的上限。

```
Sensitivity Analysis:

                    |------------ Minimum ------------| |------------ Maximum ------------|
Type                     Value         MF       Change        Value         MF       Change
TRAD    1            -0.200000   0.003767   0.000225     0.200000   0.003723   0.000181
 Change in Focus                :      -0.332433                            0.332362
TRAD    2            -0.047069   0.005313   0.001771     0.046499   0.005313   0.001771
 Change in Focus                :        0.116807                          -0.115347
TRAD    3            -0.041589   0.005313   0.001771     0.041771   0.005313   0.001771
 Change in Focus                :      -0.120878                            0.121936
```

图 19.10 部分公差的逆向分析结果

图 19.11 给出了影响 MF 最大的 10 项公差，可以看到影响最大的公差带来的 MF 不会超过我们设置的“Max Criteria”值。考虑到整个系统是很多项公差综合作用的结果，因此综合公差结果为 0.012458mm，是设计值 0.003542mm 的 3.5 倍。比起直接使用默认公差 50 倍于优化设计值来说，已经得到了很大的提高。当然如果想进一步提高 MF，可以将 Max Criteria 的设置值进一步改小，这些留给大家自己操作，本书不再展开。

```
Worst offenders:
Type              Value         MF          Change
TRAD    2      -0.047069     0.005313     0.001771
TRAD    2       0.046499     0.005313     0.001771
TSDY    2      -0.020581     0.005313     0.001771
TSDY    2       0.020581     0.005313     0.001771
TSDX    2      -0.020581     0.005313     0.001771
TSDX    2       0.020581     0.005313     0.001771
TIRX    3      -0.011376     0.005313     0.001771
TIRX    3       0.011376     0.005313     0.001771
TIRY    3      -0.011376     0.005313     0.001771
TIRY    3       0.011376     0.005313     0.001771

Nominal RMS Spot Radius  :    0.003542
Estimated change         :    0.008916
Estimated RMS Spot Radius:    0.012458

Merit Statistics:
Mean                     :    0.004767
Standard Deviation :          0.000733

Compensator Statistics:
Change in back focus:
Minimum                  :   -0.364146
Maximum                  :    0.366928
Mean                     :    0.000070
Standard Deviation :          0.092201
```

图 19.11 逆向公差分析结果

下面我们再回过头来看一下 Tolerance Data Editor，如图 19.12 所示。可以看到，经逆向公差分析后的像差已经和默认的公差设置（图 19.6 所示）不一样了。注意到为了提高 MF，图 19.12 中的有些公差已经非常紧了。即公差和成像质量之间是一对矛盾，紧的公差才能带来高的成像质量。而过紧的公差不仅会大大增加成本，还会降低产品成品率。因此，需要光学工程师有足够的经验平衡公差和成像质量之间的关系。

Tolerance Data Editor

Edit Tools Help

Oper #	Type	Surf1	Surf2	-	Nominal	Min	Max	Comment
1 (COMP)	COMP	4	0	-	-	-5.000000	5.000000	Default compensator on back focus.
2 (TWAV)	TWAV	-	-	-	-	0.632800	-	Default test wavelength.
3 (TRAD)	TRAD	1	-	-	58.750000	-0.200000	0.200000	Default radius tolerances.
4 (TRAD)	TRAD	2	-	-	-45.700000	-0.047069	0.046499	
5 (TRAD)	TRAD	3	-	-	-45.720000	-0.041589	0.041771	
6 (TRAD)	TRAD	4	-	-	-270.577776	-0.200000	0.200000	
7 (TTHI)	TTHI	1	2	-	8.000000	-0.022016	0.021960	Default thickness tolerances.
8 (TTHI)	TTHI	2	4	-	0.000000	-0.021595	0.021671	
9 (TTHI)	TTHI	3	4	-	3.500000	-0.200000	0.200000	
10 (TEDX)	TEDX	1	2	-	-	-0.019205	0.019205	Default element dec/tilt tolerances 1-2.
11 (TEDY)	TEDY	1	2	-	-	-0.019205	0.019205	

图 19.12 运行逆向公差分析后的公差设置

最后介绍一下蒙特卡罗算法在公差分析中的作用。

前面例子中的正向和逆向公差分析中都是将各公差量独立考虑。但实际上，各项公差之间是有可能是相互关联。蒙特卡罗算法在仿真的时候同时考虑所有的公差项，很好地解决了这个问题。

蒙特卡罗算法通过产生随机数的方法来进行公差仿真。比如 TRAD 1 的优化值是 58.75mm，公差为±0.2mm，那么蒙特卡罗算法就在 58.55mm 和 58.95mm 中间产生一个随机数作为第一个面的曲率半径，其余的所有数据均是这样产生。这些随机产生的数据构成了一个新的光学系统，Zemax 算出其对应的 MF。随机数产生的模型有三种，分别是正态分布 Normal，平均分布 Uniform，二次项分布 Parabolic。如果蒙特卡罗循环的次数足够多，就会产生一个置信区间，可以让工程师知道这个公差设置下，MF 降到某个数值对应的概率是多少。

我们以逆向公差分析为例，加入蒙特卡罗分析。如图 19.13 所示，随机数产生采用正态分布，即“Statistics”选择“Normal”；蒙特卡罗计算 100 次，即 Monte Carlo 设置 100，点击“OK”。

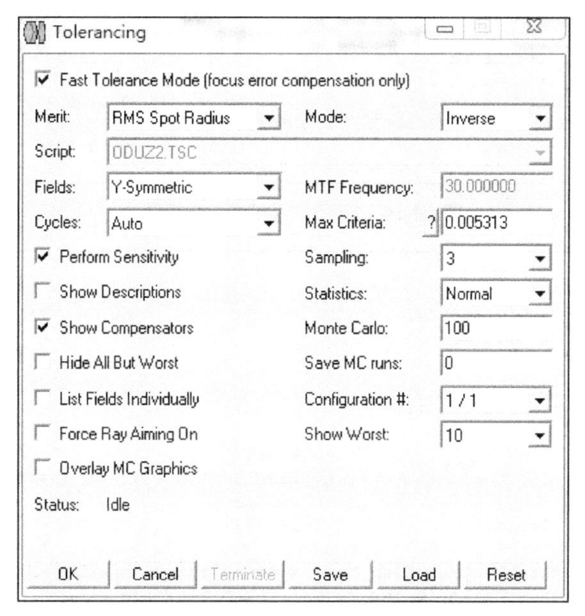

图 19.13 考虑蒙特卡罗的逆向公差设置

逆向公差分析的结果多了蒙特卡罗计算结果，我们设置了 100 次计算，因此结果给出了 100 个 Merit 值，由于篇幅有限，图 19.14 截取了 10 次蒙特卡罗计算结果。拿第一次 Trial 1 来说，计算得到的评价函数 Merit 为 0.014983mm，和优化设计值相比，增加了 0.011441mm（Change），此时的离焦补偿量为 0.056160mm。

最后，可以看到 100 次蒙特卡罗计算的总结，如图 19.15 所示。可以看到，经过 100 次蒙特卡罗计算，MF 的最好结果是 0.004936mm，最坏结果是 0.018403mm，平均值是 0.009523mm，标准差为 0.003458。在此公差设置下，MF 小于 0.014904mm 的概率为 90%；MF 小于 0.008071mm 的概率为 50%；MF 小于 0.006035mm 的概率为 10%。这个结果显然比不考虑蒙特卡罗的分析更为可靠。理论上来说，蒙特卡罗次数越大，计算量越大，但准确性也越高。有兴趣的同学可以尝试增加蒙特卡罗的次数，看看对结果的影响有多大。

```
 Trial       Merit       Change
     1     0.014983     0.011441
Change in Focus                    :         0.056160
     2     0.014904     0.011362
Change in Focus                    :        -0.230196
     3     0.014904     0.011362
Change in Focus                    :        -0.230196
     4     0.014904     0.011362
Change in Focus                    :        -0.230196
     5     0.014904     0.011362
Change in Focus                    :        -0.230196
     6     0.009792     0.006250
Change in Focus                    :        -0.465587
     7     0.006785     0.003243
Change in Focus                    :         0.285378
     8     0.008429     0.004887
Change in Focus                    :        -0.058509
     9     0.006785     0.003243
Change in Focus                    :         0.285378
    10     0.008429     0.004887
```

图 19.14 前 10 次蒙特卡罗计算结果

```
Nominal     0.003542
Best        0.004936
Worst       0.018403
Mean        0.009523
Std Dev     0.003458

Compensator Statistics:
Change in back focus:
Minimum             :         -0.465587
Maximum             :          0.285378
Mean                :         -0.069639
Standard Deviation :          0.185869

90% of Monte Carlo lenses have a merit function below 0.014904.
50% of Monte Carlo lenses have a merit function below 0.008071.
10% of Monte Carlo lenses have a merit function below 0.006035.
```

图 19.15 蒙特卡罗计算总结

要特别指出的是，由于蒙特卡罗算法是通过产生随机数的方法来计算结果，每次的计算结果都不一样。尤其是图 19.14 中的数据变化比较大。图 19.15 中的数据会略微的变化，但如果蒙特卡罗的次数取得足够大时，图 19.15 数据应该保持不变。

思考题

① 什么是蒙特卡罗算法？为什么要使用蒙特卡罗算法？

② 同时考虑所有的公差，请将系统的 RMS Spot Radius 的最大值变成设计值的 150%。

实验 20　宏语言入门

20.1　实验目的

① 了解宏语言以及宏语言的用处。

② 会用宏语言编写简单的程序，并能正确调用和运行。

20.2　实验内容

① 用 Zemax 宏语言编写一个追击主光线的小程序。

② 用 Zemax 宏语言编写一个 RMS spot size 的小程序。

20.3　实验步骤

Zemax 提供了宏语言功能，目的是为了拓展 Zemax 功能，也可以用宏语言来实现批处理，提高工作效率。宏语言的文件后缀为.zpl，直接可以用 Windows 自带的写字板（Notepad）来编辑，只需要保存的时候用.zpl 作为后缀即可。当然，写字板并不是我们所推荐的宏语言编辑器，因为它不能醒目地区分变量、注释和函数等，不利于调试。我们推荐大家使用 ConTEXT，这是一个代码编辑器，可以按照 Zemax 的要求进行偏好设置。有兴趣的同学可以自行尝试，这里不再展开。

宏文件必须放在指定的文件夹中，Zemax 才可以正确调用。把.zpl 文件放在 Zemax“安装目录\ZEMAX\Macro”下。点击主菜单“Macros->Edit/Run ZPL Macro…”，会出现如图 20.1 所示的对话框。在“Active File”的下拉菜单中选择要运行的宏文件，点击“Execute”即可。所有放在指定文件夹中的宏文件都会显示在“Active File”的下拉菜单中。

以下给出了两个宏文件的例子，“!”表示的是注释，Zemax 实际不运行“!”之后的内容。第一个例子是用 Zemax 宏语言编写一个追击主光线的小程序；第二个例子是用 Zemax 宏语言编写一个 RMS spot size 的小程序。

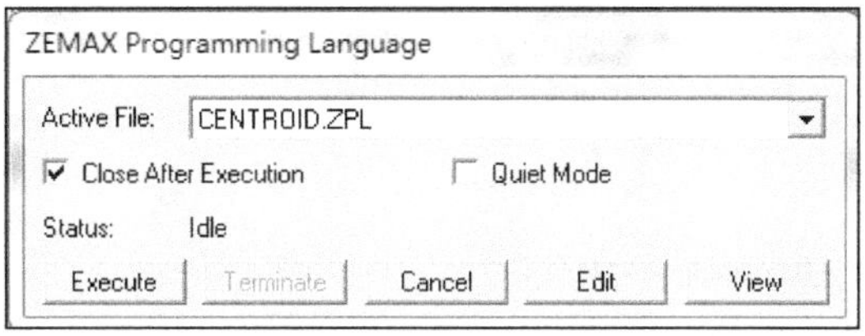

图 20.1 宏文件调用窗口

我们将第一个例子命名为 CHIEFRAY.ZPL，第二个例子命名为 RMSSPOTSIZE.ZPL，将它们放在 Zemax“安装目录\ZEMAX\Macro”文件夹内。用 Zemax 自带的库克透镜来验证这两个例子，打开“安装目录\ZEMAX\Samples\Sequential\Objectives\Cooke 40 degree field.zmx”。

［例 1］

```
!总共定义了几个视场，将其赋值给 nfield
nfield = NFLD()
!将最大的视场（单位为度）赋值给 maxfield
maxfield = MAXF()
! 像面为第 n 面
n = NSUR()
! 循环，从第一个视场到最后一个视场，逐个循环
FOR i=1,nfield,1
        ! FLDX（i）返回第 i 个视场（单位为角度）,hx 为归一化的视场
        hx = FLDX(i)/maxfield
        hy = FLDY(i)/maxfield
        ! 输出第几个视场
        PRINT "Field number ", i
        ! 用主波长追击该视场的主光线
        RAYTRACE hx,hy,0,0,PWAV()
        ! 输出对应的视场角
        PRINT "X-field angle : ",FLDX(i)," Y-field angle : ", FLDY(i)
        ! 输出主光线在像面上的坐标
        PRINT "X-chief ray     : ",RAYX(n), " Y-chief ray     : ", RAYY(n)
        ! 输出空白行
        PRINT
! 循环结束
NEXT
! 输出“All Done”，程序结束
PRINT "All Done!"
```

运行例一后得到以下结果。

```
Executing C:\ZEMAX\MACROS\CHIEFRAY.ZPL.
Field number 1.0000
X-field angle : 0.0000 Y-field angle : 0.0000
X-chief ray     : 0.0000 Y-chief ray     : 0.0000

Field number 2.0000
X-field angle : 0.0000 Y-field angle : 14.0000
X-chief ray     : 0.0000 Y-chief ray     : 12.4198

Field number 3.0000
X-field angle : 0.0000 Y-field angle : 20.0000
X-chief ray     : 0.0000 Y-chief ray     : 18.1360
All Done!
```

运行结果解析：“Executing C:\ZEMAX\MACROS\CHIEFRAY.ZPL.”表示运行的是 CHIEFRAY.ZPL；“Field number 1.0000”表示第一个视场，“X-field angle : 0.0000 Y-field angle : 0.0000”表示子午面和弧矢面的视场角均为 0；“X-chief ray: 0.0000 Y-chief ray: 0.0000”表示第一个视场的主光线在像面上的坐标为[0, 0]。同理可以得，第二、三视场的主光线在像面上的坐标分别是[0,12.4198]和[0, 18.1360]。

［例 2］

```
! 输出主波长是第几个波长，其大小是多少微米
PRINT "Primary wavelength is number ",
FORMAT .0
PRINT PWAV(),
FORMAT .4
PRINT " which is ", WAVL(PWAV()), " microns."
! 输出“计算每个波长的点列图尺寸…”
PRINT "Estimating RMS spot size for each wavelength."

! 用 100 条随机光线来计算 RMS spot size
n = 100

!开始计时
TIMER

! 像面在第几个面
ns = NSUR()

! 定义初始值 weightsum，wwrms
weightsum=0
```

```
wwrms = 0
! 从第一波长开始逐一循环
FOR w = 1, NWAV(), 1
        rms = 0
         ! 每个波长都要计算 n 条光线
        FOR i = 1, n, 1
                 ! 计算轴上光线，故 hx=0，hy=0
                hx=0
                hy=0
                 ! 产生随机光线，随机光线对应的角度 angle
                angle = 6.283185 * RAND(1)
                ! 随机光线对应的半径 radius
                radius = SQRT(RAND(1))
                 ! 随机光线对应的 x，y 坐标 px，py
                px = radius * COSI(angle)
                py = radius * SINE(angle)
                 ! 追击随机光线，得到其在像面上对应的坐标 x、y
                RAYTRACE hx,hy,px,py,w
                x=RAYX(ns)
                y=RAYY(ns)
                 ! 获得光线在像面坐标的平方和
                rms = rms + (x*x) + (y*y)
        NEXT
         ! 方均根
        rms = SQRT(rms/n)
         ! 考虑波长对应的权重
        wwrms = wwrms + ( WWGT (w) * rms )
        weightsum = weightsum + WWGT(w)
        FORMAT .4
! 输出每个波长对应的 RMS spot size（不考虑权重）
        PRINT "RMS spot size for ", WAVL(w),
        FORMAT .6
        PRINT " is ", rms
NEXT
wwrms = wwrms / weightsum
! 输出考虑了权重的 RMS spot size
PRINT "Wavelength weighted rms is ", wwrms
FORMAT .2
! 计时器停止，并输出运行时间
t = ETIM()
PRINT "Elapsed time was ",t," seconds."
```

运行例 2 后得到以下结果：

```
Executing C:\ZEMAX\MACROS\RMSSPOTSIZE.ZPL.
Primary wavelength is number 2 which is 0.5500 microns.
Estimating RMS spot size for each wavelength.
RMS spot size for 0.4800 is 0.003794
RMS spot size for 0.5500 is 0.004181
RMS spot size for 0.6500 is 0.006287
Wavelength weighted rms is 0.004710
Elapsed time was 0.01 seconds.
```

运行结果解析："Executing C:\ZEMAX\MACROS\RMSSPOTSIZE.ZPL"表示的是运行 RMSSPOTSIZE.ZPL。"Primary wavelength is number 2 which is 0.5500 microns."表示：主波长是第 2 波长，大小为 0.5500μm。"RMS spot size for 0.4800 is 0.003794"表示波长为 0.48μm 的点列图方均根半径是 0.003794mm。同理可知，波长为 0.55μm 和 0.65μm 的点列图方均根半径分别是 0.004181mm 和 0.006287mm。考虑了权重之后，系统的点列图方均根半径是 0.004710mm。系统的运行时间是 0.01s。需要注意的是，由于各台计算机配置和性能不一，运行时间可能会略微有所变化。由于求 RMS spot size 的过程中用到了 100 条随机光线，因此求得的点列图方均根半径可以也会和书上的结果有所差别，这也是正常的。

思考题

① 请在［例 1］的合适位置添加合适的代码，使其可以显示运行时间。

② 欲使［例 2］中得到的 RMS spot size 更加准确，有什么办法？为什么？